中文版

# Navisworks 2018

# 完全自学教程

李鑫 编著

人民邮电出版社

北京

图书在版编目（CIP）数据

Navisworks 2018完全自学教程 / 李鑫编著. -- 北京：人民邮电出版社, 2019.11（2022.7重印）
ISBN 978-7-115-51741-8

Ⅰ. ①N… Ⅱ. ①李… Ⅲ. ①建筑设计－计算机辅助设计－应用软件－教材 Ⅳ. ①TU201.4

中国版本图书馆CIP数据核字(2019)第200286号

## 内 容 提 要

这是一本全面介绍 Navisworks 2018 基本功能和实际应用的书，主要针对零基础读者编写，是零基础读者快速且全面掌握 Navisworks 2018 的参考书。

本书从 Navisworks 2018 的基本操作入手，结合大量的可操作性实例，全面而深入地介绍了 Navisworks 2018 的模型浏览、碰撞检测、施工模拟和动画漫游等方面的功能，并向读者展示了如何将 Navisworks 2018 运用到实际工程中，让读者能够学以致用。

本书非常适合作为大专院校和培训机构 BIM 课程的教材，也适合作为 Navisworks 自学入门与提高参考书。

◆ 编　著　李　鑫
　　责任编辑　刘晓飞
　　责任印制　马振武

◆ 人民邮电出版社出版发行　　北京市丰台区成寿寺路 11 号
　　邮编　100164　电子邮件　315@ptpress.com.cn
　　网址　https://www.ptpress.com.cn
　　涿州市京南印刷厂印刷

◆ 开本：787×1092　1/16
　　印张：14　　　　　　　　2019 年 11 月第 1 版
　　字数：478 千字　　　　　2022 年 7 月河北第 2 次印刷

定价：69.00 元
读者服务热线：(010)81055410　印装质量热线：(010)81055316
反盗版热线：(010)81055315
广告经营许可证：京东市监广登字 20170147 号

# 前 言

PREFACE

Autodesk公司于2007年收购了Navisworks，Navisworks从此成为建筑信息模型（BIM）工作流的核心软件之一。此前，Navisworks就在三维协同校审领域拥有绝对领先的地位，全球有超过5000家企业在使用Navisworks。

Navisworks通过模型合并、3D模型漫游、碰撞检测和4D施工模拟等技术为工程行业的设计数据提供了完整的设计审核方案，延伸了设计数据的用途。作为3D模型漫游和设计审核市场的领导者，Navisworks在施工总承包和设计领域被广泛接受。在建设工程领域，Navisworks填补了施工总承包和分包领域的3D市场空白，使得施工方可以和业主、设计单位共享3D技术带来的便利。在规划和工厂制造领域，Navisworks被广泛用于投标、设计、施工和运营，其独有的3D模型漫游和检视技术，为设计者和施工单位提供了极大的便利。

本书从实用角度出发，全面、系统地讲解了Navisworks的所有功能，基本上涵盖了全部工具、面板、对话框和菜单命令。在介绍软件功能的同时，还精心安排了68个非常具有针对性的实战案例和4个综合实例，帮助读者轻松掌握软件使用技巧和具体应用，做到学用结合。书中全部实例都配有教学视频，详细演示了实例的制作过程。

## 图书结构与内容

全书共10章，从Navisworks应用领域开始讲起，然后介绍软件的界面和基础操作方法，接着讲解软件的基本功能，包含模型操作、虚拟漫游、审阅工具、动画制作和效果图渲染，以及碰撞检测、虚拟模拟等高级功能。内容涉及各种工程实际应用，包括模型审核、动画漫游、图形渲染、碰撞分析、施工模拟和工艺仿真等。另外，在介绍软件功能的同时，还对相关应用领域进行了深入剖析。

## 图书版面的说明

为了让读者能够轻松学习软件使用技术，并能够熟练掌握软件的核心应用，本书专门设计了"实战""技巧与提示""疑难问答""技术专题""综合实例"等项目，简要介绍如下。

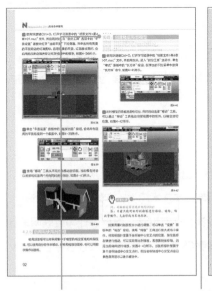

**实战：** 安排合适的实例引导读者学习软件的各种工具、命令及重点技术。

**疑难问答：** 针对初学者最容易产生疑惑的各种问题进行解答。

**技巧与提示：** 针对软件的使用技巧及实例操作过程中的难点进行重点提示。

**技术专题：** 包含大量的技术性知识点详解，让读者深入掌握软件的各项技术。

**综合实例：** 针对软件的各项重要技术进行综合练习。

# 资源与支持

SUPPORT

本书由数艺社出品，"数艺社"社区平台（www.shuyishe.com）为您提供后续服务。

## ■ 配套资源

实例文件

场景文件

教学视频

## ■ 资源获取请扫码

"数艺社"社区平台，为艺术设计从业者提供专业的教育产品。

## ■ 与我们联系

我们的联系邮箱是 szys@ptpress.com.cn。如果您对本书有任何疑问或建议，请您发邮件给我们，并请在邮件标题中注明本书书名及 ISBN，以便我们更高效地做出反馈。

如果您有兴趣出版图书、录制教学课程，或者参与技术审校等工作，可以发邮件给我们；有意出版图书的作者也可以到"数艺社"社区平台在线投稿（直接访问 www.shuyishe.com 即可）。如果学校、培训机构或企业想批量购买本书或数艺社出版的其他图书，也可以发邮件联系我们。

如果您在网上发现针对数艺社出品图书的各种形式的盗版行为，包括对图书全部或部分内容的非授权传播，请您将怀疑有侵权行为的链接通过邮件发给我们。您的这一举动是对作者权益的保护，也是我们持续为您提供有价值的内容的动力之源。

## ■ 关于数艺社

人民邮电出版社有限公司旗下品牌"数艺社"，专注于专业艺术设计类图书出版，为艺术设计从业者提供专业的图书、U 书、课程等教育产品。出版领域涉及平面、三维、影视、摄影与后期等数字艺术门类，字体设计、品牌设计、色彩设计等设计理论与应用门类，UI 设计、电商设计、新媒体设计、游戏设计、交互设计、原型设计等互联网设计门类，环艺设计手绘、插画设计手绘、工业设计手绘等设计手绘门类。更多服务请访问"数艺社"社区平台 www.shuyishe.com。我们将提供及时、准确、专业的学习服务。

# 目录

CONTENTS

**本章概述**
**Chapter Overview**

　　读者可以通过本章了解Navisworks基本用途、发展历程，以及所支持的文件格式等。同时，本章还将深入分析Navisworks在行业中所处的地位，最后会针对Navisworks的功能并结合项目情况分析其应用方向。

## 1.1 Navisworks简介

　　Navisworks软件是由Autodesk针对建筑信息模型（BIM）开发出来的辅助软件之一。Navisworks能够将AutoCAD和Revit等设计软件创建的设计数据，与来自其他设计工具的几何图形和信息相结合，将其作为整体的三维项目。通过对多种格式的文件进行实时审阅，Navisworks可以帮助所有建筑相关方将项目作为一个整体来看待，并且优化从设计决策、建筑实施、性能预测、设施管理到运营维护等各个环节。

　　Navisworks支持项目的所有关联方，可整合、分享和审阅三维模型，在建筑信息模型工作流中处于核心地位。Navisworks能够精确地再现设计意图，制订准确的四维施工进度表，提前实现施工项目的可视化，如图1-1所示。

图1-1

　　Navisworks可以将多种格式的三维数据（文件的大小不限）合并为一个完整、真实的建筑信息模型，以便用户查看与分析所有数据信息，如图1-2所示。

图1-2

　　Navisworks将精确的错误查找功能与基于硬冲突、软冲突、净空冲突和时间冲突的管理相结合，快速审阅和反复检查由多种三维设计软件创建的几何图元，如图1-3所示。Navisworks会对项目中的所有冲突进行完整记录，检查时间与空间是否协调，在规划阶段消除工作流程中存在的问题，基于点和线的冲突分析功能，便于工程师将激光扫描的竣工环境与实际模型相协调，如图1-4所示。

图1-3

图1-4

## 1.1.1 Navisworks软件分类

2007年，Autodesk公司收购了Navisworks，Navisworks从此成为建筑信息模型工作流的核心软件之一。此前，Navisworks就在三维协同校审领域拥有绝对领先的地位，目前全球有超过5000家企业在使用Navisworks。

Navisworks软件包含3款产品，分别是Navisworks Manage、Navisworks Simulate和Navisworks Freedom，其中Navisworks Manage的应用最为广泛，本书就是介绍它的应用，若无特别说明，书中提及的Navisworks就是指Navisworks Manage。

## 1.1.2 Navisworks文件格式

Navisworks编辑文件之后，会形成3种不同的文件格式，不同文件格式的使用场景和特性各不相同，下面逐一进行介绍。

### NWD格式 ——————————————

NWD格式文件存储所有的Navisworks特定数据，外加模型的几何图形。NWD文件一般比原始的CAD文件更加紧凑，可以更快地载入Navisworks中。此格式文件通常用于项目交付使用，即使对方没有Navisworks，也可以使用Navisworks的免费查看器Freedom来审阅这些文件。

### NWC格式 ——————————————

默认情况下，在Navisworks中打开或添加CAD文件时，将在原始文件所在的目录中创建一个与原始文件同名但扩展名为.nwc的缓存文件。

当下次载入或附加该文件时，如果相应的缓冲文件比原始文件新，Navisworks会从该缓存文件读取数据，不需要再次从原始数据转换。如果原始文件已经修改，Navisworks在下次载入时会重建相应的缓存文件。

### NWF格式 ——————————————

NWF格式文件包含正在使用的所有模型文件的索引，它还存储所有其他的Navisworks数据。如果在Navisworks中打开一个DWG文件，并向该文件添加素材（如视点和红线），则NWF文件将包含一个指向该DWG文件和所添加的全部素材的索引。NWF格式文件不会保存模型的几何图形，这使得此格式的文件要比NWD格式的文件小很多。

技巧与提示

建议处理正在进行的项目时使用NWF格式，因为这样对原始CAD图形所做的任何更新，都将在下一次打开该模型时反映出来。

## 1.2 Navisworks的行业应用

Navisworks通过模型合并、3D模型漫游、碰撞检测和4D施工模拟等技术为工程行业的设计数据提供了完整的设计审核方案，延伸了设计数据的用途。Navisworks是3D模型漫游和设计审核市场的领导者，目前在施工总承包和设计领域有着广泛的应用。

## 1.2.1 同类型软件简介

除了Navisworks，市场中还存在其他优秀的三维协同校审软件，每个软件的侧重点各不相同。

### ProjectWise Navigator ——————

ProjectWise Navigator 是一款桌面应用软件，它让用户能够以可视化的交互方式浏览大型或复杂的智能3D模型。用户可以快速看到设计人员提供的设备布置、维修通道和其他关键设计数据。该软件也具有检测碰撞功能，让项目建设人员在建造前做建造模拟，以便尽早发现施工过程中的不当之处，有效降低施工成本，优化施工进度，如图1-5所示。

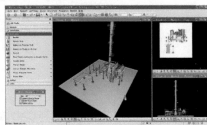

图1-5

## Synchro 4D

Synchro 4D是一款成熟且功能强大的施工模拟软件,具有更加成熟的施工计划管理功能,可以为整个项目的各参与方(包括业主、建筑师、结构师、承包商、分包商和材料供应商等)提供实时共享的工程数据。

工程人员可以利用Synchro 4D进行施工过程可视化模拟、施工进度安排、高级风险管理、设计变更同步及供应链管理等。目前的4D工程模拟大部分是针对大型复杂工程建设及其管理开发的,Synchro 4D同样提供了整合其他工程数据的功能,提供形象丰富的4D工程模拟,如图1-6所示。

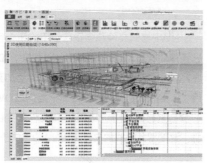

图1-6

## Fuzor

Fuzor是一款BIM虚拟现实软件,它为建筑工程行业引入了多人游戏引擎技术,拥有独家双向实时无缝链接专利。Fuzor可作为Revit上的一个VR插件,但它的功能却远不止用于VR那么简单,更具备同类软件无法比拟的功能体验。Fuzor工作界面如图1-7所示。

图1-7

### 1.2.2 Navisworks软件交互

Navisworks支持众多主流三维设计软件的原生格式,其中包括应用较广泛的AutoCAD和Revit,下面以这两款软件为例,介绍它们如何与Navisworks形成模型的转换,如图1-8所示。

图1-8

## 可支持的文件格式

Navisworks可以打开源自各种CAD应用程序的文件,并且可以将这些文件组合在一起,创建一个包含模型整个项目

视图的Navisworks文件。该文件将多领域团队创建的几何图形和数据整合在一起,并可以进行实时浏览和审阅。

Navisworks支持的CAD文件格式如表1-1所示。

表1-1 Navisworks支持的CAD文件格式

| 软件 | 文件格式 | 软件 | 文件格式 |
| --- | --- | --- | --- |
| Navisworks | .nwd、.nwf、.nwc | Solidworks | .igs、.iges |
| AutoCAD | .dwg、.dxf | Inventor | .ipt、.iam、.ipj |
| Revit | .rvt、.rfa、.rte | Rhino | .3dm |
| MicroStation (SE、J、V8和XM版本) | .dgn、.prp、.prw | Informatix MicroGDS | .man、.cv7 |
| 3D Studio Max | .3ds、.prj | PDMS | .rvm |
| Pro/E(Creo) | .sat | SketchUp | .skp |
| Design Review | .dwf | Solid Edge | .stp、.step |
| PDS | .dri | UG(NX) | .stl、.prt |
| ArchiCAD | .ifc | VRML | .wrl、.wrz |
| CIS/2 | .stp | Parasolid Binary | .x_b |
| JTOpen | .jt | FBX | .fbx |
| Adobe Acrobat | .pdf | | |
| CATIA | .model、.session、.exp、.dlv3、.CATPart、.CATProduct、.cgr、.STEP | | |

Navisworks支持的激光扫描文件格式如表1-2所示。

表1-2 Navisworks支持的激光扫描文件格式

| 软件 | 文件格式 | 软件 | 文件格式 |
| --- | --- | --- | --- |
| ASCII Laser | .asc、.txt | Leica | .pts、.ptx |
| Z+F IMAGER | .zfc、.zfs | Riegl | .3dd |
| Faro | .fls、.fws、.iQscan、.iQmod、.iQwsp | | |

## 文件输出插件

Navisworks为用户提供了文件导出器,可用于在CAD应用程序中直接导出原生的Navisworks文件。当前,用户可以从AutoCAD、MicroStation、Revit、ArchiCAD和3ds Max应用程序中导出NWC文件。

用户可以在以下情况下使用文件导出器。

● Navisworks无法读取原生的CAD文件格式。

● Navisworks已经转换了原生的CAD文件,但文件信息缺失。

以下文件导出器可在安装Navisworks时进行选择性安装。

● AutoCAD-NWC导出器。

● Revit-NWC导出器。

● MicroStation-NWC导出器。

- Viz和3ds Max-NWC导出器。
- ArchiCAD-NWC导出器。

### 1.2.3 Navisworks项目应用

Navisworks功能非常强大，可以涵盖设计、施工乃至运营维护阶段的应用，其主要功能集中在设计与施工环节。

#### 设计阶段

设计阶段通常会有多方同时参与设计，不可避免地会出现设计错误等问题。尤其是一些工业厂房的设计，所涉及的专业很多，并且不同专业所使用的设计软件也不同。在这种情况下，便需要一个兼容多种文件的审阅软件帮助用户来完成检验工作。Navisworks凭借优秀的兼容性，可以将不同的2D和3D设计数据集成在一起，帮助工程师更好地完成审阅工作，如图1-9所示。

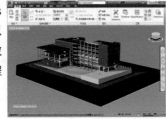

图1-9

同时，用户可以借助实时漫游工具，对整个设计模型进行查阅。当发现问题时，可以及时保存视点，并对有问题的地方进行红线批注，以帮助工程师更好地解决问题，如图1-10所示。 相关专业工程师只需要加载对应的视点文件，便可直接找到问题并加以处理，有效解决了各专业之间的协同问题。最终设计成果完成后，还可以通过Autodesk Rendering进行照片级渲染，以便用于项目展示和汇报，如图1-11所示。

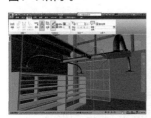

图1-10　　　　　　　图1-11

#### 施工阶段

施工前，施工方需要做大量的准备工作。例如，需要进行设计图纸会审，查看其是否存在错误，以及是否满足施工条件，还需要根据工程特性合理地安排施工计划。这一切的工作若基于传统的工作方式，往往很难满足实际需要。此时就可以利用Navisworks的碰撞检测和施工模拟功能完成工作，其中碰撞检测功能可以基于原始的设计数据，快速找出碰撞点，并将这些碰撞点以报告的形式导出，如图1-12所示。基于导出的报告，设计、施工和业主方便可以一起进行问题商讨，并提出对应的解决方案。

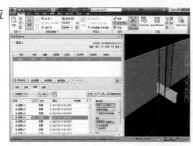

图1-12

图纸问题解决后，面临的主要问题将是如何合理地安排工期，并有效地节约资金。此时可以利用施工模拟和动画功能，对施工方案进行模拟分析。从施工方案模拟过程中，可以直观地看到项目中的施工重点和难点，以便及时进行方案论证并得出最优方案，如图1-13所示。

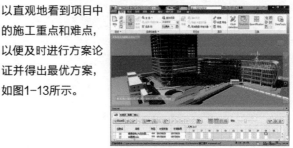

图1-13

现有软件版本还提供了算量模块，可以进行三维算量和二维算量。通过软件来统计工程量，可以避免人工算量所造成的误差。

#### 运维阶段

基于Navisworks的轻量化平台，用户可以将运营维护信息有效集成在模型中，利用Data Tools功能可以将外部数据库信息与模型进行链接，当外部维护信息更新后，将自动反映到模型中。例如，一幢住宅楼中的某个管道阀门损坏要更换时，只需要在软件中定位到相应楼层，选择对应设备模型时便会显示出所有设计信息，便于物业后期采购和更换，如图1-14所示。

图1-14

# 第2章
# Navisworks基础操作

## 2.1 工作界面介绍

本章主要介绍Navisworks的操作界面以及一些基本设置，虽然
是基础内容，但对于后续内容的学习有着很重要的意义。

### 2.1.1 Navisworks界面组成

安装好Navisworks 2018之后，可以通过双击桌面上的快捷图标
N 来启动Navisworks 2018，或者在Windows的"开始"菜单中找到
Navisworks 2018程序并启动，如图2-1所示。

图2-1

在启动Navisworks 2018的过程中，可以看到Navisworks
2018的启动界面，如图2-2所示。首次启动软件时，将自动验证软件
许可，Navisworks会提供3个选项供用户选择，分别是"登录""输
入序列号""使用网络许可"，如图2-3所示。

图2-2

图2-3

如果已经购买了软件，可以选择任何一种方式对软件进行激活。
如果还没有购买，可以选择"输入序列号"选项，进入Autodesk许可
界面，然后单击"运行"按钮，进行软件的试用，如图2-4所示。

进入软件后，系统将弹出"该Navisworks副本仅授权用于评估
目的，禁止商业应用"消息。单击"确定"按钮，就可以进行为期30
天的软件试用，如图2-5所示。

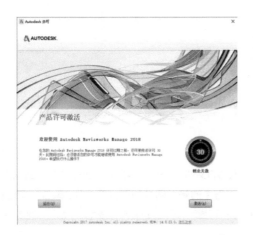

图2-4

图2-5

Navisworks 2018延续了Autodesk系列软件的界面风格，采用了Ribbon界面。Ribbon界面合理的布局为Navisworks提供了充足的显示命令的空间，使所有功能都可以有组织地分类存放，可以帮助用户更容易地找到重要的、常用的功能。

界面组成部分从上到下依次为应用程序菜、快速访问工具栏、信息中心、功能区、场景视图和状态栏等，场景视图中有ViewCube和导航栏，如图2-6所示。一项工具处于打开状态时，该工具窗口就会固定或隐藏在场景视图四周。

Navisworks界面比较直观，易于学习和使用。读者可以根据工作习惯来调整应用程序界面。例如，可以隐藏不经常使用的固定窗口，从而使界面变得整洁。用户可以在功能区和快速访问工具栏中添加和删除按钮，也可以在标准界面基础上应用其他主题。

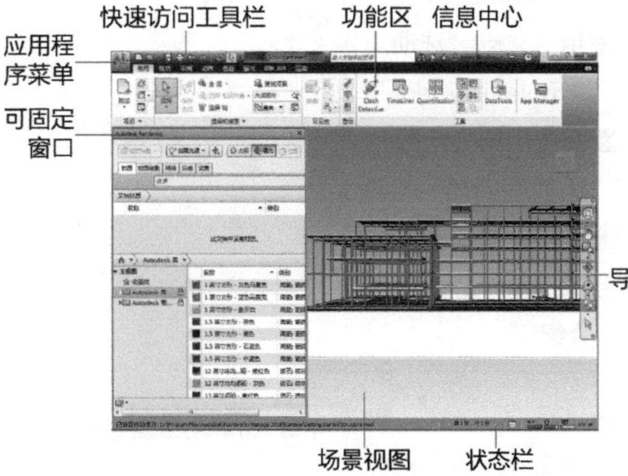

快速访问工具栏　功能区　信息中心

应用程序菜单

可固定窗口

导航栏

场景视图　　状态栏

图2-6

下面介绍更改用户界面主题的方法。

01 单击应用程序按钮，在弹出的应用程序菜单中单击"选项"按钮，如图2-7所示。

图2-7

02 在"选项编辑器"对话框中展开"界面"节点，然后选中"用户界面"选项，如图2-8所示。

图2-8

03 进入"用户界面"参数面板，从"主题"下拉列表中选择所需的主题类型，然后单击"确定"按钮，如图2-9所示。

图2-9

13

## 2.1.2 应用程序菜单

单击界面左上角的应用程序按钮，就可以打开应用程序菜单，如图2-10所示。应用程序菜单左侧包括"新建""打开""保存""另存为""导出""发布""打印""通过电子邮件发送"共8项命令，右侧为最近使用的文档、"选项"按钮和"退出Navisworks"按钮，最近使用的文档数量可以在"选项编辑器"对话框中设置。以上基本操作与Autodesk系列软件相似，下面逐一进行介绍。

图2-10

● 新建 (Ctrl+N)：执行该命令将新建一个"无标题"的Navisworks文件。当一个项目处于打开状态时，执行该命令，打开的项目会自动关闭，软件处于启动后的初始状态。

● 打开：该命令用于打开Navisworks项目或兼容的设计文件，如图2-11所示。

图2-11

打开 (Ctrl+O)：执行该命令可打开现有的Navisworks项目或兼容的设计文件，包括常用的DWG、IFC、FBX、RVT等格式，如图2-12所示。

图2-12

从BIM 360打开 (Ctrl+B)：该命令用于打开BIM 360云端存储的项目文件，如图2-13所示，需登录Autodesk 360账号才能使用。

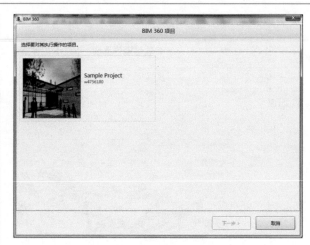

图2-13

打开URL：执行该命令可打开位于Web服务器上的NWD文件，如图2-14所示。URL是文件的网络地址，在文本框中的输入网址即可打开文件。单击文本框右侧的小三角，可显示打开过的文件存放地址，包括本地文件。

图2-14

样例文件：执行该命令可打开软件自带的样例文件，如图2-15所示。

图2-15

● 保存 (Ctrl+S)：保存NWC格式文件时执行该命令，打开"另存为"对话框，可对文件的保存位置、文件名和保存类型进行设置，文件类型有NWD和NWF两种格式可供选择，如图2-16所示。

图2-16

如果需要在较低版本的Navisworks中打开文件，可以将文件另存为对应版本类型。Navisworks 2016、Navisworks 2017和Navisworks 2018这几个版本支持通用，不需要做降级处理。如果需要用更低版本的软件打开文件，可以选择Navisworks 2015版本进行保存。

● 另存为：执行该命令，打开"另存为"对话框，与"保存"命令相同，可以对文件的保存位置、文件名和保存类型重新进行设置。

● 导出：该命令用于将几何图形和数据导出到外部文件，共3种文件格式，以便和其他软件交互。

三维DWF/DWFx：执行该命令，可以将当前打开的三维模型导出为DWF或DWFx文件，如图2-17所示。

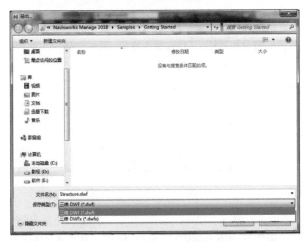

图2-17

FBX：执行该命令，打开"FBX选项"对话框，如图2-18所示，设置将要导出的FBX文件的属性，然后单击"确定"按钮，打

开"导出"对话框，最后单击"保存"按钮，即可将当前打开的文件导出为FBX格式文件，如图2-19所示。

图2-18

图2-19

Google Earth KML：执行该命令，打开"KML选项"对话框，如图2-20所示，设置将要导出的KML文件的属性，然后单击"确定"按钮，打开"导出"对话框，如图2-21所示，最后单击"保存"按钮，即将当前打开的文件导出为Google Earth KML文件。

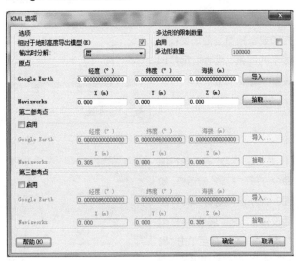

图2-20

图2-21

● 发布 : 执行该命令，打开"发布"对话框，如图2-22所示，为当前文件赋予一些项目信息，用于交互使用，其中包括发布的标题、作者、发布者、发布对象等基本信息。单击"确定"按钮可以打开"另存为"对话框，如图2-23所示，可设置文件的位置和名称，保存类型只有NWD格式，单击"保存"按钮完成发布工作。

图2-22                              图2-23

● 打印 : 该命令用于打印或者预览当前场景视图显示的图纸，或者指定打印设置，如图2-24所示。

图2-24

打印 (Ctrl+P)：执行该命令，打开"打印"对话框，如图2-25所示，选择打印机，然后设置打印的"属性""打印范围""份数"，最后单击"确定"按钮，即可打印当前场景视图显示的图纸。

图2-25

打印预览 ：执行该命令，预览将要打印的当前模型或图纸视图，可以通过"放大"或"缩小"按钮来缩放预览图像，如图2-26所示。

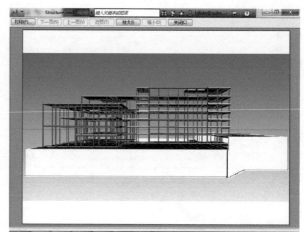

图2-26

打印设置 ：执行该命令，打开"打印设置"对话框，如图2-27所示。单击"属性"按钮，可以对打印机的各种参数进行预设，以便下次打印时直接选择打印机。

图2-27

通过电子邮件发送 ：执行该命令，将创建新的电子邮件，并以当前文件为附件发送邮件，默认会启动Outlook软件。

### 2.1.3 快速访问工具栏

快速访问工具栏默认位于界面顶端，其中集成了一些常用的命令和按钮，工作时便于查找，默认情况下包含"新建""打开""保存""打印""撤销""恢复""刷新""选择""自定义"这9个命令，如图2-28所示。

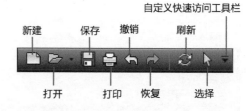

图2-28

单击"自定义快速访问工具栏"按钮 ，可查看工具栏中的命令，选中或取消选择以显示命令或隐藏命令，如图2-29所示。选择"在功能区下方显示"命令可调整快速访问工具栏的位置至功能区下方，如图2-30所示。

图2-29　　　　　　　　　　图2-30

如需向快速访问工具栏添加命令，可用鼠标右键单击功能区中的命令按钮，在弹出的快捷菜单中选择"添加到快速访问工具栏"命令，如图2-31所示。反之，用鼠标右键单击快速访问工具栏中的按钮，在弹出的快捷菜单中选择"从快速访问工具栏中删除"命令，即可将该命令从快速访问工具栏中删除，如图2-32所示。

图2-31　　　　　　　　　　图2-32

除了可以将功能区中的命令添加到快速访问工具栏中或从中删除之外，还可以在按钮之间添加分隔符，只需将鼠标指针放置于两个按钮之间，然后单击鼠标右键，在弹出的快捷菜单中选择"添加分隔符"命令，如图2-33所示。如需删除分隔符，按照同样的方法操作即可。分隔符的作用在于，如果快速访问工具栏中存在很多命令，可以将它们按功能进行分类，并用分隔符来区分。

图2-33

## 2.1.4　信息中心

在 Autodesk 公司的系列软件中，"信息中心"是比较常用的功能，如图2-34所示。它由标题栏右侧的一组工具组成，根据Autodesk 产品和配置的不同，这些工具可能有所不同，用户可以使用这些工具访问许多与产品相关的信息资源。

搜索　　　　　收藏夹　　　Autodesk App Store

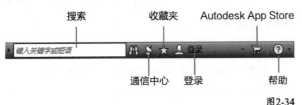

通信中心　　登录　　　　帮助

图2-34

下面对这些功能做详细介绍。

● 搜索：使用该工具可以在联机帮助中快速查找信息，对于初学者特别有价值。

● 通信中心："通信中心"提供的Autodesk频道内容包括接收支持信息、产品更新和其他通告。

● 收藏夹：该工具用于保存Subscription Center和通信中心保存的重要链接，单击该按钮可以访问已保存主题的收藏夹面板。

● 登录：用于登录到Autodesk 360服务，如果用户获取了Subscription权益，可以启用Autodesk 360的优势功能。

● Autodesk App Store：单击该按钮，登录Navisworks应用程序商店，可以找到与Autodesk应用程序配合使用的各种应用程序。

● 帮助：单击该按钮会弹出一个下拉菜单，如图2-35所示，可为用户深度学习提供帮助。

图2-35

## 2.1.5　功能区

Navisworks界面中位于快速访问工具栏和信息中心下方的区域是功能区，由显示工具和按钮的选项卡组成，它提供了进行项目实施所需要的全部工具。一般情况下，功能区共划分为"常用""视点""审阅""动画""查看""输出""BIM360""渲染"8个选项卡，如图2-36所示。每个选项卡下都有一系列含有多项工具的面板，用以完成某种特定的任务。

图2-36

除此之外，在"视点"选项卡的"剖分"面板中单击"启用剖分"按钮时，会显示出"剖分工具"选项卡，如图2-37所示。

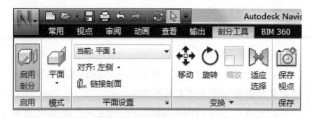

图2-37

当选中场景视图中的某个模型构件时，会显示出"项目工具"选项卡，如图2-38所示。

图2-38

当用户将鼠标指针放在某个按钮上时，会弹出对应的功能说明。如果停留时间超过2秒，还会显示出详细的功能说明，如图2-39所示。并非所有的工具按钮都有详细的功能说明。

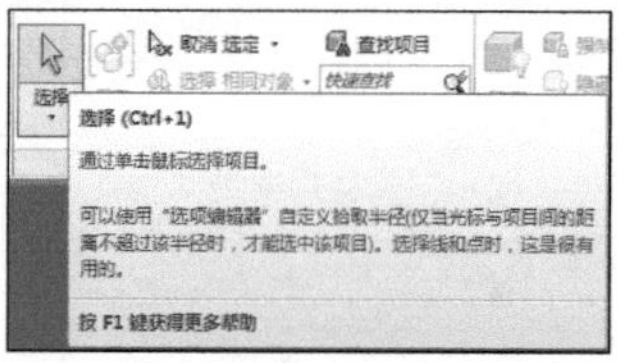

图2-39

功能区的右上角有两个按钮，主要用于选择功能区切换状态和最小化状态。单击第1个按钮 可在功能区完整状态与最小化状态之间切换，单击第2个按钮 可以选择一种最小化状态（共3种），如图2-40所示。

图2-40

● 最小化为选项卡：最小化功能区，仅显示选项卡标题。

● 最小化为面板标题：最小化功能区，仅显示选项卡和面板标题。

● 最小化为面板按钮：最小化功能区，仅显示选项卡标题和面板按钮。

● 循环浏览所有项：按顺序循环浏览所有功能区状态，即完整的功能区、最小化为面板按钮、最小化为面板标题、最小化为选项卡。

在功能区单击鼠标右键，可以控制功能区的选项卡和面板是否显示，如图2-41所示。

图2-41

拖动选项卡标题可以改变相互间的位置，选项卡内的面板也能通过拖动改变位置，还可以将面板拖动到应用程序窗口或者系统桌面上的任何位置，该面板会一直处于悬浮状态。将面板拖回至功能区内，其会自动恢复至原选项卡内脱离前的位置。下面对各个选项卡进行简单的介绍。

### ■■ "常用"选项卡 ——————————

"常用"选项卡内包括"项目""选择和搜索""可见性""显示""工具"5个面板，如图2-42所示，这些都是项目运行的常用工具。

图2-42

● 项目：控制整个场景，包括附加文件和刷新CAD文件，重置在 Autodesk Navisworks 中所做的更改，以及设置文件选项。

● 选择和搜索：为在场景视图中选择和搜索几何图形提供了多种方式。

● 可见性：显示和隐藏模型中的项目。

● 显示：显示和隐藏信息，包括特性和链接。

● 工具：启动 Autodesk Navisworks 模拟和分析工具。

### ■■ "视点"选项卡 ——————————

"视点"选项卡内包括"保存、载入和回放""相机""导航""渲染样式""剖分""导出"6个面板，如图2-43所示。

图2-43

● 保存、载入和回放：保存、录制、载入和回放保存的视点和视点动画。

● 相机：相机应用各种设置。

● 导航：设置运动的线速度和角速度，选择导航工具和三维鼠标设置，并应用真实效果设置（如重力和碰撞）。

● 渲染样式：控制光源和渲染设置。

● 剖分：在三维工作空间启用视点的交叉剖分。

● 导出：使用 Autodesk 或视口渲染器将当前视图或场景导出为其他文件格式。

### ■■ "审阅"选项卡 ——————————

"审阅"选项卡内包括"测量""红线批注""标记""注释"4个面板，如图2-44所示。

图2-44

- 测量：测量距离、角度和面积。
- 红线批注：在当前视点上绘制红线批注标记。
- 标记：在场景中添加和定位标记。
- 注释：在场景中查看和定位注释。

## "动画"选项卡

"动画"选项卡内包括"创建""回放""脚本""导出"4个面板，如图2-45所示。

图2-45

- 创建：使用动画制作工具创建对象动画，或者录制视点动画。
- 回放：选择和回放动画。
- 脚本：启用脚本，或使用动画互动工具创建新脚本。
- 导出：将项目中的动画导出为AVI文件或一系列图像文件。

## "查看"选项卡

"查看"选项卡内包括"导航辅助工具""轴网和标高""场景视图""工作空间""帮助"5个面板，如图2-46所示。

图2-46

- 导航辅助工具：打开/关闭导航控件，如导航栏、ViewCube、HUD元素和参考视图。
- 轴网和标高：显示或隐藏轴网线并自定义标高的显示方式。
- 场景视图：控制场景视图，包括进入全屏、拆分窗口，以及设置背景样式/颜色。
- 工作空间：控制显示的浮动窗口，以及载入/保存工作空间配置。
- 帮助：为用户深度学习提供帮助，与信息中心的"帮助"按钮功能相同。

## "输出"选项卡

"输出"选项卡内包括"打印""发送""发布""导出场景""视觉效果""导出数据"6个面板，如图2-47所示。

图2-47

- 打印：打印和预览当前视点，进行打印设置。
- 发送：发送以当前文件为附件的电子邮件。
- 发布：将当前场景发布为NWD文件。
- 导出场景：将当前场景发布为三维DWF/DWFx、FBX或Google Earth KML文件。
- 视觉效果：输出图像和动画。
- 导出数据：从Autodesk Navisworks导出数据，包括Clash、TimeLiner、搜索、视点数据及PDS标记。

## "BIM 360"选项卡

"BIM 360"选项卡内包括"BIM 360""模型""审阅""设备"4个面板，如图2-48所示。

图2-48

- BIM 360：从BIM 360账户中加载项目或模型文件。
- 模型：将从BIM 360账户获取或刷新模型。
- 审阅：同步BIM 360账户中的视图信息。
- 设备：把设备特性添加到BIM 360模型中。

## "渲染"选项卡

"渲染"选项卡内包括"系统""交互式光线跟踪""导出"3个面板，如图2-49所示。

图2-49

- 系统：切换"Autodesk 渲染"窗口，该窗口用于选择材质并将材质应用于模型，创建光源及配置渲染环境。

● 交互式光线跟踪：选择渲染质量并直接在场景视图中渲染，暂停或取消渲染过程。

● 导出：保存和导出当前视点的渲染图像。

#### "项目工具"选项卡

"项目工具"选项卡内包括"返回""持定""观察""可见性""变换""外观""链接"7个面板，如图2-50所示。

图2-50

● 返回：切换回当前视图中兼容的设计应用程序。

● 持定：持定选中的项目，以便它们在围绕场景导航时一起移动。

● 观察：将当前视图聚焦于选中的项目，以及将当前视图缩放到选中的项目上。

● 可见性：控制所选项目的可见性。

● 变换：移动、旋转和缩放所选的项目，或重置变换为原始值。

● 外观：更改所选项目的颜色和透明度，或重置外观为原始值。

● 链接：管理附加到所选项目的链接，或重置链接为原始值。

#### "剖分工具"选项卡

"剖分工具"选项卡内包括"启用""模式""平面设置""变换""保存"5个面板，如图2-51所示。

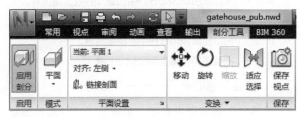

图2-51

● 启用：启用/禁用当前视点的剖分。

● 模式：在"平面"模式和"框"模式之间切换剖分模式。

● 平面设置：控制剖面。

● 变换：移动、旋转和缩放剖面/框。

● 保存：保存当前视点。

### 2.1.6 场景视图

场景视图是指查看三维模型所在的区域。启动Navisworks时，场景视图区域默认仅包含一个场景视图，

如图2-52所示。用户可以根据需要添加更多的场景视图，自定义场景视图被命名为"视图1"，其中1表示当前视图的编号，继续添加新的视图时，此编号将按照顺序递增。

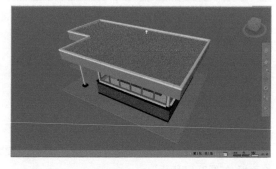

图2-52

#### 创建自定义场景视图

每个场景视图都会存储正在使用的导航模式，动画的录制和播放仅会在当前活动视图中发生。

要水平拆分当前活动场景视图，首先打开"查看"选项卡，然后在"场景视图"面板中单击"拆分视图"按钮，最后单击"水平拆分"按钮，如图2-53所示。

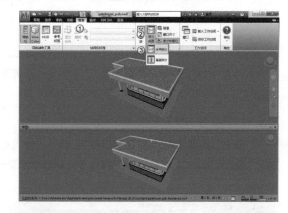

图2-53

如果要垂直拆分当前活动场景视图，则单击"垂直拆分"按钮，如图2-54所示。

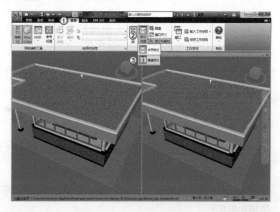

图2-54

### 设置场景视图为可固定视图 ------------

可以使自定义场景视图成为可固定视图，可固定视图有标题栏，且可以移动、固定、平铺和自动隐藏。如果要使用多个自定义场景视图，但不希望场景视图有任何拆分，则可以将它们移动到其他位置，例如，可以在"查看"控制栏上平铺场景视图。

打开"查看"选项卡，然后在"场景视图"面板中单击"显示标题栏"按钮，这样所有自定义场景视图都会包含标题栏，如图2-55所示。

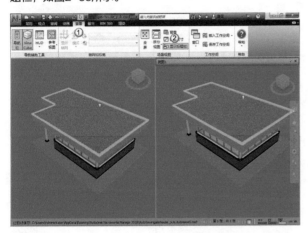

图2-55

### 删除自定义场景视图 ----------------

如需删除自定义的场景视图，直接单击标题栏上的 ☒ 按钮即可，如图2-56所示。如果场景视图没有显示标题栏，可以先打开"查看"选项卡，然后在"场景视图"面板中单击"显示标题栏"按钮，将标题栏显示出来。

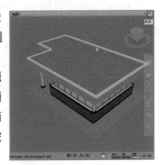

图2-56

### 打开/关闭"全屏"模式 ---------------

当编辑某一个视图的内容，而暂时不需要看到其他视图时，可以使用"全屏"模式，将场景视图扩充至整个屏幕。

打开"查看"选项卡，然后在"场景视图"面板中单击"全屏"按钮☒，如图2-57所示，这样即可将视图转换成全屏模式。

图2-57

技巧与提示

　　如果使用两个显示器，则会自动将默认场景视图放置在主显示器上。用户也可以将该界面放到辅助显示器上。

### 调整活动场景视图的大小 --------------

每个场景视图的大小都是可以调整的。要调整场景视图的大小，先将鼠标指针移动到场景视图交点上并拖动分隔栏 ✛。

在"查看"选项卡的"场景视图"面板中单击"窗口尺寸"按钮☑，可以打开"窗口尺寸"对话框，在该对话框中的"类型"下拉列表中可以选择调整大小的方式，如图2-58和图2-59所示。

图2-58

● 使用视图：使内容填充当前活动场景视图。

● 显式：为内容定义精确的宽度和高度。

● 使用纵横比：输入高度时，使用当前场景视图的纵横比自动计算内容的宽度；输入宽度时，使用当前场景视图的纵横比自动计算内容的高度。

图2-59

如果选择了"显式"选项，应以像素为单位输入内容的宽度和高度，如图2-60所示。

图2-60

如果选择了"使用纵横比"选项，应以像素为单位输入内容的宽度或高度，然后单击"确定"按钮，如图2-61所示。

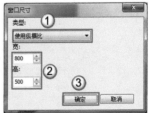

图2-61

## 2.1.7 导航栏

导航栏提供了在模型中进行交互式导航和定位的相关工具，如图2-62所示。用户可以根据需要显示的内容来自定义导航栏，还可以在场景视图中更改导航栏的固定位置。单击导航栏中的按钮，就可以启用相应的导航工具。

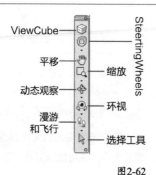

图2-62

● **ViewCube**：指示模型的当前方向，并用于重定向模型的当前视图。

● **SteeringWheels**：在专用导航工具之间快速切换的控制盘集合。

● **平移**：激活平移工具并平行于屏幕移动视图。

● **缩放**：用于放大或缩小模型的当前视图比例。

● **动态观察**：在视图保持固定时，用于围绕轴心点旋转模型的一组导航工具。

● **环视**：垂直和水平旋转当前视图的一组导航工具。

● **漫游和飞行**：模拟正常走或空中飞行的效果。

● **选择工具**：几何图形选择工具。

把导航栏连接到 ViewCube 工具时，导航栏会位于ViewCube 工具的下方，且垂直定向。未连接或固定时，可以沿场景视图的其中一侧自由对齐导航栏。用户可以通过"自定义"按钮来重新定位导航栏。当导航栏未连接到 ViewCube工具或固定时，将显示一个手柄，如图2-63所示。

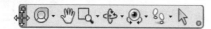

图2-63

如果导航栏所对齐的场景视图一侧的长度不足以显示整个导航栏，则导航栏会显示为合适的长度，并显示"更多控件"按钮，该按钮取代了"自定义"按钮。当单击"更多控件"按钮时，将显示一个菜单，其中包含当前没有显示的导航工具，如图2-64所示。

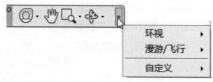

图2-64

下面讲解重新定位导航栏和ViewCube的方法。

01 在导航栏中单击"自定义"按钮，如图2-65所示。

图2-65

02 在弹出的下拉菜单中执行"固定位置>连接到ViewCube"命令，如图2-66所示，将导航栏和ViewCube一起重新定位于当前窗口周围。如果ViewCube没有显示，则导航栏将代替ViewCube固定在相同的位置。

图2-66

03 在"自定义"下拉菜单中执行"固定位置>左上"命令（这里也可以选择"右上""左下"或"右下"命令，实际工作中可以根据情况灵活选择），如图2-67所示，即可完成导航栏和ViewCube 的重新定位，如图2-68所示。

图2-67          图2-68

## ViewCube概述

ViewCube工具是一个永存界面，可进行单击或拖动，可用来在模型的各个视图之间切换，如图2-69所示。将鼠标指针放置在ViewCube 工具上后，ViewCube 将变为活动状态，用户可以通过拖动或单击ViewCube的方式来切换视图、滚动当前视图或更改模型的主视图。

图2-69

指南针显示在 ViewCube 工具的下方，并指示为模型定义的北向。用户可以单击指南针上的方向字母，以旋转模型；拖动其中一个方向字母或指南针圆环，可以绕轴心点以交互方式旋转模型，如图2-70所示。

图2-70

## 通过 ViewCube 重新设置模型视图的方向 —— ⧉

ViewCube可以重新设置模型在当前视图的方向。用户可以单击预定义区域，以将预设视图设为当前视图来使用，也可以通过拖动来随意更改模型的视图角度，还可以定义和恢复主视图。

ViewCube工具提供了26个已定义部分，可以单击这些部分来更改模型的当前视图，如图2-71所示。

图2-71

从一个面视图查看模型时，ViewCube工具旁边将显示两个弯箭头。使用弯箭头可以绕视图中心将当前视图顺时针或逆时针旋转90°，如图2-72所示。

图2-72

## 设置视图投影模式 ——————————

ViewCube工具支持两种视图投影模式，分别是"透视"和"正视"，如图2-73所示。正视投影也称为平行投影，透视投影视图基于理论相机和目标点之间的距离进行计算。现实世界中的对象是以透视投影呈现的。因此，当要生成模型的渲染或隐藏线视图时，使用透视投影会让模型看起来更真实。

正视                透视

图2-73

## 控制盘概述 ——————————

控制盘将多个常用导航工具整合到一个界面中，从而节省时间。通过控制盘提供的导航工具，可以实现对模型的浏览控制。Navisworks提供了多种控制盘样式，各种控制盘样式如图2-74所示。

全导航控制盘        巡视建筑控制盘        查看对象控制盘

全导航控制盘（小）   巡视建筑控制盘（小）   查看对象控制盘（小）

图2-74

### 2.1.8 状态栏

状态栏显示在Navisworks窗口的底部，用户无法自定义或来回移动状态栏。状态栏中包含4个性能指示器（可显示当前所执行操作的进度和内存使用情况）、可显示或隐藏"图纸浏览器"窗口的按钮，以及可在多页文件中的图纸/模型之间进行导航的控件，如图2-75所示。

第1张，共16张 ▷ ▷▷ ≡ ▮ ⊙ ⋈ 576 MB

图2-75

## 导航多页文件 ——————————

当打开多页文件时，如浏览DWF或PDF文件时，可以单击箭头按钮进行切换，如图2-76所示。

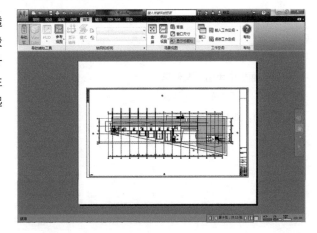

图2-76

## 图纸浏览器及性能指示器 ——————————

单击"图纸浏览器"按钮 ▤ 可以显示或隐藏"图纸浏览器"窗口，如图2-77所示。

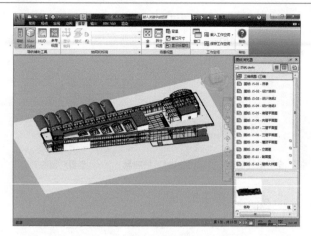

图2-77

● 铅笔进度条：该进度条会显示当前视图绘制的进度。

● 磁盘进度条：该进度条会显示从磁盘中载入当前模型的进度，即载入内存中的大小。

● 网络服务器进度条：该进度条会显示当前模型下载的进度，即已经从网络服务器上下载的大小。

● 内存大小：状态栏右端的字段显示Navisworks当前使用的内存大小。

## 2.2 基本环境参数设置

Navisworks提供了两种类型的选项，分别是"文件选项"和"全局选项"。文件选项用于控制当前文件的相关参数设置，以便更好地处理项目文件；全局选项则针对于软件各项项目参数进行设置，其中包含若干重要工具的参数设置。

### 2.2.1 文件选项

进入"常用"选项卡，在"项目"面板中单击"文件选项"按钮，即可打开"文件选项"对话框，如图2-78所示。

图2-78

■■ "消隐"选项卡 —————————

使用此选项卡可以调整几何图形的消隐参数，设置模型的显示性能，如图2-79所示。

● 启用：指定是否使用区域消隐。

● 指定像素数：为屏幕区域指定一个像素值，低于该值就会消隐对象。

● 自动：选中此项可以使Navisworks自动控制近（远）裁剪平面位置，以便更好地查看模型，此时"距离"参数变为不可用状态。

图2-79

● 受约束：选中此项可将近（远）裁剪平面约束在"距离"参数框中设置的值。

● 固定：选中此项可将近（远）裁剪平面设置为"距离"参数框中提供的值。

● 距离：在"受约束"模式下，设置相机与近（远）裁剪平面位置之间的最远距离；在"固定"模式下，设置相机与近（远）裁剪平面位置之间的精确距离。

● 关闭：关闭背面消隐功能。

● 立体：仅为模型实体对象打开背面消隐功能。

● 打开：为所有对象打开背面消隐功能。

■■ "方向"选项卡 —————————

使用此选项卡可以调整模型的真实世界方向坐标值，如图2-80所示。

● 向上（X/Y/Z）：指定x轴、y轴和z轴的坐标值，默认情况下，Navisworks会将正z轴作为"向上"。

● 北方（X/Y/Z）：指定x轴、y轴和z轴的坐标值，默认情况下，Navisworks会将正y轴作为"北方"。

图2-80

■■ "速度"选项卡 —————————

使用此选项卡可调整帧频速度，以提高在导航过程中的平滑度，如图2-81所示。

图2-81

● 帧频：指定在场景视图中每秒渲染的帧数（FPS），默认设置为6帧/秒，可以将帧频设置为1~60帧/秒之间的值。减小该值可以减少忽略量，但会导致导航过程出现不平稳移动；增大该值可确保导航更加平滑，但会增加忽略量。

### "头光源"选项卡 ——————————

使用此选项卡可以为"头光源"模式更改场景的环境光和头光源的亮度，如图2-82所示。

● 环境：使用该滑块可以控制场景的总亮度。

● 头光源：使用该滑块可控制位于相机上的光源的亮度。

图2-82

若要在场景视图中查看所做更改对模型产生的影响，可用功能区中的"头光源"模式。

### "场景光源"选项卡 ——————————

使用此选项卡可以为"场景光源"模式更改场景环境光的亮度，如图2-83所示。

● 环境：使用该滑块可以控制场景的总亮度。

图2-83

### DataTools选项卡 ——————————

使用此选项卡可以在打开的Navisworks文件和外部数据库之间创建链接并进行管理，如图2-84所示。

● DataTools链接：显示Navisworks文件中的所有数据库链接。

图2-84

### ★重点★ 2.2.2 全局选项

单击应用程序按钮，在弹出的菜单中单击 选项 按钮，系统打开"选项编辑器"对话框，如图2-85所示。"选项编辑器"在实际项目当中扮演着非常重要的角色，通过"选项编辑器"可为Navisworks调整程序设置，以便更有效地完成工作。

"选项编辑器"以结构树的形式来呈现可设置项目，通过编辑"常规""界面""模型""工具""文件读取器"5个节点来完成对程序的控制，单击 + 或 − 可以展开或折叠节点。

图2-85

下面详细介绍各个功能按钮的作用。

● 导出：单击此按钮打开"选择要导出的选项"对话框，可以在其中选择要导出（或"序列化"）的全局选项。如果选项无法导出，它将不可用。

● 导入：单击此按钮会弹出"打开"对话框，可以在其中浏览到具有所需全局选项设置的文件。

● 确定：单击该按钮，保存更改，然后关闭"选项编辑器"对话框。

● 取消：单击该按钮，放弃更改，然后关闭"选项编辑器"对话框。

● 帮助：显示上下文相关帮助。

### "常规"节点 ——————————

"常规"节点包括"撤销""位置""本地缓存""环境""自动保存"5个子节点，通过这些参数可以调整缓冲区的大小、文件位置、自动保存选项等。

● 撤销：用于设置缓存区的大小。"缓冲区大小"参数可用于设置Navisworks为保存撤销/恢复操作分配的空间，单击"默认值"按钮可以恢复原始设置值，如图2-86所示。

图2-86

● 位置：包括"项目目录"和"站点目录"两个参数，如图2-87所示。通过这两个参数可以和其他用户共享Navisworks全局设置、对象动画脚本、工作空间、碰撞检测规则等内容。首次运行Navisworks时，软件从安装目录拾取设置，然后检查本地计算机上的当前用户配置和所有用户配置，最后检查"项目目录"和"站点目录"参数的设置，项目目录中的文件优先。

图2-87

● 本地缓存：设置要保留的非活动文件最小数目和最大缓存大小，如图2-88所示。

图2-88

● 环境：设置显示在应用程序菜单右侧的最近使用的文件的最大数目，如图2-89所示。

图2-89

● 自动保存：设置当前文件是否自动保存、保存位置和保存频率，如图2-90所示。可以根据实际情况设置自动保存文件的位置，建议自动保存频率设置为20分钟。如果希望恢复默认设置，可以单击"默认值"按钮。

图2-90

## ■■ "界面"节点

该节点包括"显示单位""测量""快捷特性""用户界面""导航栏"等17个子节点，通过这些子节点可以对Navisworks界面进行自定义设置。

● 显示单位：定义项目中使用的单位和小数位数，如图2-91所示。

图2-91

● 选择：定义在场景中选择对象的方式和图元高亮显示的方式，如图2-92所示。

图2-92

● 测量：定义测量线的外观和样式，如图2-93所示。

图2-93

● 捕捉：定义光标捕捉的拾取位置和旋转角度，如图2-94所示。

图2-94

● 视 点 默 认值：定义保存的视点属性，如图2-95所示。

图2-95

● 链接：定义链接在场景视图中的显示方式，如图2-96所示。

图2-96

● 快捷特性：定义是否显示快捷特性和显示方式，如图2-97所示。

图2-97

● 参考视图：设置参考视图中定位标记的颜色，如图2-98所示。在参考视图中，定位标记显示为小三角图形。

图2-98

● 显示：定义透明度、图元、详图等的显示性能，可以调整Autodesk材质和Autodesk效果，还可以选择可用的驱动程序，如图2-99和图2-100所示。

图2-99

图2-100

Autodesk：调整在Autodesk 图形模式下使用的效果和材质，如图2-101所示。

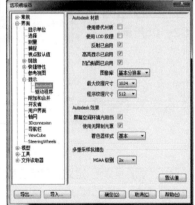

图2-101

● 附加和合并：定义附加或合并时对多余文件的处理，如图2-102所示。

图2-102

● 开发者：定义对象特性的显示方式，如图2-103所示。

图2-103

● 用户界面：选择预设的界面颜色主题，有"暗"和"光源"两种类型可选，如图2-104所示。

图2-104

● 轴网：定义视图中轴网的显示样式和颜色，如图2-105所示。

图2-105

● 3Dconnexion：定义3D鼠标设备的行为，可以调整控制器的灵敏度和3D鼠标设备的平移和旋转速度，如图2-106所示。

图2-106

● 导航栏：定义动态观察工具和漫游工具，如图2-107所示。

图2-107

● ViewCube：定义ViewCube显示特征和操作属性，如图2-108所示。

图2-108

● SteeringWheels：这里将"大控制盘""小控制盘""漫游工具""动态观察工具"等7个工具集成到一个界面中，通过自定义这些工具的属性，可以在不同的视图中导航和设置模型方向，提高场景视图的浏览效率，如图2-109和图2-110所示。

图2-109

图2-110

■■ "模型"节点 ——————————

该节点可自定义"性能""NWD""NWC"这3个子节点的参数，优化Navisworks性能。

● 性能：用于优化Navisworks性能，定义合并重复项的条件以及文件载入时的属性，如图2-111所示。

图2-111

● NWD：定义是否启动几何图形压缩功能，以及保存和发布NWD文件时某些参数的精度，如图2-112所示。

图2-112

● NWC：可以选择缓存的NWC文件是否读取和写入，也可以定义是否启动几何图形压缩功能，还可以设置保存和发布NWC文件时某些参数的精度，如图2-113所示。

图2-113

## "工具"节点

该节点可以定义Clash Detective、TimeLiner和Animator等重要工具的属性。

● Clash Detective：在进行碰撞检测时，设置模型的显示样式和颜色特征，如图2-114所示。

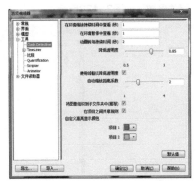

图2-114

● TimeLiner：定义施工模拟的工作属性和导入/导出文件的属性，如图2-115所示。

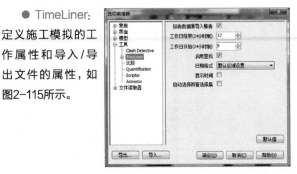

图2-115

● 导入/导出：自定义 CSV文件和XML文件导入/导出的参数，如图2-116所示。

图2-116

● 比较：使用比较工具比较对象或文件时，选中"忽略文件名特性"选项可以忽略文件名差异，如图2-117所示。

图2-117

● Scripter：定义消息级别和指向消息文件的路径，如图2-118所示。

图2-118

● Animator：定义是否在Animator窗口显示"手动输入"栏，如图2-119所示。

图2-119

### "文件读取器"节点

该节点提供了Navisworks所能读取的所有文件格式，包括3DS、DWG、FBX、IFC、Revit、SAT等22种格式，如图2-120所示。

图2-120

# 2.3 使用文件

默认情况下，在Navisworks中打开原始模型文件或激光扫描文件时，将在原始文件所在的目录中创建一个与原始文件同名，但文件扩展名为.nwc的缓存文件。

由于NWC文件比原始文件小，因此可以加快对常用文件的访问速度。下次在Navisworks中打开或附加文件时，将从相应的缓存文件（如果该文件比原始文件新）中读取数据。如果缓存文件较旧（这意味着原始文件已更改），Navisworks将转换已更新文件，并为其创建一个新的缓存文件。

★重点★
### 2.3.1 文件读取器

Navisworks提供了文件读取器，以支持各种模型文件格式和激光扫描文件格式。在Navisworks中打开模型文件时，将自动使用相应的文件读取器。如有必要，可以调整默认文件读取器设置，以提高转换质量。

### 3DS文件读取器

3DS是许多CAD应用程序支持的通用文件格式。

Navisworks文件读取器可以读取所有二维和三维几何图形及其纹理贴图。在3DS参数面板中可调整3DS文件读取器的选项，如图2-121所示。

图2-121

### ASCII激光扫描文件读取器

大多数扫描软件支持用ASCII文本文件导出数据。只要用正确格式保存数据，Navisworks就可以读取该数据。在ASCII Laser参数面板中可以调整ASCII激光扫描文件读取器的选项，如图2-122所示。

图2-122

### CIS/2文件读取器

CIS/2文件读取器支持CIMSteel集成标准（CIS/2），美国钢结构协会采用该格式作为钢铁相关CAD软件之间的数据交换格式。在CIS/2参数面板中可调整CIS/2文件读取器的相关参数，如图2-123所示。

图2-123

## ❖ DGN文件读取器 ——————————————

在DGN参数面板中可以设置3D DGN和PROP文件读取器的相关参数，如图2-124所示。

图2-124

## ❖ DWF/DWFx文件读取器 ——————————

为了让建筑师、工程师和地理信息系统（GIS）专业人员共享二维和三维设计数据，Autodesk专门开发了DWF文件格式。DWF文件经过高度压缩，并且保留了详细的设计信息和比例。DWFx是最新版本的DWF文件格式，基于Microsoft的XML纸张规范，DWFx文件比相应的DWF文件要大一些。在DWF参数面板可以设置DWF文件读取器的相关参数，如图2-125所示。

图2-125

## ❖ DWG/DXF文件读取器 ——————————

DWG/DXF文件读取器使用Autodesk的ObjectDBX技术，因此可以保证读取那些基于ObjectDBX框架的第三方应用程序的图形文件。以该读取器读取图形文件时，图形结构将被保留，其中包括外部参照、块、插入对象、

AutoCAD 颜色索引、图层、视图和活动视点等。在 DWG/DXF参数面板中可以设置DWG/DXF文件读取器的相关参数，如图2-126和图2-127所示。

图2-126　　　　　　　　　　图2-127

**技巧与提示**

DWG/DXF文件读取器支持所有基于AutoCAD 2018及其早期版本的图形文件。

## ❖ Faro文件读取器 ——————————————

Faro文件读取器可以读取通过Faro扫描仪扫描所得到的点云文件。通过当前页面可以设置导入的点云文件的颜色，如图2-128所示。

图2-128

## ❖ FBX文件读取器 ——————————————

FBX文件读取器支持Autodesk FBX文件。Autodesk FBX格式是一种免费的、与平台无关的3D创作和交换格式，通过该格式可访问大多数3D供应商的3D内容。在FBX参数面板中可以设置FBX文件读取器的相关参数，如图2-129所示。

图2-129

### ⠿ IFC文件读取器 ————————————

IFC文件读取器支持独立的IFC文件。在IFC参数面板中可以设置IFC文件读取器的相关参数，如图2-130所示。

图2-130

### ⠿ Inventor文件读取器 ——————————

Inventor文件读取器支持IPT（零件）、IAM（部件）和IPJ（项目）文件格式，无法读取IDW（图形）文件格式。该读取器支持来自Inventor 2018及早期版本的图形文件。在Inventor参数面板中可以设置Inventor 文件读取器的相关参数，如图2-131所示。

图2-131

### ⠿ JTOpen ATF文件读取器 ——————————

JTOpenATF文件读取器支持由Siemens PLM Software开发的三维JT数据格式，其参数设置如图2-132所示。

图2-132

### ⠿ Leica扫描文件读取器 ———————————

Leica扫描文件读取器支持来自所有 Leica HDS扫描仪的文件，其参数设置如图2-133所示。

图2-133

### ⠿ Parasolid文件读取器 ———————————

Parasolid文件读取器支持X_B Parasolid文件，其参数设置如图2-134所示。

图2-134

### ⠿ PDF文件读取器 ——————————————

Navisworks支持在二维设计数据和Quantification工作流中使用PDF文件。PDF文件读取器的参数设置如图2-135所示，"分辨率"参数主要用来设置加载PDF时的图像清晰度。

图2-135

### ⠿ PDS文件读取器 ——————————————

PDS文件读取器支持来自PDS Design Review软件包的DRI文件，其参数设置如图2-136所示。

图2-136

## ReCap文件读取器

ReCap文件读取器支持ReCap文件，ReCap文件的格式为RCS和RCP。RCS格式文件是一种单点云扫描文件；RCP格式文件是一个项目文件，指向各个扫描文件并包含它们的相关信息。ReCap文件读取器参数面板的相关参数如图2-137所示。

图2-137

## Revit文件读取器

Navisworks可以直接读取原生Revit文件，或者将RVT文件转换为NWC格式。Revit文件读取器参数面板如图2-138所示。

图2-138

## RVM文件读取器

RVM文件读取器的参数面板如图2-139所示。RVM文件读取器支持以下几种文件格式。

● 从 AVEVA 的PDMS产品中导出的二进制和 ASCII RVM 文件。

● 文件扩展名为.att、.attrib 和.txt 的数据文件。

● RVS 文件。

图2-139

## SAT文件读取器

SAT文件读取器支持版本最高为7的ACIS SAT文件，其参数面板如图2-140所示。

图2-140

## STL文件读取器

STL文件读取器仅支持二进制STL文件，不支持ASCII版本，其参数面板如图2-141所示。

图2-141

## VRML文件读取器

VRML文件读取器支持VRML1和VRML2文件格式，其参数面板如图2-142所示。

图2-142

33

## 2.3.2 文件导出器

目前，常见的三维或二维数据格式文件都可以被Navisworks直接读取并打开，但部分软件的原生格式文件依然无法直接使用Navisworks打开。针对这种情况，Navisworks 提供了文件导出器，可以在原始软件中以插件的形式将模型导出为.nwc格式，然后供Navisworks打开使用。

针对AutoCAD、Revit、ArchiCAD和3ds Max软件，Navisworks提供了导出NWC文件的插件。在使用Navisworks直接读取原生格式的文件时，有时候也会出现模型显示不完整或变形的情况，这时也可以通过文件导出器导出模型，以获得完整的模型数据。

> **技巧与提示**
>
> 如果预先安装了其他建模软件，那么在安装 Navisworks 软件时，建模软件中会被自动安装对应的导出器。如果安装顺序相反，则需要手动安装导出器。

### ▣▣ AutoCAD文件导出器 ——————————

Navisworks提供的ARX插件适用于任何基于AutoCAD的产品，可以将文件导出为NWC格式，该文件导出器支持AutoCAD 2012～2018 版本的软件。

### ▣▣ Revit文件导出器 ——————————

Navisworks 可以直接读取原生的Revit文件，也可以使用文件导出器以NWC格式保存。

### ★重点★
### 实战：使用插件进行模型转换

| | |
|---|---|
| 场景位置 | 无 |
| 实例位置 | 实例文件>第2章>实战：使用插件进行模型转换.nwc |
| 视频位置 | 多媒体教学>第2章>实战：使用插件进行模型转换.mp4 |
| 难易指数 | ★★☆☆☆ |
| 技术掌握 | 通过插件来转换文件格式 |

**01** 打开Revit软件，然后单击"建筑样例项目"将其打开，如图2-143所示。

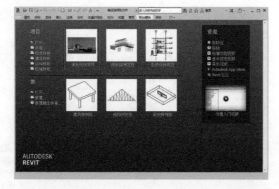

图2-143

**02** 切换到三维视图，进入"附加模块"选项卡，在"外部"面板中单击"外部工具"按钮，在下拉菜单中选择Navisworks 2018选项，如图2-144所示。

图2-144

**03** 系统弹出"导出场景为"对话框，在"文件名"文本框中输入相应的文件名，然后设置"保存类型"为NWC格式，最后单击"保存"按钮，如图2-145所示。

图2-145

**04** 在导出过程中，系统会弹出"Navisworks NWC导出器"窗口，显示模型导出状态和进度，如图2-146所示。在这个过程中可以单击"取消"按钮，停止导出。

图2-146

**05** 导出完成后，可以在Navisworks中直接打开该文件，其效果如图2-147所示。

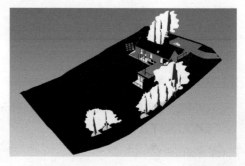

图2-147

── 技术专题 01 安装文件导出器 ──

若已经安装Navisworks 主程序，在安装其他建模软件（以Revit为例）时，Revit中将不会出现对应的文件导出器。这种情况下需要用户手动更新程序，以获得对应的导出与返回功能。下面将介绍在Windows 7系统下如何手动安装Revit文件导出器。

01 单击"开始"按钮，然后选择"控制面板"，打开"控制面板"窗口，如图2-148所示。

图2-148

02 在"控制面板"窗口中单击"程序"图标，如图2-149所示。

图2-149

03 打开"程序和功能"窗口，在其中选择对应版本的Navisworks导出器，然后双击以将其打开，如图2-150所示。

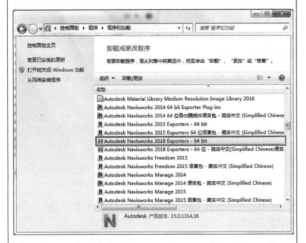

图2-150

04 系统弹出导出器安装窗口，在其中选择"添加或删除功能"选项，如图2-151所示。

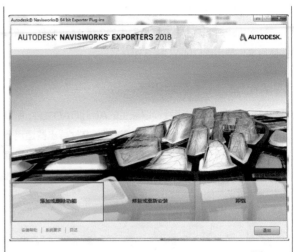

图2-151

05 在弹出的添加与删除功能面板中，选中需要安装的导出器插件，然后单击"更新"按钮，如图2-152所示。

图2-152

06 安装完成后，系统会显示成功更新的提示，如图2-153所示。此时打开Revit，便可以看到导出器插件了。

图2-153

### 3ds Max文件导出器 -----------------

Navisworks无法直接读取原生的3ds Max文件，所以要使用文件导出器以NWC格式保存文件。

### ArchiCAD文件导出器 -----------------

Navisworks无法直接读取原生的ArchiCAD文件，所以要使用文件导出器以NWC格式保存文件，文件导出器适用于ArchiCAD v16~v19版本。所有标准的ArchiCAD元素和库零件均可以导出，只要它们具有三维表示，而任何其他元素和库零件都将被忽略。

## 2.3.3 管理文件

下面主要介绍文件的基础操作，包括打开、新建、合并、刷新等。

### 打开及创建文件 -----------------

启动Navisworks时，软件会自动为创建一个新的"无标题"文件，新文件使用"选项编辑器"和"文件选项"对话框中定义的默认设置，可以在必要时更改这些设置。如果已打开某个Navisworks 文件，但希望关闭它并创建另一个文件，可以单击快速访问工具栏中的"新建"按钮，如图2-154所示。

图2-154

★ 重点 ★
### 实战：打开项目文件

| | |
|---|---|
| 场景位置 | 无 |
| 实例位置 | 实例文件>第2章>实战：打开项目文件.nwc |
| 视频位置 | 多媒体教学>第2章>实战：打开项目文件.mp4 |
| 难易指数 | ★★☆☆☆ |
| 技术掌握 | 文件的打开方式 |

01 单击应用程序按钮**N**，然后执行"打开>样例文件"命令，如图2-155所示。

图2-155

02 系统弹出"打开"对话框，在"文件类型"下拉列表中选择"Navisworks缓冲（*.nwc）"文件类型，然后在示例文件中选择对应的文件，最后单击"打开"按钮，如图2-156所示。

图2-156

这样文件就被打开了，并显示在场景视图中，效果如图2-157所示。

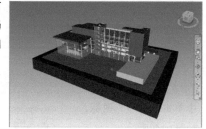

图2-157

### 保存和发布文件 -----------------

保存Navisworks 文件时，可以在NWD和NWF文件格式之间进行选择。在项目进行过程中使用NWF文件格式保存，当项目结束不需要进行修改时使用NWD文件格式保存。

这两种格式均存储审阅标记，但NWD文件存储文件几何图形，而NWF文件存储指向原始文件的链接，这使得 NWF 文件非常小。此外，在打开NWF文件时，Navisworks会自动重新载入所有已修改的参照文件，这意味着几何图形始终保持最新，即使对于最复杂的模型也是如此。当需要将文件发送给他人进行浏览时，建议将其存储为NWD文件，这样可以保证文件的完整性。

★ 重点 ★
### 实战：保存项目文件

| | |
|---|---|
| 场景位置 | 无 |
| 实例位置 | 实例文件>第2章>实战：保存项目文件.nwd |
| 视频位置 | 多媒体教学>第2章>实战：保存项目文件.mp4 |
| 难易指数 | ★★☆☆☆ |
| 技术掌握 | 文件的保存方式 |

01 单击应用程序按钮**N**，然后执行"打开>样例文件"命令，参见图2-155。

02 系统弹出"打开"对话框，在其中定位到Getting Started文件夹，然后选择对应的文件并单击"打开"按钮，如图2-158所示，打开的文件效果如图2-159所示。

图2-158

图2-162

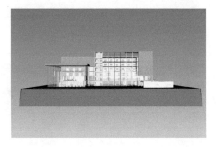

图2-159

02 系统弹出"发布"对话框,在其中输入文档信息,并指定所需的文档保护密码,最后单击"确定"按钮,如图2-163所示。"发布"对话框中的"过期"下拉列表最多可以保存最后5个条目的历史记录,单击右端的下拉按钮可以选择某个条目。

03 在快速访问工具栏中单击"保存"按钮 🔲(快捷键Ctrl+S),如图2-160所示。如果之前已经保存过文件,那么Navisworks将使用新数据覆盖原文件。

图2-160

图2-163

04 如果之前没有保存该文件,系统将打开"另存为"对话框,找到到需要保存文件的位置,然后输入文件名称,最后单击"保存"按钮,完成文件保存工作,如图2-161所示。

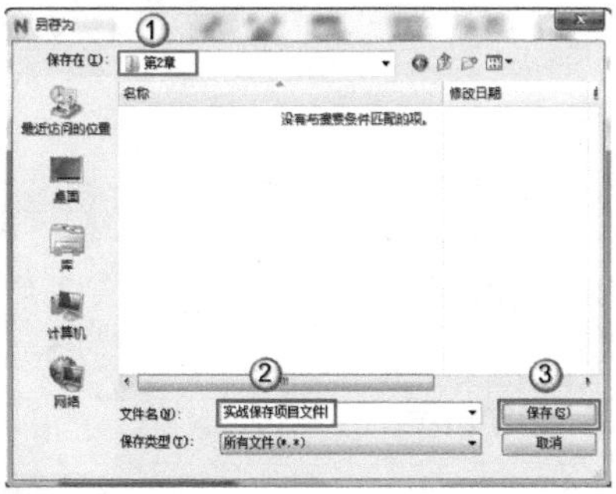

03 系统弹出"另存为"对话框,在其中设置文件的保存路径,然后输入文件名,最后单击"保存"按钮,如图2-164所示。

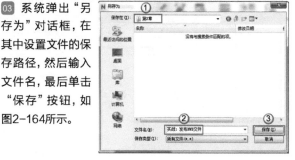

图2-164

图2-161

### 二维文件和多页文件

二维文件和多页文件是指包含多个页面及模型的文件。在Revit中创建模型时,除了三维模型以外,还会生成多张二维图纸,这样就构成了多页文件。可以通过导出DWF或NWFX格式,将三维模型和二维图纸同时保留,并通过Navisworks打开。

★ 重点 ★
## 实战: 发布 NWD 文件

场景位置　无
实例位置　实例文件>第2章>实战:发布NWD文件.nwd
视频位置　多媒体教学>第2章>实战:发布NWD文件.mp4
难易指数　★★☆☆☆
技术掌握　文件的发布方式

01 打开软件自带的样例文件Architecture.nwc,然后在应用程序菜单中执行"发布"命令,如图2-162所示。

★ 重点 ★
## 实战: 将图纸/模型添加到当前文件

场景位置　场景文件>第2章>01.dwfx
实例位置　实例文件>第2章>实战:将图纸模型添加到当前文件.nwd
视频位置　多媒体教学>第2章>实战:将图纸模型添加到当前文件.mp4
难易指数　★★☆☆☆
技术掌握　添加外部文件的方法

01 打开软件自带的样例文件Architecture.nwc,如图2-165所示。

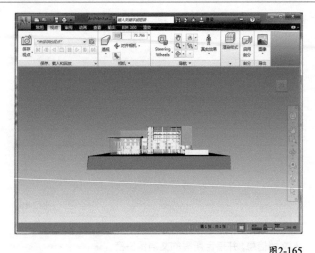

图2-165

02 单击"图纸浏览器"按钮 ，打开"图纸浏览器"窗口，在其中单击"导入图纸和模型"按钮 ，如图2-166所示。

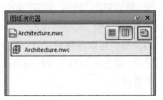

图2-166

03 系统弹出"从文件插入"对话框，在"文件类型"下拉列表中选择.dwf格式，然后找到"场景文件>第2章>01.dwfx"文件，最后单击"打开"按钮，如图2-167所示。

图2-167

04 选中文件中的所有图纸/模型，将它们添加到"图纸浏览器"窗口的列表中，添加顺序与它们在原始文件中的顺序相同，如图2-168所示。

图2-168

05 选中"三维视图"，然后单击鼠标右键，在弹出的快捷菜单中选择"附加到当前 模型"命令，如图2-169所示。

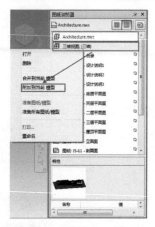

图2-169

06 最终在场景视图中显示的效果如图2-170所示。

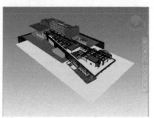

图2-170

## 文件处理 ─────────────────

可以通过Navisworks将多个模型文件合并在一起，Navisworks会自动对齐模型的原点，并重新调整每个附加文件中的单位，以便与显示单位匹配。如果原点或单位对于场景不正确，则可以针对每个合并文件手动调整它们。

★ 重点 ★

### 实战：附加项目文件

| 场景位置 | 无 |
| 实例位置 | 实例文件>第2章>实战：附加项目文件.nwd |
| 视频位置 | 多媒体教学>第2章>实战：附加项目文件.mp4 |
| 难易指数 | ★★☆☆☆ |
| 技术掌握 | 文件的合并方式 |

01 打开软件自带的样例文件Architecture.nwc，进入"常用"选项卡，在"项目"面板中单击"附加"按钮 ，如图2-171所示。

图2-171

技巧与提示

还可以使用"合并"工具实现同样功能。一般情况下，使用两种工具所得到的结果是一样的。在特殊情况下，有一定的区别。

02 系统弹出"附加"对话框，在"文件类型"下拉列表中选择需要的文件类型，然后找到所需的文件，最后单击"打开"按钮，如图2-172所示。

图2-172

**03** 文件附加成功，显示效果如图2-173所示。

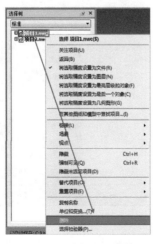

图2-173

## 实战：删除项目文件

场景位置　场景文件>第2章>02.nwf
实例位置　实例文件>第2章>实战：删除项目文件.nwd
视频位置　多媒体教学>第2章>实战：删除项目文件.mp4
难易指数　★★☆☆☆
技术掌握　项目文件的删除方法

**01** 打开"场景文件>第2章>02.nwf"文件，如图2-174所示。

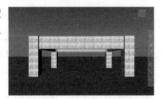

图2-174

**02** 进入"常用"选项卡，在"选择和搜索"面板中单击"选择树"按钮冒，如图2-175所示。

图2-175

**03** 系统弹出"选择树"窗口，在其中选中需要删除的文件，然后单击鼠标右键，在弹出的快捷菜单中选择"删除"命令，如图2-176所示，在弹出的对话框中单击"是"按钮。最终完成的效果如图2-177所示。

图2-176

图2-177

### 更改载入的三维文件的单位

更改文件单位的具体操作如下。

**01** 在"选择树"窗口中，在所需的三维文件上单击鼠标右键，然后在弹出的快捷菜单中选择"单位和变换"命令，如图2-178所示。

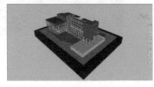

图2-178

**02** 系统弹出"单位和变换"对话框，在"单位"下拉列表中选择所需的单位，然后单击"确定"按钮，如图2-179所示。

图2-179

### 刷新文件

在使用Navisworks审阅模型文件时，如果当前模型文件正在被其他人修改，为确保审阅的数据是最新的，Navisworks提供了刷新功能，用于载入当前模型的最新状态。

刷新文件的具体操作如下。

**01** 在Navisworks中打开模型源文件，如图2-180所示。

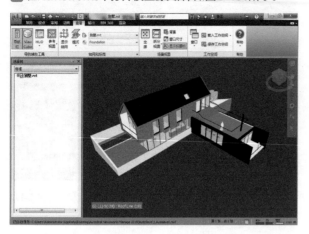

图2-180

**02** 回到设计软件，修改原模型，将屋顶删除并保存文件，如图2-181所示。

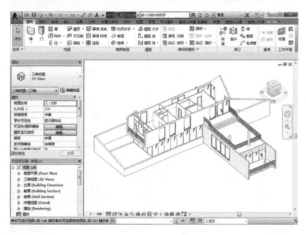

图2-181

**03** 返回Navisworks，单击快速访问工具栏中的"刷新"按钮（快捷键F5），进行文件同步，如图2-182所示。

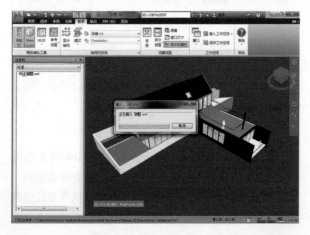

图2-182

**04** 模型刷新完成后，最终效果显示如图2-183所示。

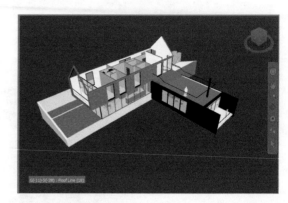

图2-183

## ■ 合并文件

Navisworks是一个协作型解决方案，用户可能以不同的方式审阅模型，但其最终的文件可以合并为一个Navisworks文件，并自动删除任何重复的几何图形和标记。

### 技术专题 02 附加与合并的区别

使用"附加"工具添加文件时，可以将NWF文件中的参照文件完整叠加到当前文件中。不论两个NWF文件是否参照了同一模型，它都将把模型文件再次加载进来。

使用"合并"工具添加文件时，如果是同一参照文件的多个NWF文件，Navisworks只载入一组合并模型，以及每个NWF文件的所有审阅标记，合并后将删除任何重复的几何图形或标记。

使用"附加"工具的效果如图2-184所示，将两个文件具有重叠部分的内容全部载入。

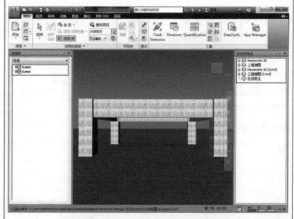

图2-184

使用"合并"工具的效果如图2-185所示，只加载了新增的"红线批注"视图内容。

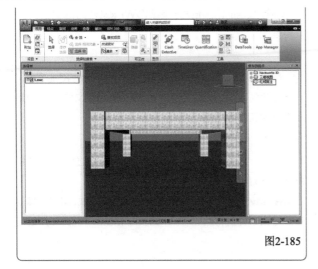

图2-185

### 2.3.4 打印与导出

项目结束后，主要用到的两个功能就是"打印"和"导出"。"打印"功能可以将场景视图中所显示的内容直接进行打印，而"导出"功能则可以将文件转换为其他数据格式，以便用其他软件打开。

### 实战：打印PDF文件

场景位置　场景文件>第2章>03.nwc
实例位置　实例文件>第2章>实战：打印PDF文件.pdf
视频位置　多媒体教学>第2章>实战：打印PDF文件.mp4
难易指数　★★☆☆☆
技术掌握　输出PDF格式文件的方法

01 在快速访问工具栏中单击"打开"按钮🗁，打开"场景文件>第2章>03.nwc"文件，通过ViewCube工具切换到顶视图，如图2-186所示。

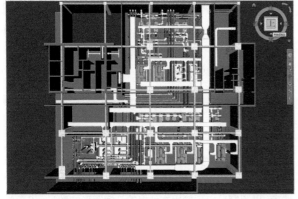

图2-186

02 进入"输出"选项卡，在"打印"面板中单击"打印设置"按钮🖨，如图2-187所示。

图2-187

03 系统弹出"打印设置"对话框，在其中设置纸张大小为A4，设置方向为"横向"，单击"确定"按钮，如图2-188所示。

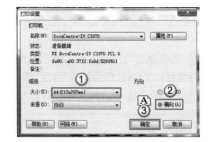

图2-188

04 在"打印"面板中单击"打印预览"按钮🔍，如图2-189所示。

图2-189

05 系统弹出打印预览窗口，在其中对图纸的打印效果进行检查确认，确认无误后单击"打印"按钮，如图2-190所示。

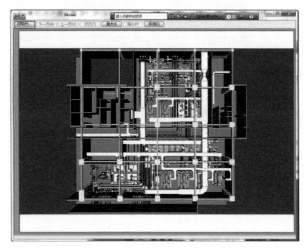

图2-190

06 系统弹出"打印"对话框，在其中设置打印机为PDF Printer，然后单击"确定"按钮，如图2-191所示。

图2-191

PDF虚拟打印机程序的类型比较多，用户可以根据自己的使用习惯选择相应的产品。如果之前没有安装PDF打印机，推荐使用Adobe PDF虚拟打印机。

07 系统弹出"打印成PDF文件"对话框，在其中设置文件保存路径和文件名，然后单击"保存"按钮，如图2-192所示。

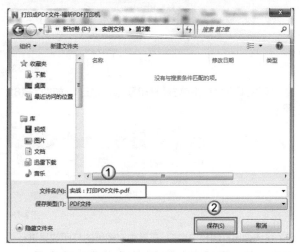

图2-192

最终打印完成的PDF文件效果如图2-193所示。

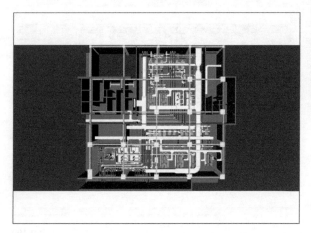

图2-193

## 导出

默认情况下，Navisworks可以将场景模型导出为3种格式，分别是DWF、FBX和KML，用户可以针对不同的使用情况，选择相应的导出格式，以便让其他软件继续使用。

### 三维 DWF/DWFx格式

Navisworks可以将当前三维模型导出为DWF或DWFx文件。DWF文件经过高度压缩，并且保留了详细的设计信息和比例；DWFx文件包含用于在Microsoft XPS查看器中显示设计数据的附加信息，因此DWFx文件比相应的DWF文件要大。

### Google Earth KML格式

用户可以从Navisworks中导出Google Earth KML文件，导出器会创建一个扩展名为.kmz的压缩KML文件（.kmz是KML文件压缩后的格式）。

### Autodesk FBX格式

从Navisworks导出FBX文件时，导出器会创建一个扩展名为.fbx的FBX文件。

在Navisworks中，将文件导出为FBX格式，可以供其他专业渲染软件进行后期渲染，如3ds Max，下面具体介绍操作方法。

### 实战：导出FBX格式文件

场景位置　场景文件>第2章>04.nwc
实例位置　实例文件>第2章>实战：导出FBX格式文件.fbx
视频位置　多媒体教学>第2章>实战：导出FBX格式文件.mp4
难易指数　★★☆☆☆
技术掌握　导出第三方格式文件的方法

01 在快速访问工具栏中单击"打开"按钮，打开"场景文件>第2章>04.nwc"文件，如图2-194所示。

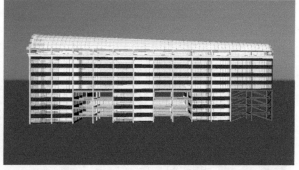

图2-194

02 进入"输出"选项卡，在"导出场景"面板中单击FBX按钮，如图2-195所示。

图2-195

03 系统弹出"FBX 选项"对话框，在其中选中"已启用"选项，以限制导出到输出文件中的几何图形的数量。设置单位为"毫米"，FBX文件版本为FBX201/00。如果需要使用Autodesk材质，可以将Autodesk材质版本也设置为2011，最后单击"确定"按钮，如图2-196所示。这样设置的目的是让不同软件版本均可以打开模型，避免了低版本软件打不开高版本模型的问题。

图2-196

04 系统弹出"导出"对话框,在其中设置新的文件名和保存位置,然后单击"保存"按钮,如图2-197所示。

图2-197

## 2.3.5 场景统计信息

场景统计信息功能主要用来统计当前场景的数据信息,

场景统计信息会列出影响场景的所有文件和组成场景的不同图形元素,以及载入时已处理或忽略的那些信息。在场景统计信息窗口中,可以查看整个场景的边界框和场景中图元(三角形、线、点)的总数,以供用户参考。

场景统计信息功能的使用方法如下。

01 进入"常用"选项卡,单击"项目"面板中的下拉按钮,然后选择"场景统计信息"命令,如图2-198所示。

图2-198

02 系统弹出"场景统计信息"对话框,其中将显示当前模型中所有图元的统计信息,如图2-199所示。

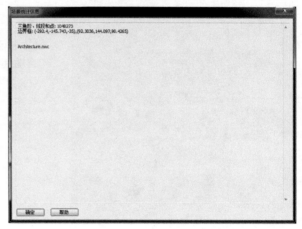

图2-199

# 第3章
# 模型的使用和控制

## 3.1 浏览模型

　　Navisworks提供了多种浏览模型的方式，可以在模型中实时漫游。通过这些浏览方式，用户可以在浏览过程中快速发现问题，并及时进行记录，方便设计人员进行修改。修改后的模型在Navisworks中及时进行更新，可以查验问题是否得到有效解决。

### 3.1.1 导航场景

　　Navisworks提供了大量用于场景导航的工具，通过这些导航工具可以自由定位视图方向与视角位置。

#### ▶️ 将视点向上矢量与当前视图对齐 ---------------

01 在场景视图中单击鼠标右键，在弹出的快捷菜单中选择"视点>设置视点向上>设置向上矢量"命令，如图3-1所示。

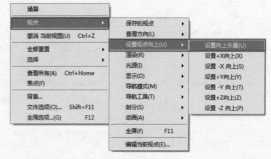

图3-1

02 在当前场景中漫游时，将会以旋转后的视图作为上方，如图3-2所示。

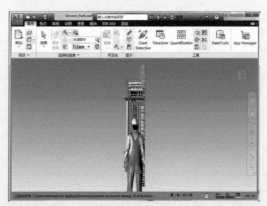

图3-2

## 将视点向上矢量与其中一个预设轴对齐 —————

01 在场景视图中单击鼠标右键，弹出的快捷菜单中选择"视点>设置视点向上"命令，如图3-3所示。

02 选择其中一个预设轴，可以选择"设置+X向上""设置-X向上""设置+Y向上""设置-Y向上""设置+Z向上"或"设置-Z向上"，如图3-4所示。

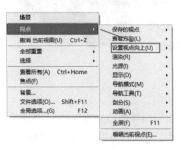

图3-3                 图3-4

03 在当前场景模型中漫游时，将以上一步选择的轴向作为向上方向进行浏览，如图3-5所示。

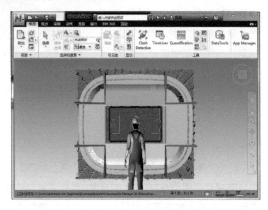

图3-5

## 更改世界方向 ——————————————

01 进入"常用"选项卡，在"项目"面板中单击"文件选项"按钮，如图3-6所示。

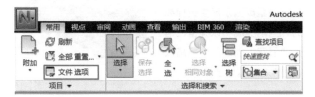

图3-6

02 系统弹出"文件选项"对话框，在其中的"方向"选项卡中输入所需的值，以调整模型方向，如图3-7所示。其中，1代表当前轴向，-1代表当前轴向的相反方向。

图3-7

03 将向上方向设置为-1，顶视图将会显示当前模型的底部，如图3-8所示。

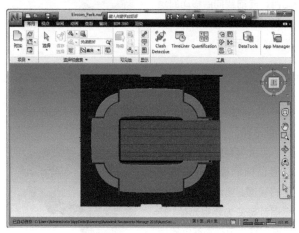

图3-8

### 3.1.2 导航工具

本节将重点讲解不同的导航工具的操作方法和注意事项。

## SteeringWheels工具 ——————————

SteeringWheels工具的控制盘被分成不同的按钮，每个按钮都包含用于重新设置模型当前视图方向的导航工具，如图3-9所示。

图3-9

### "中心"工具

使用"中心"工具,可以定义模型的当前视图中心。若要定义中心,可将鼠标指针放到模型上并按住鼠标左键,这时会显示一个球体(轴心点),如图3-10所示。该球体表示,当释放鼠标左键后,模型中鼠标指针所在位置将成为当前视图的中心,模型将以该球体为中心。

图3-10

> **技巧与提示**
>
> 如果鼠标指针不在模型上,则无法设置中心,并且只显示鼠标指针,不会显示球体。

### "向前"工具

使用"向前"工具,可以通过增减当前视点与轴心点之间的距离来更改模型的比例,向前或向后移动的距离受轴心点位置的限制,如图3-11所示。

图3-11

### "环视"工具

使用"环视"工具,可以垂直和水平旋转当前视图。旋转视图时,视线会绕当前视点位置旋转,就像一个人站在固定位置向上、向下、向左或向右看。

使用"环视"工具时,可以通过拖动鼠标来调整模型的视图。拖动鼠标时,鼠标指针将变为环视光标,并且模型绕当前视图的位置旋转,如图3-12所示。

图3-12

### "动态观察"工具

使用"动态观察"工具可以更改模型的方向,鼠标指针将变为动态观察光标,如图3-13所示。拖动鼠标时,模型将绕轴心点旋转,而视图保持固定。

轴心点是采用"动态观察"工具旋转模型时使用的基点,可以按以下方式指定轴心点。

图3-13

● **默认轴心点**:第一次打开模型时,当前视图的目标点将用作动态观察模型时的轴心点。

● **选择对象**:在将"动态观察"工具用于计算轴心点之前,可以选择对象,轴心点基于选定对象的范围的中心来计算。

● **"中心"工具**:在模型上指定一个点。

● **按住Ctrl键,同时拖动鼠标**:在单击"动态观察"按钮之前,或当"动态观察"工具处于活动状态时,按住 Ctrl 键,然后拖动鼠标到模型上要作为轴心点的位置。

### "平移"工具

当"平移"工具处于活动状态时,会显示"平移"光标(四向箭头),如图3-14所示。此时拖动鼠标可以沿拖动方向移动模型,例如,向上拖动时将向上移动模型,而向下拖动时将向下移动模型。

图3-14

### "回放"工具

使用导航工具重新设置模型视图的方向时,会将先前的视图保存到导航历史中。系统会为每个窗口保留单独的导航历史,在关闭窗口后,将不会再保留该窗口的导航历史。回放导航历史是针对特定视图的。

使用"回放"工具,可以从导航历史中检索先前的视图。从导航历史中,用户可以恢复先前的视图或滚动浏览所有已保存的视图,如图3-15所示。

图3-15

### "向上/向下"工具

● 与"平移"工具不同,用户使用"向上/向下"工具来调整当前视点在模型z轴方向上的高度。若要调整当前视图的垂直标高,应向上或向下拖动鼠标。拖动时,当前标高和允许的运动范围将显示在称为垂直距离指示器的图形元素上。

垂直距离指示器上有两个标记,显示视图可以具有的最高(顶部)和最低(底部)标高,如图3-16所示。通过垂直距离指示器更改标高时,当前标高将以亮橙色指示器显示,而之前的标高以暗橙色指示器显示。

图3-16

## "漫游"工具

通过"漫游"工具，用户可以像漫游一样在模型中导航。启动"漫游"工具后，中心点光标将显示在视图底部附近，且光标上将显示一组箭头，如图3-17所示。若要在模型中漫游，可向要移入的方向拖动鼠标。

图3-17

## "缩放"工具

使用"缩放"工具可以更改模型的缩放比例，如图3-18所示。

图3-18

鼠标单击和快捷键组合使用，可以控制"缩放"工具的行为，具体如下。

● 单击：单击控制盘上的"缩放"工具，当前视图将放大25%。如果使用的是全导航控制盘，则必须在"选项编辑器"对话框中启用增量缩放。

● 按住 Shift 键并单击：按住Shift键并单击控制盘上的"缩放"工具，当前视图将缩小 25%，系统会从鼠标指针所在位置而不是当前轴心点执行缩放。

● 按住 Ctrl键并单击：按住Ctrl键并单击控制盘上的"缩放"工具，当前视图将放大 25%，系统会从鼠标指针所在位置而不是当前轴心点执行缩放。

● 单击并拖动：如果单击"缩放"工具，并按住鼠标左键向上和向下拖动，可以调整模型的比例。

● 鼠标控制盘：在显示控制盘的情况下，向上或向下滚动鼠标，可以放大或缩小模型的视图。

使用"缩放"工具更改模型的比例时，无法将模型缩小到小于焦点范围，也无法放大至超出模型范围。用户放大和缩小时，所朝的方向由"中心"工具所设置的中心点控制。

## "平移"工具 ————————————

使用"平移"工具可以平行于屏幕移动视图，单击导航栏上的"平移"按钮可激活该工具。"平移"工具的作用与SteeringWheels上可用的"平移"工具作用相同。

第1步：打开任意模型，单击导航栏中的"平移"按钮，如图3-19所示。

图3-19

第2步：按住鼠标左键，沿着上/下/左/右任意方向拖动，即可实现对模型的平移查看，如图3-20所示。

图3-20

## "缩放"工具 ————————————

"缩放"工具用于增大或减小模型的当前视图比例，如图3-21所示。

图3-21

● 缩放窗口：允许绘制一个矩形框并放大到该区域。

● 缩放：通过上下拖动鼠标实现模型的缩放。

● 缩放选定对象：将选中的模型以最大化的形式在场景中显示。

● 缩放全部：通过缩放视图，将所有模型全部显示在场景中。

## "动态观察"工具 ————————————

在视图保持固定时，使用"动态观察"工具可以围绕轴心点旋转模型，如图3-22所示。

图3-22

● 动态观察：围绕模型的焦点移动相机，始终保持向上，且不能进行相机滚动。

● 自由动态观察：在任意方向围绕焦点旋转模型。

● 受约束的动态观察：围绕上方向矢量旋转模型，就好像模型放在转盘上一样，会始终保持向上方向。

## "环视"工具 ————————————

该工具是用于垂直和水平旋转当前视图的一组导航工具，如图3-23所示。

图3-23

● 环视：从当前相机位置环视场景。

● 观察🔘：观察场景中的某个特定点，相机移动以与该点对齐。

● 焦点🔘：观察场景中的某个特定点，相机保持原位。

### ▧▧ "漫游"和"飞行"工具 ————————

这是用于围绕模型移动和控制真实效果设置的一组导航工具，如图3-24所示。

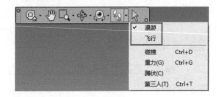

图3-24

● 漫游🔘：在模型中移动，就像在其中行走一样。

● 飞行🔘：在模型中移动，就像在飞行模拟器中一样。

如需要更改"漫游"或"飞行"时的速度，可以进入"视点"选项卡，然后单击"导航"面板的下拉按钮，如图3-25所示，可以快速调整当前视点运动的线速度和角速度，如图3-26所示。

● 线速度：设置漫游工具和飞行工具在场景中移动的速度。

● 角速度：设置漫游工具和飞行工具在场景中转动的速度。

图3-25

图3-26

### ▧▧ 真实效果 ————————————

对三维模型进行导航时，可以使用真实效果工具来控制导航的速度和真实效果，如图3-27所示。

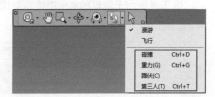

图3-27

● 碰撞：打开此功能，场景中出现一个虚拟的物体（默认不可见），在场景中漫游时将产生真实世界碰撞的效果，当遇到不可穿越的物体时会被阻挡。

● 重力：打开此功能，将产生真实世界中的重力效果。结合碰撞功能，当遇到楼梯、坡道等物体时，会随其表面而产生向上或向下的效果。当由高处向低处漫游时，会有跌落效果。

● 蹲伏：打开"蹲伏"效果后，当漫游至上表面高度低于碰撞量设置的高度时，会产生向下蹲的效果，如图3-28所示。

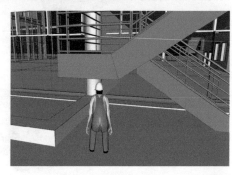

图3-28

● 第三人：激活"第三人"功能后，将能够看到一个人物模型，该模型表示浏览者自己，如图3-29所示。在打开此功能的基础上使用上述其他功能，将会对上述功能有更直观的感受。

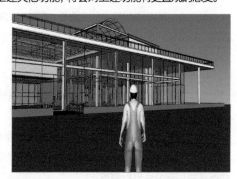

图3-29

★ 重点 ★
## 实战：启用第三人漫游

| | |
|---|---|
| 场景位置 | 场景文件>第3章>01.nwc |
| 实例位置 | 实例文件>第3章>实战：启用第三人漫游.nwd |
| 视频位置 | 多媒体教学>第3章>实战：启用第三人漫游.mp4 |
| 难易指数 | ★★☆☆☆ |
| 技术掌握 | 使用漫游工具进行模型导航 |

01 打开学习资源中的"场景文件>第3章>01.nwc"文件（快捷键Ctrl+O），如图3-30所示。

图3-30

02 进入"视点"选项卡，在"保存、载入和回放"面板中单击"编辑当前视点"按钮，如图3-31所示。

图3-31

03 系统弹出"编辑视点-当前视图"对话框，单击"碰撞"参数栏中的"设置"按钮，如图3-32所示。

图3-32

04 系统弹出"碰撞"对话框，在其中设置碰撞量的"半径"、"高"和"视觉偏移"参数分别为0.6、3.0和0.3，如图3-33所示。

图3-33

05 选中"第三人"参数栏中的"启用"选项，并设置"体现"为"工地男性戴安全帽"，调整"距离"为8.0，如图3-34所示。

图3-34

06 通过"缩放"工具放大当前场景，使第三人与建筑的距离缩短，如图3-35所示。

图3-35

07 进入"视点"选项卡，在"导航"面板中单击"漫游"按钮，如图3-36所示。

图3-36

08 单击"真实效果"按钮，在下拉菜单中分别选中"碰撞"和"重力"选项，如图3-37所示。

图3-37

09 按住鼠标左键拖动鼠标便可实现向前、向后和转弯等漫游操作，如图3-38所示。因为选中"碰撞"和"重力"选项，所以第三人会落到地面上，而且可以模拟上楼梯的动作。如需穿越物体，需要将"碰撞"选项取消。

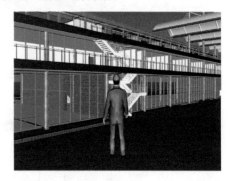

图3-38

## 实战： 添加第三人样式

场景位置　场景文件>第3章>02.3DS
实例位置　实例文件>第3章>实战：添加第三人样式.nwd
视频位置　多媒体教学>第3章>实战：添加第三人样式.mp4
难易指数　★★★☆☆
技术掌握　添加和替换漫游时第三人物样式

　　软件自带的第三人样式有限，有时并不能满足用户需求。此时可以通过外部加载的方式，将其他三维模型作为第三人添加到软件中。例如，将汽车模型添加进去作为第三人样式，如图3-39所示。

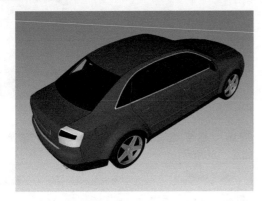

图3-39

**01** 打开学习资源中的"场景文件>第3章>02.3ds"文件，如图3-40所示。

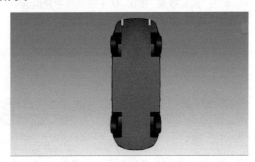

图3-40

技巧与提示

　　导入第三方模型文件时，需要先对模型进行简单处理。在原始建模软件中，将模型沿x轴方向逆时针旋转90°。如果不先进行处理，模型导入后会出现方向错误。

**02** 进入"输出"选项卡，"发布"面板中单击NWD按钮，如图3-41所示。

图3-41

**03** 系统弹出"发布"对话框，这里不用设置任何信息，直接单击"确定"按钮即可，如图3-42所示。

图3-42

**04** 系统弹出"另存为"对话框，找到Navisworks安装目录下的avatars文件夹（盘符:\Program Files\Autodesk\Navisworks Manage 2018\avatars），在其中新建一个文件夹，命名为"轿车"，如图3-43所示。

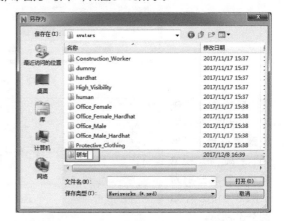

图3-43

**05** 进入新建的文件夹，设置文件名称为car，然后单击"保存"按钮，如图3-44所示。

图3-44

06 重启Navisworks，然后进入"视点"选项卡，在"保存、载入和回放"面板中单击"编辑当前视图"按钮，如图3-45所示。

图3-45

07 系统弹出"编辑视点-当前视图"对话框，在"碰撞"参数栏中单击"设置"按钮，如图3-46所示。

图3-46

08 系统弹出"碰撞"对话框，在"体现"下拉列表中选择刚刚添加的"轿车"，分别设置"半径"为0.9、"高"为1.6，如图3-47所示。

图3-47

09 依次单击"确定"按钮关闭所有对话框后，可以看到第三人已经被替换成轿车样式，如图3-48所示。当打开其他场景时，在"体现"下拉列表中可以永久选择"轿车"选项，而不需要重新添加。

图3-48

### 3.1.3 相机

在场景导航过程中，Navisworks提供了许多参数来控制相机的投影、位置和方向。修改相机的相关参数，可以有效控制相机的视角、漫游速度等。根据不同的场景需求，设置不同的相机参数，可以更好地实现对模型的浏览控制。

#### 设置相机投影 ----------------------

只有在三维工作空间中，才可以在导航时选择使用透视相机或正视相机。在二维工作空间中，将始终使用正交相机。"漫游"导航工具和"飞行"导航工具无法使用正视相机。

使用透视相机

进入"视点"选项卡，在"相机"面板中选择"透视"工具，如图3-49所示。

图3-49

透视相机效果如图3-50所示。

图3-50

使用正视相机

进入"视点"选项卡，在"相机"面板中选择"正视"工具，如图3-51所示。

图3-51

正视相机效果如图3-52所示。

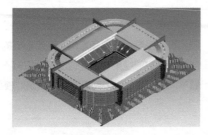

图3-52

### 控制视野

在三维工作空间中，通过相机查看的场景区域可以定义为视野。对于当前视点，可以移动功能区上的视野滑块来调整水平视野。对于先前保存的视点，可以使用"编辑视点"对话框来调整视图的垂直角度和水平角度。

进入"视点"选项卡，在"相机"面板中移动视野滑块来控制相机的视图角度，如图3-53所示。向右移动滑块会产生更宽的视图角度，而向左移动滑块会产生更窄的视图角度。

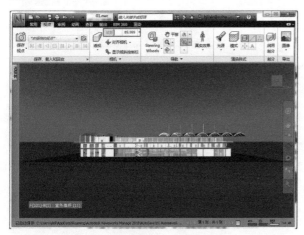

图3-53

> **技巧与提示**
>
> 只有当前视图相机在"透视"状态下，视野参数才会被激活并可以调整。如果是"正视"相机，则相关设置无法使用。

### 确定相机的位置并使相机聚焦

用户可以调整相机在场景中的位置和方向。

#### 移动相机

对于当前视图，可以通过功能区的"位置"参数来移动相机。对于先前保存的视点，可以使用"编辑视点"对话框来调整相机参数值。

**01** 进入"视点"选项卡，单击"相机"面板的下拉按钮，如图

3-54所示。

图3-54

**02** 在"位置"文本框中输入数值，便可以按输入的值移动相机，如图3-55所示。

图3-55

#### 旋转相机

在三维工作空间进行导航时，用户还可以调整相机的角度。对于当前视点，可以通过"倾斜"窗口来上下旋转相机，调整功能区中的"滚动"参数可以左右旋转相机。对于已保存的视点，可以使用"编辑视点"对话框来调整相机参数值。

进入"视点"选项卡，在"相机"面板中单击"显示倾斜控制栏"按钮，如图3-56所示，打开"倾斜"窗口，如图3-57所示。倾斜角度是采用场景单位指示的，窗口的中心为地平线（0），低于地平线为负值，高于地平线为正值。

图3-56

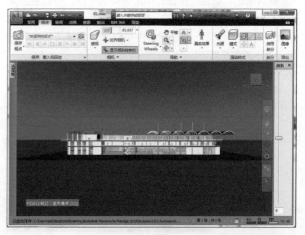

图3-57

#### 移动焦点

相机的焦点也是可以调整的,对于当前视点,可通过功能区的"观察"参数进行调整。

**01** 进入"视点"选项卡,单击"相机"面板的下拉按钮,如图3-58所示。

图3-58

**02** 在"观察点"文本框中输入数值,便可以按输入的值移动相机焦点,如图3-59所示。

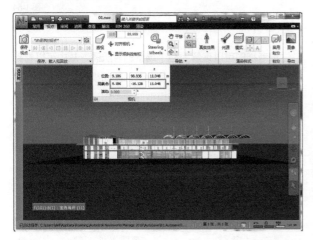

图3-59

#### 矫正相机

进入"视点"选项卡,在"相机"面板的"对齐相机"下拉菜单中选择"伸直"命令,可以将相机调正,如图3-60所示。选择"动态观察"工具,调整倾斜窗口中滑标数值为0可以达到同样的效果。

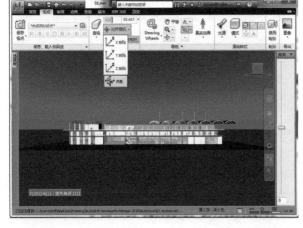

图3-60

#### 预定义的相机视图

在Navisworks中可以将相机与其中一个轴对齐,或者选择某个预定义的视图(总计6个)即时更改相机的位置和方向,该功能仅在三维工作空间中可用。

如果要将相机位置沿着其中一个轴对齐,可执行以下操作。

- 与 $x$ 轴对齐会在前面视图和背面视图之间切换。
- 与 $y$ 轴对齐会在左面视图和右面视图之间切换。
- 与 $z$ 轴对齐会在顶面视图和底面视图之间切换。

进入"视点"选项卡,在"相机"面板的"对齐相机"下拉菜单中选择"X排列"命令,当前视点将与 $x$ 轴方向对齐,如图3-61所示。如需对齐到其他轴向,可在下拉菜单中选择对应的命令。

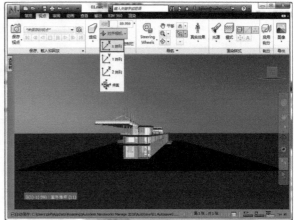

图3-61

### 3.1.4 导航辅助工具

除了基本的浏览、漫游工具之外,Navisworks还提供了诸多导航辅助工具,这些工具能够帮助用户在浏览模型时确认现在所处的平面位置,以及当前方向、标高等信息。在浏览Revit模型时,还可以将轴网和标高信息一并载入,如果在漫游过程中发现问题,可以查看构件所在的标高和轴网位置。

#### 平视显示仪 ————————————————

平视显示仪可以提供在三维工作空间中的位置和方向信息,此功能在二维工作空间中不可用。在 Navisworks 中,可以使用下列平视显示仪(HUD)元素。

##### XYZ轴

"XYZ 轴"指示器显示相机的 $x$ 轴、$y$ 轴、$z$ 轴方向,位于场景视图的左下角。

进入"查看"选项卡,在"导航辅助工具"面板的

HUD下拉菜单中选中或取消"*XYZ* 轴"选项，可以控制是否显示"*XYZ* 轴"指示器，如图3-62所示。

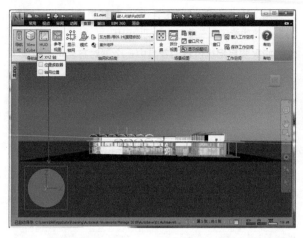

图3-62

### 位置读数器

位置读数器显示相机的绝对*x*轴、*y*轴、*z*轴位置，位于场景视图下方。

进入"查看"选项卡，在"导航辅助工具"面板的HUD下拉菜单中选中或取消"位置读数器"选项，可以控制是否显示位置读数器，如图3-63所示。

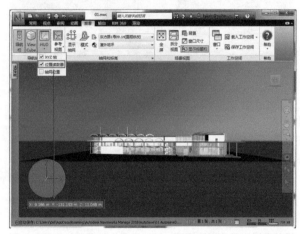

图3-63

### 轴网位置

轴网位置指示器显示相机位置邻近的轴网和标高位置，位于场景视图下方。进入"查看"选项卡，在"导航辅助工具"面板的HUD下拉菜单中选中或取消"轴网位置"选项，可以控制是否显示"轴网位置"指示器，如图3-64所示。

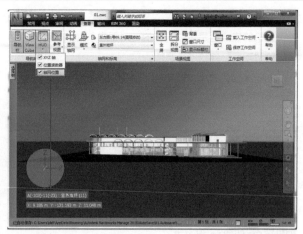

图3-64

## 参考视图

参考视图可以理解为整个场景的导航图，从中可以看到当前相机所处的位置。默认情况下，剖面视图从模型的前面显示视图，而平面视图显示模型的顶视图。三角形标记表示当前视点所处位置。在漫游的过程中，三角形标记会跟随移动，箭头方向表示当前视点面对的方向。

### 使用平面视图

01 进入"查看"选项卡，在"导航辅助工具"面板的"参考视图"下拉菜单中选中"平面视图"选项，如图3-65所示。

图3-65

02 将鼠标指针置于参考图上的三角形标记上，并将其拖动到一个新位置，场景视图中的相机会改变位置，以便与视图中标记的位置相匹配，如图3-66所示。

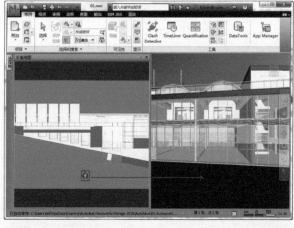

图3-66

**03** 要操纵参考视图,可在"平面视图"窗口中的任意位置上单击鼠标右键,然后通过快捷菜单中的命令调整所需视图,如图3-67所示。

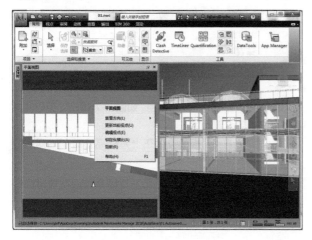

图3-67

**使用剖面视图**

**01** 进入"查看"选项卡,在"导航辅助工具"面板的"参考视图"下拉菜单中选中"剖面视图"选项,如图3-68所示。此时"剖面视图"窗口打开,并显示模型的参考视图。

图3-68

**02** 将参考视图上的三角形标记拖动到一个新位置,场景视图中的相机会改变位置,以便与视图中标记的位置相匹配,如图3-69所示。

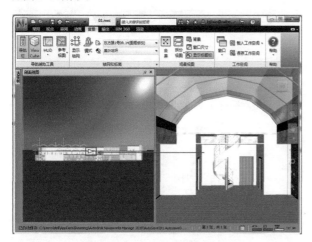

图3-69

**03** 要操纵参考视图,可在"剖面视图"窗口中的任意位置上单击鼠标右键,然后通过快捷菜单中的命令调整所需视图,如图3-70所示。

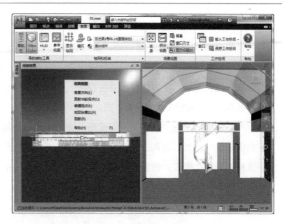

图3-70

### 3.1.5 轴网和标高

在Navisworks中,轴网和标高可以帮助用户浏览场景,并提供用户所在位置,以及场景中对象位置的环境。轴网和标高是一系列线,通常在Revit中创建,可以在Navisworks中显示。

**轴网和标高概述** --------------------

建筑的每一层都会显示轴网和标高,默认情况下相对于相机位置来配置轴网和标高。例如,如果站在建筑模型的第二层,则下方的地板轴网将以绿色显示,而上方的地板轴网将以红色显示,用户可以根据需要更改轴网的显示、标高和显示颜色。

可以自定义轴网显示的颜色、轴网上的字体大小,以及轴网线被对象挡住时是否通过透明方式绘制(称为X射线模式)。

**打开或关闭轴网和标高**

进入"查看"选项卡,在"轴网和标高"面板中单击"显示轴网"按钮,可以控制轴网是否在场景视图中显示,如图3-71所示。

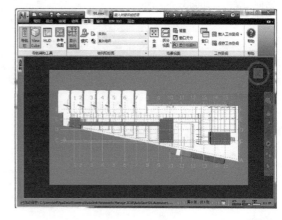

图3-71

技术专题 03：轴网和标高的显示控制

使用轴网和标高的完整功能，必须设置透视相机才能查看模型，但透视状态下无法显示标高线段。设置正交相机时，只有选择面视图（如顶视图或前视图）时，才会显示轴网和标高，但显示模式中只有"固定"模式可用。

打开模型，单击"显示轴网"按钮，将轴标和标高显示在当前场景中；然后进入"视点"选项卡，在"相机"面板中选择"透视"模式，切换到透视视图，此时场景视图中所显示标高和轴网的状态如图3-72所示。

图3-72

进入"视点"选项卡，在"相机"面板中选择"正视"模式，切换到正视视图，此时场景视图中的轴网和标高的显示状态如图3-73所示。

图3-73

**标识轴网点**

将鼠标指针悬停在模型中的轴网交点上，将显示标高的名称和参考，如图3-74所示。

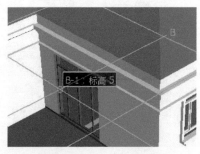

图3-74

**设置轴网颜色**

01 进入"查看"选项卡，在"轴网和标高"面板中单击"轴网对话框启动器"按钮，如图3-75所示。

图3-75

02 选择用于绘制轴网线的颜色，如图3-76所示。可以针对以下标高选项设置颜色。

● 上一标高：在相机位置正上方标高处绘制轴网线的颜色。

● 下一标高：在相机位置正下方标高处绘制轴网线的颜色。

● 其他标高：在其他标高处绘制轴网线的颜色。

图3-76

**更改轴网标签上的文本大小**

01 进入"查看"选项卡，在"轴网和标高"面板中单击"轴网对话框启动器"按钮，如图3-77所示。

图3-77

02 设置轴网标签文本的字体大小，如图3-78所示。

图3-78

#### 打开或关闭 X 射线模式

**01** 进入"查看"选项卡，在"轴网和标高"面板中单击"轴网对话框启动器"按钮，如图3-79所示。

图3-79

**02** 选中或者取消"X射线模式"选项，可打开或关闭 X 射线模式，如图3-80所示。

图3-80

如果 X 射线模式处于关闭状态，则被对象挡住的透明轴网线将不会显示。

#### 轴网模式 ————————————

　　轴网模式提供了许多在场景视图中显示轴网和标高的选项。在Navisworks中，默认的轴网模式将在场景视图中显示轴网的上方标高和下方标高，用户可以根据以下条件来设置轴网和标高相对于相机的位置。

● 上方和下方：在紧挨相机位置上方和下方的级别上显示活动轴网。

● 上方：在相机位置正上方标高处显示活动轴网。

● 下方：在相机位置正下方标高处显示活动轴网。

● 全部：在所有可用级别上显示活动轴网。

选择轴网模式

　　进入"查看"选项卡，在"轴网和标高"面板中单击"模式"按钮，然后选择所需的轴网模式，如图3-81所示。

图3-81

　　如果选择"固定"选项，则可以在"显示级别"下拉列表中指定标高，如图3-82所示。

图3-82

选择轴网标高

　　进入"查看"选项卡，在"轴网和标高"面板中打开"显示级别"下拉列表，从中选择显示标高，如图3-83所示。

图3-83

#### 活动网格 ————————————

　　活动网格是指模型当前正在使用的轴网系统。如果有多个轴网系统适用于模型，则可以选择当前需要使用的轴网系统，被选中的轴网系统将成为活动轴网。具体操作如下。

**01** 进入"查看"选项卡，在"轴网和标高"面板中打开"活动网格"下拉列表，如图3-84所示。

图3-84

**02** 从该下拉列表中选择要用作活动网格的轴网，如图3-85所示。

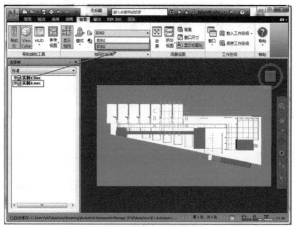

图3-85

# 3.2 使用模型

为了方便后期的使用，需要对模型进行梳理、归类，这就需要用到模型的选择、查找等功能，本节将进行详细的讲解。

## 3.2.1 选择对象

当模型体量较大时，很难准确地选择需要的模型对象。Navisworks提供了多种选择模型的方法，既可以通过点选或框选的方式进行手动选择，也可以通过条件搜索的方式进行选择。同时，软件还提供了选择树，将文件结构以列表的形式显示出来，进一步方便精确选择。

"选择树"窗口中显示了模型层级结构，按照不同模型类别将模型归纳到不同层级中，如图3-86所示。

图3-86

"选择树"组织结构形式默认情况下有4个选项，分别是"标准""紧凑""特性""集合"。

> **技巧与提示**
>
> "集合"选项只有在当前项目存在选择集的情况下才会显示。如果是初次打开原始设计模型，则不会显示"集合"选项，只有在项目文件中添加了选择集之后才会显示。

### 使用选择树选择对象

**01** 在"常用"选项卡中单击"选择树"按钮，打开"选择树"窗口，然后选择"标准"选项，如图3-87所示。

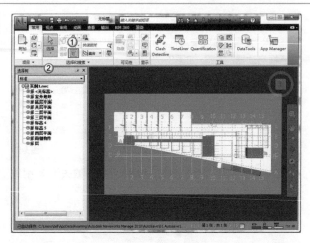

图3-87

**02** 在"选择树"窗口中单击想要选择的对象，即可选择场景视图中对应的几何图形，如图3-88所示。

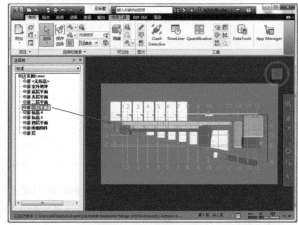

图3-88

**03** 要同时选择多个项目，可使用 Shift 和 Ctrl 键。使用 Ctrl 键可以逐个选择多个项目，使用 Shift 键可以选择选定的第一个项目和最后一个项目之间的多个项目，如图3-89所示。

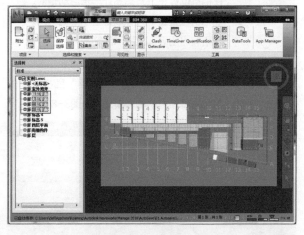

图3-89

**04** 要取消选择选择树中的对象，可按Esc键，如图3-90所示。

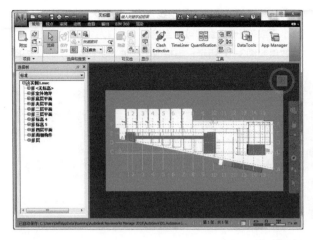

图3-90

### 使用选择工具选择对象 ————————————

在"常用"选项卡中，"选择和搜索"面板中提供两个选择工具，分别是"选择"和"选择框"，可用于控制选择几何图形的方式，如图3-91所示。

图3-91

在场景视图中选择几何图形时，将在选择树中自动选中对应的对象。按住Shift键并在场景视图中选择项目时，可在选择精度之间切换。在场景视图中单击鼠标右键，在弹出的快捷菜单中选择相应的选择精度，也可以达到相同的目的，如图3-92所示。

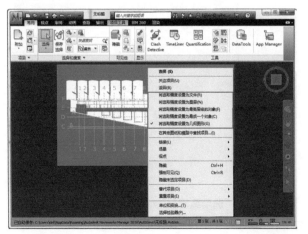

图3-92

用户可以使用"选项编辑器"对话框来自定义拾取半径，在选择线和点时，非常有用。使用"选择"工具可以通过鼠标单击来选择对象，如图3-93所示。选择单个对象后，"特性"窗口中就会显示其特性，如图3-94所示。

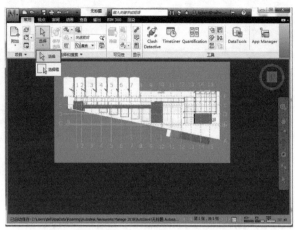

图3-93

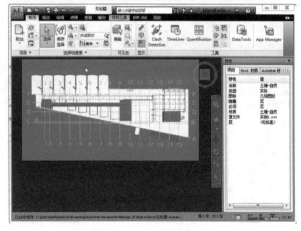

图3-94

 **疑难问答**

问：AutoCAD默认为单击选择，但拖动鼠标将切换到区域选择，Navisworks能这样吗？

答：原则上是不可以的。在Navisworks中，当选择工具为"选择"时，无法进行区域选择。同理，在使用"选择框"工具时，也无法实现单击选择。但在使用"选择框"工具时，可以通过单击鼠标右键实现单击选择。

使用"选择框"工具可以选择模型中的多个项目，方法是在要选择的区域拖动出矩形框，如图3-95所示。

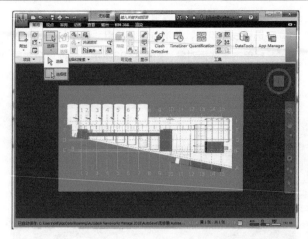

图3-95

启用"选择框"工具后,在场景视图中将鼠标指针放置于起点位置,然后按住鼠标左键拖动出一个矩形区域,释放鼠标后,选择框内的对象将被选中,如图3-96所示。

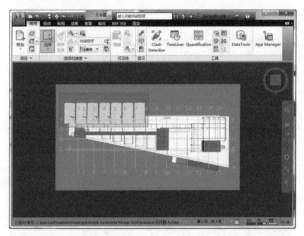

图3-96

 疑难问答

问:对于其他某些软件,使用"选择框"工具时,如果从左上角向右下角拖动出矩形框,则只有在框内的对象将被选中;如果从右下角向左上角拖动出矩形框,则只要与矩形框接触的对象就会被选中。那Navisworks"选择框"工具可否实现这种功能?

答:不可以,Navisworks不支持这种选择方式,无论从哪个方向拖动出矩形框,效果都是一样的。

▮▮ **设置拾取半径** ————————————

在Navisworks中用鼠标选择对象时,鼠标指针与被选择对象之间的距离被定义为拾取半径,而这个拾取半径要设置为多少比较合适,则需要根据实际情况来看。

当选择一条线时,如果拾取半径设置为1(像素),那

么将很难选中这条线,因为只有鼠标指针与这条线的距离小于或等于1像素才能被有效选中。如果设置拾取半径为9(像素),就比较容易选中这条线,因为只要鼠标指针与线的距离小于或等于9像素即可。当拾取半径值为1(像素)时,选择效果如图3-97所示;当拾取半径值为9(像素)时,选择效果如图3-98所示。

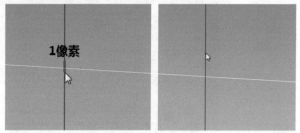

图3-97

图3-98

下面介绍如何设置拾取半径。

**01** 单击应用程序按钮,在弹出的下拉菜单中单击"选项"按钮,如图3-99所示。

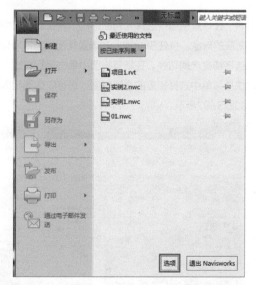

图3-99

**02** 系统弹出"选项编辑器"对话框,在其中展开"界面"节点,然后单击"选择"选项,如图3-100所示。

图3-100

03 在"选择"参数面板中设置"拾取半径"（以像素为单位），有效值介于1和9之间，对象必须在此半径内才可以被选中，如图3-101所示。

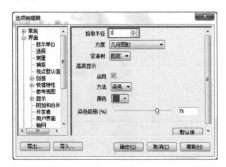

图3-101

## 设置默认选择精度

在场景视图中单击对象时，Navisworks不知道要从哪个项目级别开始选择。可以通过"常用"选项卡中的"选择和搜索"面板来自定义默认选择精度，如图3-102和图3-103所示。

图3-102

图3-103

另外，还可以使用"选项编辑器"对话框来设置默认选择精度，具体操作如下。

01 单击应用程序按钮，在弹出的下拉菜单中单击"选项"按钮。

02 系统弹出"选项编辑器"对话框，展开其中的"界面"节点，然后单击"选择"选项，如图3-104所示。

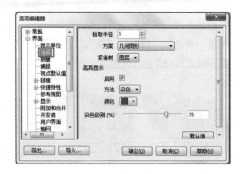

图3-104

03 在"选择"参数面板的"方案"列表中选择默认选择精度，如图3-105所示，最后单击"确定"按钮。

图3-105

使用选择树也可以设置选择精度，在选择树中的任何项目上单击鼠标右键，在弹出的快捷菜单中选择"将选取精度设置为***"命令，如图3-106所示。

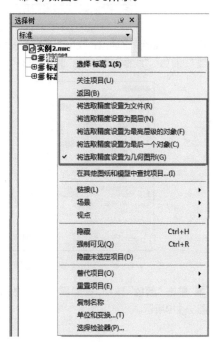

图3-106

61

## 设置高亮显示方法

通过"选项编辑器"对话框，用户可以自定义被选中对象的高亮显示颜色和模式，有3种类型的高亮显示模式，分别是"着色""线框""染色"，如图3-107所示，这3种显示模式均允许自行设置显示颜色。

图3-107

下面讲解自定义对象的高亮显示的方法。

**01** 单击应用程序按钮，在弹出的下拉菜单中单击"选项"按钮。

**02** 系统弹出"选项编辑器"对话框，展开其中的"界面"节点，然后单击"选择"选项，如图3-108所示。

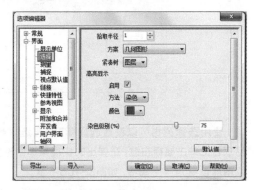

图3-108

**03** 选中"启用"选项，在"方法"下拉列表中选择高亮显示类型（"着色""线框"或"染色"），如图3-109所示。

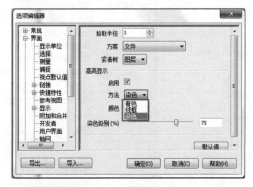

图3-109

**04** 单击"颜色"按钮，在调板中选择高亮显示的颜色，如图3-110所示。

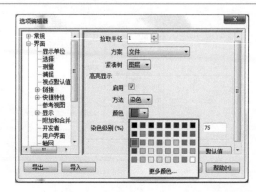

图3-110

**05** 如果在"方法"下拉列表中选择了"染色"选项，可使用滑块调整"染色级别"，如图3-111所示，最后单击"确定"按钮。

图3-111

## 隐藏对象

Navisworks提供了用于隐藏和显示对象的工具，场景视图中不会显示被隐藏的对象。

★ 重点 ★
### 实战：隐藏模型楼板

| | |
|---|---|
| 场景位置 | 场景文件>第3章>03. nwc |
| 实例位置 | 实例文件>第3章>实战：隐藏模型楼板.nwd |
| 视频位置 | 多媒体教学>第3章>实战：隐藏模型楼板.mp4 |
| 难易指数 | ★★☆☆ |
| 技术掌握 | 模型构件的隐藏与显示方法 |

**01** 打开学习资源中的"场景文件>第3章>03.nwc"文件，如图3-112所示。

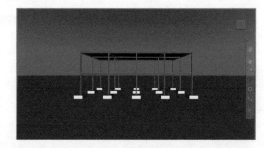

图3-112

**02** 进入"常用"选项卡，在"选择和搜索"面板中单击"选择树"按钮（快捷键Ctrl+F12），然后在"选择树"窗口中依次展开各个标高节点，如图3-113所示。

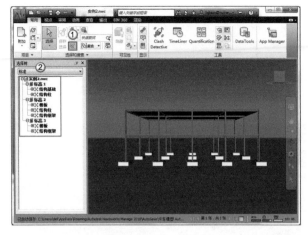

图3-113

**03** 按住Ctrl键，然后依次选中标高2和标高3的楼板，接着单击"隐藏"按钮，如图3-114所示。

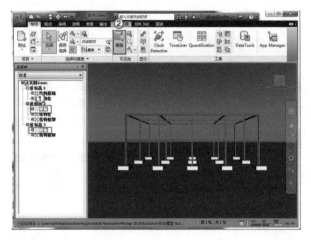

图3-114

**04** 此时模型中所有的楼板都被隐藏了，旋转视图查看最终效果，如图3-115所示。

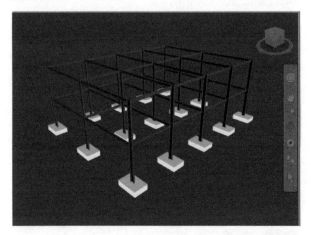

图3-115

## 3.2.2 查找对象

查找是一种基于项目的特性向当前选择中添加项目的快速而有效的方法。可以使用"查找项目"窗口设置和运行搜索，然后可以保存该搜索，并在稍后的任务中重新运行或者与其他用户共享该搜索；也可以使用"快速查找"功能，这是一种更快的搜索方法，它仅在附加到场景中的项目的所有特性名称和值中查找指定的字符串。

通过"查找项目"窗口可以搜索具有公共特性或特性组合的项目。左侧窗格包含"搜索范围"下拉列表，其底部有几个按钮，并允许选择开始搜索的项目级别；项目级别可以是文件、图层、实例、选择集等，如图3-116所示。

图3-116

定义搜索条件，搜索条件包含特性、条件运算符和要针对选定特性测试的值。例如，可以搜索包含"钢"的"材质"。默认情况下，将查找与设置条件匹配的所有项目。也可以将条件求反，查找所有与设置条件不匹配的所有项目。

★ 重点 ★
## 实战：查找对象并保存结果

场景位置　场景文件>第3章>03.nwc
实例位置　实例文件>第3章>实战：查找对象并保存结果.nwc
视频位置　多媒体教学>第3章>实战：查找对象并保存结果.mp4
难易指数　★★☆☆☆
技术掌握　查找对象的方法

**01** 打开学习资源中的"场景文件>第3章>03.nwc"文件，进入"常用"选项卡，在"选择和搜索"面板中单击"查找项目"按钮，如图3-117所示。

图3-117

**02** 系统弹出"查找项目"窗口，在其中分别设置类别为"项目"、特性为"名称"、条件为"="、值为"结构框架"，然后单击"查找全部"按钮，如图3-118所示，当前模型中所有名称为"结构框架"的构件即被选中。

图3-118

03 进入"常用"选项卡，在"选择和搜索"面板中单击"集合"按钮，在下拉菜单中选择"管理集"命令，如图3-119所示。

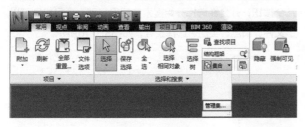

图3-119

04 系统弹出"集合"窗口，在其中单击"保存搜索"按钮，然后输入搜索集的名称，最后按Enter键，如图3-120所示，此时一个搜索结果就保存完成了。如果需要保存多个搜索结果，重复以上操作即可。

图3-120

**■■ 导出当前搜索** ————————————

如果是多人协同工作，或者其他项目要使用此搜索条件，可以将当前搜索条件导出，以供后续使用。在新项目中使用时，将已导出的搜索文件导入即可。

01 进入"输出"选项卡，在"导出数据"面板中单击"当前搜索"按钮，如图3-121所示。

图3-121

02 系统弹出"导出"对话框，在其中选择文件保存路径，设置文件的名称，然后单击"保存"按钮，如图3-122所示。

图3-122

**■■ 快速查找项目** ————————————

前面讲解了通过定义搜索条件进行对象搜索的方法，除了这种方式以外，还可以通过关键词来快速搜索对象。

01 进入"常用"选项卡，在"选择和搜索"面板的"快速查找"文本框中输入关键词，如图3-123所示。可以输入一个词或几个词，搜索不区分大小写。

图3-123

02 单击"快速查找"按钮，Navisworks将在选择树中查找与输入的文字匹配的第一个项目，并在场景视图中选中它，然后停止搜索，如图3-124所示。

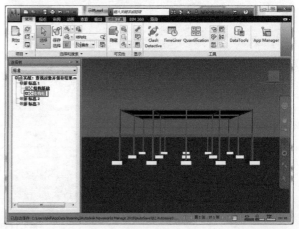

图3-124

**03** 要查找更多项目，可再次单击"快速查找"按钮。如果有多个项目与输入的文字相匹配，则Navisworks将在选择树中选择下一个项目，并在场景视图中选中它，然后停止搜索，如图3-125所示。

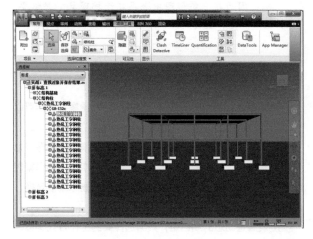

图3-125

## 3.2.3 查找包含选定对象的所有图纸和模型

通过"在其他图纸和模型中查找项目"命令，可以轻松在项目文件中定位某个模型构件在三维和平面视图中的位置。

★ 重点 ★
### 实战： 查找包含入户门的全部视图

场景位置 场景文件>第3章>04.dwfx
实例位置 实例文件>第3章>实战：查找包含入户门的全部视图.nwd
视频位置 多媒体教学>第3章>实战：查找包含入户门的全部视图.mp4
难易指数 ★★☆☆☆
技术掌握 查找并突出显示模型构件的方法

**01** 打开学习资源中的"场景文件>第3章>04.dwfx"文件，然后在状态栏中单击"图纸浏览器"按钮，如图3-126所示。

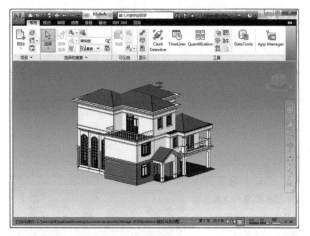

图3-126

**02** 系统打开"图纸浏览器"窗口，在其中双击"楼层平面：一层平面图"，场景视图中将显示该图纸，如图3-127所示。

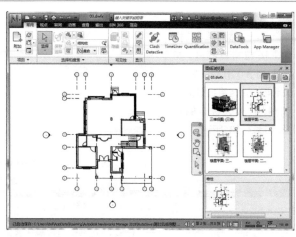

图3-127

**03** 放大该视图中入户门的位置，并将其选中，然后单击鼠标右键，在弹出的快捷菜单中选择"在其他图纸和模型中查找项目"命令，如图3-128所示。

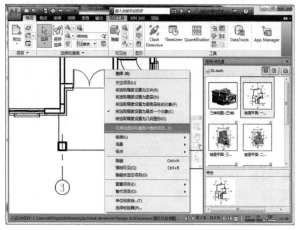

图3-128

**04** 系统弹出"在其他图纸和模型中查找项目"窗口，如果在其中看到警告状态图标 ⚠ ，则单击"全部备好"按钮，如图3-129所示。所有图纸和模型准备就绪后，将列出包含该对象的所有图纸和模型。

图3-129

**05** 在列表中选择"立面：南"图纸，然后单击"视图"按钮将其打开，如图3-130所示。此时Navisworks将打开对应视图，并放大选定的对象，如图3-131所示。

图3-130

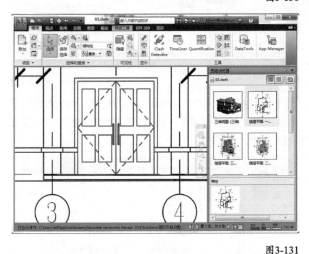

图3-131

**06** 返回"在其他图纸和模型中查找项目"窗口，在列表中选择"三维视图"模型，然后单击"视图"按钮将其打开，如图3-132所示。

图3-132

**07** 在三维视图中，将高亮显示被所中的构件，如图3-133所示。

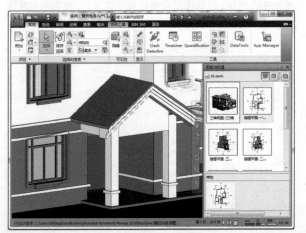

图3-133

**疑难问答**

问：切换到三维视图后，没有看到被选中的对象是何原因？

答：因为在三维视图中会存在遮挡现象，只需要保持选中状态，旋转视图就能看到所选择的对象了。

### 3.2.4 创建和使用对象集

在Navisworks 中，可以创建并使用对象集，这样可以更轻松地查看和分析模型。

选择集是静态的项目组，类似于将多个模型构件保存为一个组的效果。如果模型完全发生更改，再次调用选择集时仍会选择相同的项目。但如果对应的对象被删除或被替换，选择集将变为无效。

搜索集是动态的项目组，其与选择集的工作方式类似，只是它们保存搜索条件而不是选择结果，因此可以在模型更改后再次运行搜索。搜索集的功能更为强大，并且可以节省时间，尤其是模型文件不断更新和修订的情况。搜索集还可以被导出，并与其他用户共享。

"集合"窗口中显示Navisworks 文件中可用的选择集和搜索集，选择集由 图标标识，搜索集由 图标标识，如图3-134所示。

图3-134

★ **重点** ★

**实战：** 创建集合并归类

场景位置　场景文件>第3章>05.nwc
实例位置　实例文件>第3章>实战：创建集合并归类.nwd
视频位置　多媒体教学>第3章>实战：创建集合并归类.mp4
难易指数　★★☆☆☆
技术掌握　模型构件的隐藏和显示方法

**01** 打开学习资源中的"场景文件>第3章>05.nwc"文件，如图3-135所示。

图3-135

**02** 进入"常用"选项卡，在"选择和搜索"面板中单击"集合"按钮，在下拉菜单中选择"管理集"命令，如图3-136所示，此时系统会打开"集合"窗口。

图3-136

**03** 选中场景当的一层"外墙"，然后将其拖动到"集合"窗口中，并重新命名，如图3-137所示。然后执行同样的操作，将其他构件依次拖动到"集合"窗口中并重新命名，如图3-138所示。

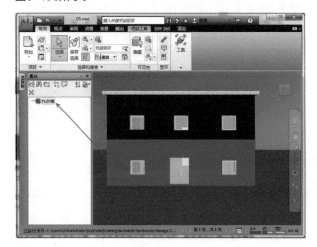

图3-137

**04** 在"集合"窗口中单击鼠标右键，在弹出的快捷菜单中选择"新建文件夹"命令，如图3-139所示，文件夹将添加到列表中。

**05** 设置文件夹的名称为"一层构件"，然后按 Enter 键确认；按住Ctrl键，选中"F1外墙"和"F1门窗"两个选择集，然后按住鼠标左键将其拖动到文件夹中，如图3-140所示。此时，选中的集合即被放置到对应的文件夹中。

图3-138　　　　图3-139　　　　图3-140

## 3.2.5 比较对象

在日常工作中，经常会遇到同一个项目有两个或多个模型版本的情况，导致无法确定两个模型哪些地方是修改过

的。此时就可以使用比较对象功能来解决这个问题。

比较对象可以是文件、图层、实例和组，或者仅仅是几何图形，还可以使用此功能来调查同一模型的两个版本之间的差异。在比较过程中，Navisworks从每个项目的级别开始，以递归方式向下搜索选择树上的每个路径，从而按照要求的条件比较每个项目。比较完成后，可以在场景视图中高亮显示结果。默认情况下，使用以下颜色进行标记。

- 白色: 匹配的项目。
- 红色: 具有差异的项目。
- 黄色: 第一个项目包含在第二个项目中未找到的内容。
- 青色: 第二个项目包含在第一个项目中未找到的内容。

★ 重点 ★

## 实战：对比模型差异

场景位置　　场景文件>第3章>06.nwc
实例位置　　实例文件>第3章>实战：对比模型差异.nwd
视频位置　　多媒体教学>第3章>实战：对比模型差异.mp4
难易指数　　★★☆☆☆
技术掌握　　模型之间的差别比较

**01** 打开学习资源中的"场景文件>第3章>06.nwc"文件，进入"视点"选项卡，在"渲染样式"面板中单击"模式"按钮，在下拉菜单选择"着色"命令，如图3-141所示。

图3-141

**02** 为了更方便地观察对象，需要将背景颜色处理成为"渐变"效果。进入"查看"选项卡，在"场景视图"面板中单击"背景"按钮，如图3-142所示。

图3-142

**03** 系统弹出"背景设置"对话框，设置模式为"渐变"，单击"确定"按钮，如图3-143所示。

**04** 进入"常用"选项卡，在"项目"面板中单击"附加"按钮，在弹出的下拉菜单中选择"附加"命令，然后打开"场景文件>第3章>项目1.nwc"文件，最后在"选择树"窗口中选择这两个文件，如图3-144所示。

图3-143　　　　图3-144

**05** 进入"常用"选项卡，在"工具"面板中单击"比较"按钮，如图3-145所示。

图3-145

**06** 系统弹出"比较"对话框，在其中选择所有需要对比的内容和结果，然后单击"确定"按钮，如图3-146所示。

图3-146

**07** 在场景视图中显示对比后的结果，如图3-147所示。其中，红色表示修改部分，青色表示新增部分，而白色则代表完全一致。

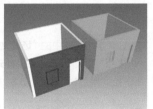

图3-147

### 3.2.6 对象特性

在将对象特性引入Navisworks后，用户可以在"特性"窗口中检查这些特性，如图3-148所示。

图3-148

★ 重点 ★

## 实战：添加构件特性

场景位置　　场景文件>第3章>07.nwc
实例位置　　实例文件>第3章>实战：添加构件特性.nwd
视频位置　　多媒体教学>第3章>实战：添加构件特性.mp4
难易指数　　★★☆☆☆
技术掌握　　在模型中添加自定义特性的方法

**01** 打开学习资源中的"场景文件>第3章>07.nwc"文件，如图3-149所示。

图3-149

**02** 进入"常用"选项卡，在"显示"面板单击"特性"按钮，打开"特性"窗口，如图3-150所示。

图3-150

**03** 在场景视图中选择当前对象，然后在"特性"窗口的空白位置单击鼠标右键，在弹出的快捷菜单中选择"添加新用户数据标签"命令，如图3-151所示。

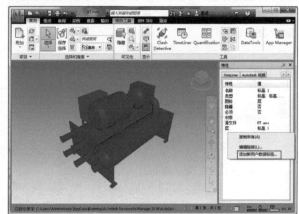

图3-151

**04** 在"特性"窗口中，系统将自动切换刚刚添加的"用户数据"选项卡，在其空白处单击鼠标右键，在弹出的快捷菜单中选择"插入新特性>字符串"命令，如图3-152所示。

图3-152

**05** 在"特性"参数列中输入文字"运行状态"，然后在"值"参数列中双击鼠标左键，系统弹出"输入特性值"对话框，输入文字"正常"，单击"确定"按钮，结果如图3-153所示。

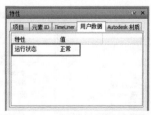

图3-153

**06** 根据实际需求，继续在当前选项卡中添加其他属性，如图3-154所示。

图3-154

**07** 在"特性"窗口中单击鼠标右键,在弹出的快捷菜单中选择"重命名标签"命令,在弹出的对话框中输入"运维信息",单击"确定"按钮,最终显示效果如图3-155所示。

图3-155

## 3.2.7 链接

Navisworks中有以下几个链接源。

● 从原始文件转换的原始链接。

● 由Navisworks 用户添加的链接。

● 由程序自动生成的链接(如选择集链接、视点链接、TimeLiner任务链接等)。

将从原始文件转换的链接和由用户添加的链接视为对象特性,意味着可以在"特性"窗口中检查它们,还可以使用"查找项目"工具来搜索它们。所有链接都随Navisworks文件一起保存,因此模型更改后,链接仍存在,以供用户查看。

链接类别有两种,分别是标准链接和用户定义的链接,其中标准链接包括超链接、标签、视点、Clash Detective、TimeLiner、集合和红线批注标记。

默认情况下,除标签外,所有链接都在场景视图中表现为图标(标签表现为文字),如图3-156所示。默认情况下,用户定义的链接在场景视图中也显示为图标。

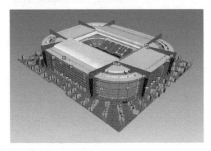

图3-156

可以使用"选项编辑器"对话框打开或关闭每个链接类别的显示,以及控制其外观。添加链接时,可以为其指定用户定义的类别、超链接类别或标签类别。

### 显示链接

用户可以在场景视图中打开和关闭链接,还可以显示或隐藏每个链接类别。

控制标准链接的显示

**01** 单击应用程序按钮,在弹出的下拉菜单中单击"选项"按钮。

**02** 系统弹出"选项编辑器"对话框,首先展开"界面"节点,然后展开"链接"节点,最后单击"标准类别"节点,如图3-157所示。

图3-157

**03** 在"标准类别"参数面板中选中"可见"选项,以显示对应的链接类别,最后单击"确定"按钮,如图3-158所示。如果取消选择该选项,则会在场景视图中隐藏对应的链接类别。默认情况下,所有标准链接类别都是可见的。

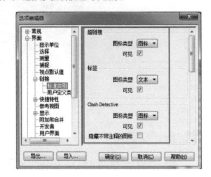

图3-158

隐藏没有注释的链接

**01** 单击应用程序按钮,在弹出的下拉菜单中单击"选项"按钮。

**02** 系统弹出"选项编辑器"对话框,首先展开"界面"节点,然后展开"链接"节点,最后单击"标准类别"节点,如图3-159所示。

图3-159

**03** 在"标准类别"参数面板中选中"隐藏不带注释的图标"选项,然后单击"确定"按钮,如图3-160所示。

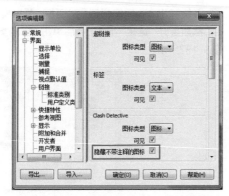

图3-160

此时没有注释的链接将不会显示在场景中,如图3-161所示。

图3-161

### 自定义链接 ──────────────────

用户可以在Navisworks中自定义链接的默认外观。

#### 链接点

单击链接点,可以直接打开链接点所关联的对象,如图3-162所示。

图3-162

### 在三维模式下显示链接

**02** 单击应用程序按钮,在弹出的下拉菜单中单击"选项"按钮。

**02** 系统弹出"选项编辑器"对话框,在其中展开"界面"节点,然后单击"链接"节点,如图3-163所示。

图3-163

**03** 在"链接"参数面板中选中"三维"选项,然后单击"确定"按钮,如图3-164所示。

图3-164

此时链接会浮动在三维空间中,且恰好位于项目上的链接点的前面,如图3-165所示。

图3-165

技巧与提示

在三维模式下进行导航时,链接可能会被场景中的其他对象隐藏。

第3章
模型的使用和控制

显示引线

01 单击应用程序按钮,在弹出的下拉菜单中单击"选项"按钮。

02 系统弹出"选项编辑器"对话框,在其中展开"界面"节点,然后单击"链接"节点,如图3-166所示。

图3-166

03 在"链接"参数面板中设置引线偏移的角度,默认角度是0°,建议角度是45°,最后单击"确定"按钮,如图3-167所示。

图3-167

此时场景视图中的链接出现了指向项目上链接点的引线,如图3-168所示。

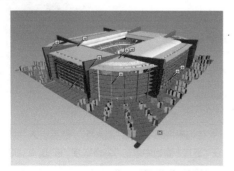

图3-168

## 添加链接

可以添加指向各种数据源(如电子表格、网页、脚本、图形、音频和视频文件等)的链接,一个对象可以具有多个附加链接,但是在场景视图中仅显示一个链接(称为默认链接)。默认链接是首先添加的链接,也可以将其他链接标记为默认链接。

★ 重点 ★

## 实战: 添加外部链接

场景位置 场景文件>第3章>08.nwc
实例位置 实例文件>第3章>实战:添加外部链接.nwd
视频位置 多媒体教学>第3章>实战:添加外部链接.mp4
难易指数 ★★☆☆☆
技术掌握 在模型中添加链接并正常访问的方法

01 打开学习资源中的"场景文件>第3章>08.nwc"文件,如图3-169所示。

图3-169

02 在场景视图中选择"消火栓"项目,然后进入"项目工具"选项卡,在"链接"面板中单击"添加链接"按钮,如图3-170所示。

图3-170

03 系统弹出"添加链接"对话框,在"名称"文本框中输入链接的名称,如图3-171所示。

04 在"链接到文件或URL"文本框后单击"浏览"按钮,指定文件位置,如图3-172所示。

图3-171　　　　　　图3-172

05 系统弹出"选择链接"对话框,在其中设置"文件类型"为"图像",然后找到"场景文件>第3章>室内消火栓.jpg"图片,最后单击"打开"按钮,如图3-173所示。

图3-173

06 在"添加链接"对话框的"类别"下拉列表中选择"超链接"类别,如图3-174所示。

图3-174

07 默认情况下,链接附加到项目边界框的默认中心。如果要将链接附加到选定项目上的特定点,可单击"添加"按钮,此时场景视图中将出现一个十字光标,可以用来确定需要的特定点,如图3-175所示。

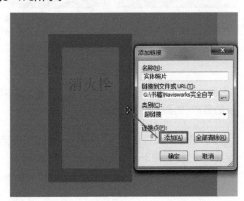

图3-175

 技巧与提示

正常情况下,所链接文件的路径都是绝对路径。如果需要更改为相对路径,可以将绝对路径前的盘符删除。这样可避免因为文件移动到其他区域,而找不到链接文件。

08 进入"常用"选项卡,在"显示"面板中单击"链接"按钮,如图3-176所示。

图3-176

09 这时场景模型将显示链接图标,如图3-177所示,单击此图标可以打开所链接的对象文件,如图3-178所示。如需添加多个链接,可以重复以上步骤。

图3-177          图3-178

## 管理链接 ————————————

如果原始文件中拥有链接,可以对其进行编辑。编辑操作包含删除、替换链接对象等。

★ 重点 ★
### 实战: 编辑外部链接

| | |
|---|---|
| 场景位置 | 场景文件>第3章>09.nwc |
| 实例位置 | 实例文件>第3章>实战:编辑外部链接.nwd |
| 视频位置 | 多媒体教学>第3章>实战:编辑外部链接.mp4 |
| 难易指数 | ★★☆☆☆ |
| 技术掌握 | 更新、添加或删除链接的方法 |

01 打开学习资源中的"场景文件>第3章>09.nwc"文件,如图3-179所示。

图3-179

02 在场景视图中选择"消火栓",然后进入"项目工具"选项卡,在"链接"面板中单击"编辑链接"按钮,图3-180所示。

图3-180

03 系统弹出"编辑链接"对话框,选中要更改的链接,然后单击"编辑"按钮,如图3-181所示。

图3-181

技巧与提示

如果"编辑链接"对话框中未列出对应的链接,可在场景中单击鼠标右键,在弹出的快捷菜单中选择"将选取精度设置为最高层级的对象"命令。

04 系统弹出"编辑链接"对话框,在其中修改名称为"使用说明",设置文件路径为"场景文件>第3章>消火栓使用操作说明.pdf",然后单击"确定"按钮,如图3-182所示。

图3-182

05 在"编辑链接"对话框中单击"跟随"按钮,如图3-183所示,将打开刚刚链接的PDF文件,如图3-184所示。

图3-183

图3-184

## 3.2.8 快捷特性

打开快捷特性后,将鼠标指针放置于场景中某个模型构件上时,会显示当前模型的快捷特性值。默认情况下,快捷特性显示对象的名称和类型。可以通过"选项编辑器"对话框重新设置显示哪些特性。

### ▪◆ 显示快捷特性 ————————————

01 进入"常用"选项卡,在"显示"面板中单击"快捷特性"按钮,打开快捷特性显示,如图3-185所示。

图3-185

02 将鼠标指针置于场景视图中的任意对象上时,便会显示对应的快捷特性值,如图3-186所示。

图3-186

### ▪◆ 添加快捷特性 ————————————

01 单击应用程序按钮,在弹出的下拉菜单中单击"选项"按钮。

02 系统弹出"选项编辑器"对话框,首先在其中展开"界面"节点,然后展开"快捷特性"节点,最后单击"定义"节点,如图3-187所示。

图3-187

03 在"定义"参数面板中单击"轴网视图"按钮,将快捷特性定义为表格形式显示,如图3-188所示。

图3-188

**04** 单击"添加元素"按钮，将在表格的顶部添加新行，如图3-189所示。

图3-189

**05** 单击"类别"参数列，从下拉列表中选择特性类别（如"项目"），如图3-190所示。

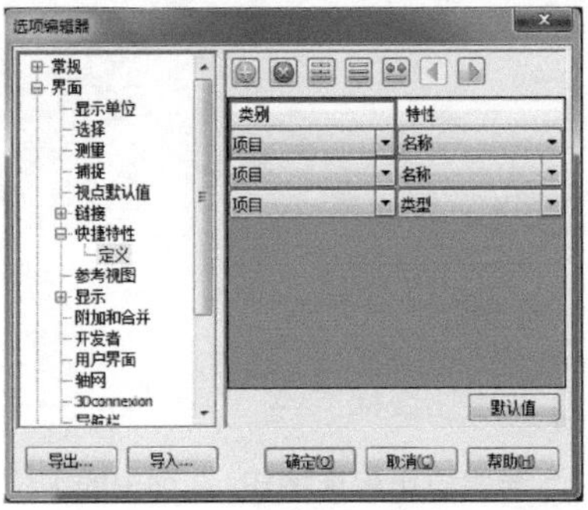

图3-190

**06** 单击"特性"参数列，从下拉列表中选择特性名称（如"材质"），最后单击"确定"按钮，如图3-191所示。

图3-191

**07** 在场景视图中，将鼠标指针停留于任意对象时，将出现刚刚设置的对象特性值，如图3-192所示。

图3-192

# 3.3 控制模型外观

在Navisworks中，用户可以实时控制场景视图中模型的外观和渲染质量，可以创建实时渲染以真实视觉样式显示模型，也可以使用"Autodesk渲染"方式渲染模型（创建真实照片级的图像）。

## 3.3.1 控制模型外观

在"视点"选项卡中，可以通过"渲染样式"面板来控制模型在场景视图中显示的方式，用户可以选择4种交互照明模式（"全光源""场景光源""顶光源""无光源"）、4种渲染模式（"完全渲染""着色""线框""隐藏线"）之一，并可以单独打开和关闭5种图元类型（"曲面""线""点""捕捉点""文字"）中的任意一种。

在Navisworks中，用户可以使用4种渲染模式来控制项目的渲染方式，图3-193所示的效果表明了渲染模式对模型外观的影响，从左到右依次为"完全渲染""着色""线框""隐藏线"。

图3-193

**■■ "完全渲染"模式** ——————————

在"完全渲染"模式下，将使用平滑着色渲染模型。

进入"视点"选项卡，在"渲染样式"面板中单击"模式"按钮，在下拉菜单中选择"完全渲染"命令，如图3-194所示。

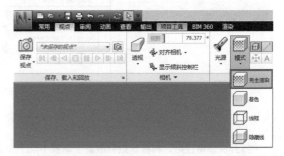

图3-194

**■■ "着色"模式** ——————————————

在"着色"模式下，将使用平滑着色且不使用纹理渲染模型。

进入"视点"选项卡，在"渲染样式"面板中单击"模式"按钮，在下拉菜单中选择"着色"命令，如图3-195所示。

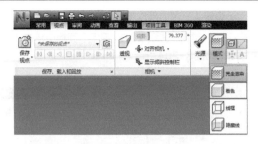

图3-195

图3-198

## "线框"模式

在"线框"模式下,将以线框形式渲染模型。因为Navisworks使用三角形表示曲面和实体,所以在此模式下所有三角形边都可见。

进入"视点"选项卡,在"渲染样式"面板中单击"模式"按钮,在下拉菜单中选择"线框"命令,如图3-196所示。

图3-196

## "隐藏线"模式

在"隐藏线"模式下,将在线框中渲染模型,仅显示对相机可见的曲面轮廓和镶嵌面边。

进入"视点"选项卡,在"渲染样式"面板中单击"模式"按钮,在下拉菜单中选择"隐藏线"命令,如图3-197所示。

图3-197

## 3.3.2 控制照明

Navisworks共提供4种光源方式来照亮场景,分别是"全光源""场景光源""头光源""无光源"。在"视点"选项卡中,用户可以通过"渲染样式"面板中的"光源"工具来设置光源,如图3-198所示。

## 全光源

在全光源模式下,所使用的灯光为项目中自定义的光源,如图3-199所示。当需要使用自定义的灯光时,可以使用此模式。例如,渲染夜晚室内效果时,需要添加人造光,应该使用此模式。

图3-199

## 场景光源

这种照明模式直接读取原始文件中的光源,如果文件中没有光源,则软件自行添加两个相对光源,如图3-200所示。此模式会将整个场景照亮,即使背光区域也不会特别暗。

图3-200

设置场景光源的操作步骤如下。

01 进入"常用"选项卡,在"项目"面板中单击"文件选项"按钮,如图3-201所示。

图3-201

**02** 系统弹出"文件选项"对话框,进入"场景光源"选项卡,拖动"环境"滑块可调整场景的亮度,如图3-202所示。

图3-202

技巧与提示

　　如果已经打开"场景光源"模式,执行此操作,则可以立即看到更改后的效果变化。

## 头光源 — — — — — — — — — — — —

　　这种模式使用位于相机上的一束平行光,它始终与相机指向同一方向。不论以哪个方向漫游,都会照亮视点正前方,而相反方向则会较暗,如图3-203所示。在此模式下,场景明暗关系比较明显。

图3-203

　　设置头光源的操作步骤如下。

**01** 进入"常用"选项卡,在"项目"面板中单击"文件选项"按钮,如图3-204所示。

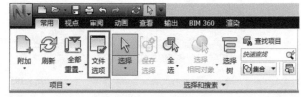

图3-204

**02** 系统弹出"文件选项"对话框,进入"头光源"选项卡,移动"环境"滑块可调整场景的亮度,拖动"头光源"滑块可调整平行光的亮度,如图3-205所示。

图3-205

## 无光源 — — — — — — — — — — — —

　　这种模式将关闭所有光源,场景使用平面渲染进行着色,场景中将不会显示光影效果,所有对象都以色块的形式体现,如图3-206所示。一般情况下不会用到此模式。

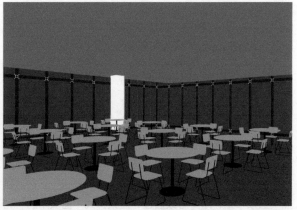

图3-206

### 3.3.3 选择背景效果

在Navisworks 中，用户可以设置要在场景视图中使用的背景效果，软件主要提供了以下3种背景效果。

● 单色：使用选定的颜色填充背景，如图3-207所示。这是默认的背景样式，此背景可用于三维模型和二维图纸。

图3-207

● 渐变：使用两种选定颜色的渐变效果来填充背景，如图3-208所示。此背景可用于三维模型和二维图纸。

图3-208

● 地平线：三维场景的背景在地平面分开，从而生成天空和地面的效果，如图3-209所示。二维图纸不支持此背景。

图3-209

#### ■■ 设置单色背景 ----------------------

01 进入"查看"选项卡，在"场景视图"面板中单击"背景"按钮，如图3-210所示。

图3-210

02 系统弹出"背景设置"对话框，从"模式"下拉列表中选择"单色"选项，如图3-211所示。

图3-211

03 从"颜色"调板中选择所需的颜色，如图3-212所示。

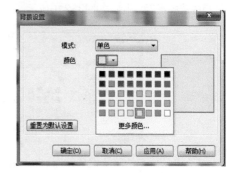

图3-212

04 在预览框中查看新的背景效果，然后单击"确定"按钮，如图3-213所示。

图3-213

## 设置渐变背景 ————————————

**01** 进入"查看"选项卡，在"场景视图"面板中单击"背景"按钮，如图3-214所示。

图3-214

**02** 系统弹出"背景设置"对话框，在"模式"下拉列表中选择"渐变"选项，如图3-215所示。

图3-215

**03** 从"顶部颜色"调板中选择第1种颜色，从"底部颜色"调板中选择第2种颜色，如图3-216所示。

图3-216

**04** 在预览框中查看新的背景效果，然后单击"确定"按钮，如图3-217所示。

图3-217

## 设置地平线背景 ————————————

**01** 进入"查看"选项卡，在"场景视图"面板中单击"背景"按钮，如图3-218所示。

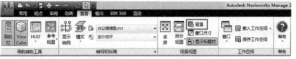

图3-218

**02** 系统弹出"背景设置"对话框，在"模式"下拉列表中选择"地平线"选项，如图3-219所示。

图3-219

**03** 要设置渐变天空颜色，可使用"天空颜色"和"地平线天空颜色"调板；要设置渐变地面颜色，可使用"地平线地面颜色"和"地面颜色"调板，如图3-220所示。

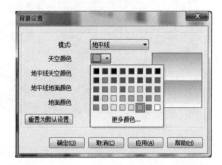

图3-220

**04** 在预览框中查看新的背景效果，然后单击"确定"按钮，如图3-221所示。

图3-221

### 3.3.4 调整图元的显示

Navisworks可以在场景视图中显示或隐藏"曲面""线""点""捕捉点""三维文字"等图形元素。

"点"是模型中的真实点,而"捕捉点"用于标记图元上的位置(如圆心)。

"曲面"是构成二维项目和三维项目的多个三角形。进入"视点"选项卡,在"渲染样式"面板单击"曲面"按钮，可以显示或隐藏曲面,如图3-222所示。

图3-222

"线"在视图中的显示或隐藏也是可以控制的,还可以使用"选项编辑器"对话框更改线宽。进入"视点"选项卡,在"渲染样式"面板中单击"线"按钮，可以显示或隐藏线,如图3-223所示。

图3-223

Navisworks还可以控制"三维文字"的显示或隐藏。进入"视点"选项卡,在"渲染样式"面板中单击"文字"按钮，可以显示或隐藏三维文字,如图3-224所示。二维图纸不支持此功能。

图3-224

除了显示和隐藏图元之外,还可以更改图元的显示尺寸,具体步骤如下。

01 单击应用程序按钮，在弹出的菜单中单击"选项"按钮。

02 系统弹出"选项编辑器"对话框,在其中展开"界面"节点,然后单击"显示"节点,如图3-225所示。

图3-225

03 在"显示"参数面板的"图元"参数栏中,在"点尺寸""线尺寸""捕捉尺寸"文本框中输入一个1~9的数字,单击"确定"按钮,如图3-226所示。

图3-226

### 3.3.5 控制对象的渲染

在Navisworks中浏览场景模型时,通常会用到"文件选项"对话框的两个选项卡来控制模型的外观:一个是"消隐"选项卡,可以设置几何图形消隐;另一个是"速度"选项卡,可以调整帧频速度。

#### 设置消隐 ─────────────────

使用消隐可以在工作时以智能方式隐藏不太重要的对象,从而保证能够流畅地导航和操作大型复杂场景。在Navisworks中,可以使用下列消隐对象的方法:

- 区域:控制模型在多少像素的情况下不显示。
- 背面:控制在浏览模型时,是否显示被遮挡的面。
- 剪裁平面:通过修改剪裁平面,可以控制场景显示深度。

#### 设置区域消隐 ─────────────────

"文件选项"对话框"消隐"选项卡中的相关参数可以用来设置消隐,首先来看看其中的"区域"参数栏,如图3-227所示。

图3-227

● 启用：指定是否使用区域消隐。

● 指定像素数：为屏幕区域指定一个像素值，低于该值就会消隐对象。例如，将该值设置为100像素，那么小于10像素×10像素的对象都会被消隐。

启用区域消隐的具体操作如下：

01 进入"常用"选项卡，在"项目"面板中单击"文件选项"按钮，如图3-228所示。

图3-228

02 系统弹出"文件选项"对话框，进入"消隐"选项卡，在"区域"参数栏中选中"启用"选项。

03 在"指定像素数"文本框中输入一个数值，最后单击"确定"按钮，如图3-229所示。

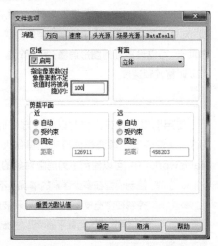

图3-229

■■ 设置背面消隐 ——————————

下面介绍"背面"参数栏，如图3-230所示。

图3-230

● 关闭：关闭背面消隐。

● 立体：仅为实体对象打开背面消隐。

● 打开：为所有对象打开背面消隐。

启用背面消隐的具体操作如下。

01 进入"常用"选项卡，在"项目"面板单击"文件选项"按钮，如图3-231所示。

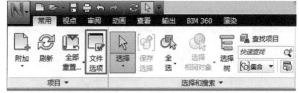

图3-231

02 系统弹出"文件选项"对话框，进入"消隐"选项卡，在"背面"参数栏中选择"打开"选项，单击"确定"按钮，如图3-232所示。

图3-232

■■ 设置剪裁平面消隐 ——————————

下面介绍"剪裁平面"参数栏，如图3-233所示。

图3-233

图3-236

● 自动：选中此项，Navisworks将自动控制近（远）剪裁平面位置，以提供模型的最佳视图，此时"距离"参数不可用。

● 受约束：选中此项，可将近（远）剪裁平面约束为"距离"文本框中设置的值。但如果按照设置的距离值，影响系统性能导致模型不可见，系统将会自动调整剪裁平面的位置。

● 固定：选中此项，可将近（远）剪裁平面设置为"距离"文本框中设置的值。与"受约束"方式不同，在任何情况下系统都会执行"距离"参数所设置的值。

● 距离：在"受约束"或"固定"方式下，控制相机近（远）剪裁的深度。

**技巧与提示**

当浏览大场景模型时，可能会出现远剪裁的情况，即放大模型时，远处的模型会被裁剪而不显示。如果不希望出现这种情况，可以将远剪裁方式设置为"固定"，然后设置"距离"值为大于当前模型最长边的值。

## 设置对象强制可见

虽然Navisworks在场景中以智能方式确定消隐对象的优先级，但有时它会忽略需要在导航时保持可见的几何图形。使对象成为强制可见项目，可以确保这些对象在导航过程中始终保持可见。具体操作如下。

01 在"选择树"窗口中，选择要在导航过程中保持可见的几何图形项目，如图3-234所示。

02 进入"常用"选项卡，在"可见性"面板中单击"强制可见"按钮，如图3-235所示。

图3-234

图3-235

## 设置漫游速度

实时浏览场景时，Navisworks 会根据项目的大小、与相机的距离和指定的帧频自动计算要首先显示的模型。当计算机性能不能满足场景显示需求时，在保证帧频的前提下，将不显示没有时间进行渲染的项目。停止漫游时，将显示这些忽略的项目。

忽略显示模型的数量取决于几个因素，如计算机的硬件性能（图形卡和驱动程序）、场景视图的大小和模型的大小。在Navisworks 中处理超大模型时，需要足够的内存才可载入和查看数据。

帧频就是场景视图中每秒渲染的帧数（FPS），默认值为6，可以将帧频设置为1~60帧/秒。减小该值可以减少忽略量，但在导航过程中会出现不平滑的移动；增大该值可确保更加平滑的导航，但会增加忽略量。

设置目标帧频的具体步骤如下。

01 进入"常用"选项卡，在"项目"面板中单击"文件选项"按钮，如图3-237所示。

图3-237

02 系统弹出"文件选项"对话框，在"速度"选项卡中设置"帧频"参数，单击"确定"按钮，如图3-238所示。

图3-238

技巧与提示

在模型中漫游时，如果模型大面积显示不完整，建议将帧频适当降低，以保证漫游时场景的完整性。

### 设置显示效果

01 单击应用程序按钮，在弹出的菜单中单击"选项"按钮。

02 系统弹出"选项编辑器"对话框，在其中展开"界面"节点，然后单击"显示"节点，如图3-239所示。

图3-239

03 在"详图"参数栏中，选中"保证帧频"选项，可以保持导航过程中的目标帧频；如果取消选择，则在导航过程中会渲染完整的模型，这样会消耗大量的时间。选中"填充到详情"选项，可在导航停止时渲染完整的模型；如果取消选择，则在导航停止时不会填充导航过程中忽略的项目，如图3-240所示。

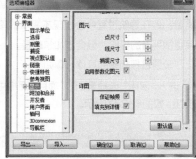

图3-240

如果显卡支持OpenGL技术，则可以通过打开"硬件加速"和"GPU阻挡消隐"选项来提高图形性能，如图3-241所示。使用硬件加速通常会使渲染效果更佳，速度更快。

图3-241

### 3.3.6 外观配置器

使用外观配置器，可以通过设置选择条件或集合来批量为模型设置颜色。设置好的外观配置文件可以另存为 DAT 文件，并可以在Navisworks用户之间共享。

★ 重点 ★

## 实战：按特性值赋予模型颜色

| | |
|---|---|
| 场景位置 | 场景文件>第3章>10.nwc |
| 实例位置 | 实例文件>第3章>实战：按特性值赋予模型颜色.nwd |
| 视频位置 | 多媒体教学>第3章>实战：按特性值赋予模型颜色.mp4 |
| 难易指数 | ★★☆☆☆ |
| 技术掌握 | 通过外观配置器批量为模型赋予颜色 |

本例主要讲解使用外观配置器为模型批量赋予颜色。例如，Revit中的管线颜色基本是通过过滤器赋予的，但将模型导出到Navisworks后，管线颜色将消失，如图3-242所示，这种情况就需要重新赋予模型颜色。

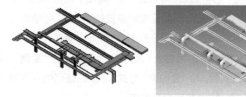

图3-242

01 打开学习资源中的"场景文件>第3章>10.nwc"文件，如图3-243所示。

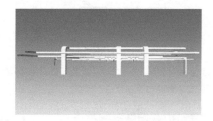

图3-243

02 进入"视点"选项卡，在"渲染样式"面板中单击"模式"按钮，在下拉菜单中选择"着色"命令，如图3-244所示。只有在"着色"模式下，才能正常显示模型颜色，否则只会显示模型材质。

图3-244

03 进入"常用"选项卡，在"显示"面板中单击"特性"按钮，打开"特性"窗口，如图3-245所示。

图3-245

04 在场景视图或选择树中选择所需的对象，在"特性"窗口中查看对应的Revit类型，如图3-246所示。

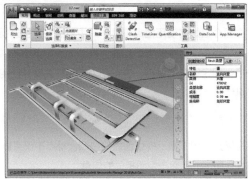

图3-246

05 进入"常用"选项卡，在"工具"面板中单击Appearance Profiler（外观配置器）按钮，如图3-247所示。

图3-247

06 在打开的Appearance Profiler对话框中切换到"按特性"选项卡，然后根据刚刚得到的信息，分别输入类型、特性、值等参数，最后单击"测试选择"按钮，如图3-248所示。如果参数无误，此时场景视图中所有符合条件的对象将被选中，这里要注意区分大小写和空格。

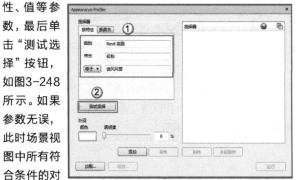

图3-248

07 设置颜色为蓝色，然后单击"添加"按钮，将其添加到选择器中，最后单击"运行"按钮，如图3-249所示。如果对颜色和透明度不满意，可以更改颜色和透明度，然后单击"更新"按钮进行刷新。

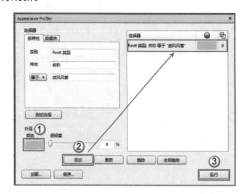

图3-249

08 关闭当前对话框，在场景视图中观看完成后的效果，如图3-250所示。

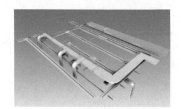

图3-250

09 重复执行步骤3~6，添加其他选择器，最后单击"运行"按钮，如图3-251所示。

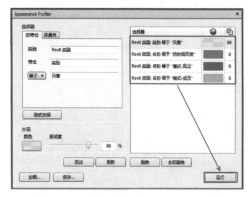

图3-251

最终显示效果如图3-252所示。

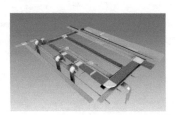

图3-252

# 第4章
# 视点及剖分工具的应用

## 4.1 创建和修改视点

本节主要介绍如何使用视点工具，其中包括如何创建视点和编辑视点，以及视点在项目中的实际用途。视点的使用范围非常广泛，既可以用于模型固定视角的保存，也可作为动画的关键帧使用，还可以与其他工具结合使用。

### 4.1.1 视点概述

视点是场景视图中显示模型创建的快照。视点不仅可以保存模型的视图信息，还可以存储与视图相关的信息。

### 4.1.2 视点保存与编辑

在项目中浏览模型时，将固定的视角进行保存，称之为视点。当再次打开项目时，可以直接单击保存的视角，以便直接跳转到对应的相机位置。同时，还可以对视点进行精确控制，以及对已保存的视点进行更新等操作。

#### ▓▓ "保存的视点"窗口 ————————————————————

"保存的视点"窗口主要用于创建和存储视点，如图4-1所示。它可以用于创建文件夹和视点动画等内容，还可以使用文件夹将视点和视点动画等内容进行归纳，以方便后期查看。

下面介绍"保存的视点"窗口中的相关参数。

● 文件夹🗀：表示可以包含所有其他元素的文件夹。

● 透视图⬡：表示以透视模式保存的视点。

● 正视图⬡：表示以正视模式保存的视点。

● 动画🎞：表示视点动画剪辑。

● 剪切✂：表示插入到视点动画剪辑中的剪辑。

图4-1

打开软件后，如果没有显示"保存的视点"窗口，可以进入"视点"选项卡，单击"保存、载入和回放"面板右下角的按钮，打开"保存的视点"窗口，如图4-2所示。

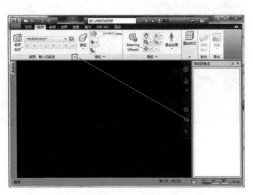

图4-2

打开"保存的视点"窗口后，在窗口内的空白处单击鼠标右键，会弹出一个快捷菜单，用户通过该菜单可以进行保存视点和新建文件夹等操作，如图4-3所示。单击窗口中的元素后按快捷键F2，可以对视点或其他元素进行重命名。

图4-3

★ 重点 ★
## 实战：保存视点

场景位置：场景文件>第4章>01.nwc
实例位置：实例文件>第4章>实战：保存视点.nwd
视频位置：多媒体教学>第4章>实战：保存视点.mp4
难易指数：★★☆☆☆
技术掌握：掌握保存不同角度模型显示效果的方法

通过保存视点功能可以快速保存当前的视图状态，以供查看模型时直接调用。

01 使用快捷键Ctrl+O，打开学习资源中的"场景文件>第4章>01.nwc"文件，如图4-4所示。

图4-4

02 通过导航工具将视图调整至合适的位置，然后进入"视点"选项卡，在"保存、载入和回放"面板中单击"保存视点"按钮，在弹出的下拉菜单中选择"保存视点"命令，如图4-5所示。

图4-5

03 系统弹出"保存的视点"窗口且自动添加一个新视点，为新视点设置新的名称，并按Enter键确认，如图4-6所示。如果还需要添加其他视点，则重复以上操作。

图4-6

## "编辑视点"对话框 ------------------

通过"编辑视点"对话框可以对当前视点或已经保存的视点进行精确编辑，如相机的坐标、观察点位置和镜头挤压比等参数，如图4-7所示。

下面详细介绍"编辑视点"对话框中的相关参数。

● 位置：输入$x$轴、$y$轴和$z$轴坐标值，设置相机所在位置的坐标值。

图4-7

● 观察点：输入$x$轴、$y$轴和$z$轴坐标值，重新设置相机焦点的位置。

● 垂直视野：定义仅可在三维工作空间中通过相机查看的场景区域，可以调整垂直视角。值越大，视角的范围越广；值越小，视角的范围越窄，或更紧密聚焦。

● 水平视野：定义仅可在三维工作空间中通过相机查看的场景区域，可以调整水平视角。值越大，视角的范围越广；值越小，视角的范围越窄，或更紧密聚焦。

● 滚动：围绕相机的前后轴旋转相机。正值将以逆时针方向旋转相机，而负值则以顺时针方向旋转相机。

● 垂直偏移：相机位置向对象上方或下方移动距离。例如，如果相机聚焦在水平屋顶边缘，则更改垂直偏移会将其移动到该屋顶边缘的上方或下方。

● 水平偏移：相机位置向对象左侧或右侧（前方或后方）移动的距离。例如，如果相机聚焦在立柱，则更改水平偏移会将其移动到该柱的前方或后方。

● 镜头挤压比：相机的镜头水平压缩图像的比率。大多数相机不会压缩所录制的图像，因此其镜头挤压比为1。

● 线速度：在三维工作空间中视点沿直线的运动速度。最小值为0，最大值基于场景边界框的大小。

● 角速度：在三维工作空间中相机旋转的速度。

● 隐藏项目/强制项目：选中此选项可将有关模型中对象的隐藏/强制标记信息与视点一起保存。再次使用视点时，会重新应用保存视点时设置的隐藏/强制标记。

● 替代外观：选中该选项可将材质替代信息和视点一起保存，再次使用视点时，会重新应用保存视点时设置的材质替换。

● 设置：打开"碰撞"对话框。该功能仅在三维工作空间中可用。

## 实战：精确控制视点

场景位置　　场景文件>第4章>01.nwc
实例位置　　实例文件>第4章>实战：精确控制视点.nwd
视频位置　　多媒体教学>第4章>实战：精确控制视点.mp4
难易指数　　★★☆☆☆
技术掌握　　掌握通过参数调整视点位置及其他效果的方法

已保存视点和当前视点可以进行编辑，在"编辑视点"对话框中还可以精确地控制相机的位置、视野、运动速度和保存等属性。

01 使用快捷键Ctrl+O，打开学习资源中的"场景文件>第4章>01.nwc"文件，然后进入"视点"选项卡，在"保存、载入和回放"面板中单击"编辑当前视点"按钮，如图4-8所示。

图4-8

02 在"编辑视点"对话框中输入位置的z轴参数值为15，然后单击"确定"按钮，如图4-9所示。增大z轴数值等同于提高了当前相机的高度，相机位置将沿垂直方向上升。

图4-9

03 因为只将相机高度进行调整而观察点没有变化，所以视点将显示为俯视状态，如图4-10所示。

图4-10

## 实战：更新视点状态

场景位置　　场景文件>第4章>01.nwc
实例位置　　实例文件>第4章>实战：更新视点状态.nwd
视频位置　　多媒体教学>第4章>实战：更新视点状态.mp4
难易指数　　★★☆☆☆
技术掌握　　掌握将修改后的视图更新至已有视点的方法

当模型更新或需要调整视点位置的时候，可以先对视点进行调整，然后将最新状态更新到已保存的视点中。

01 使用快捷键Ctrl+O，打开学习资源中的"场景文件>第4章>01.nwc"文件。在"保存的视点"窗口中单击"漫游"视点，切换到对应场景视图，如图4-11所示。

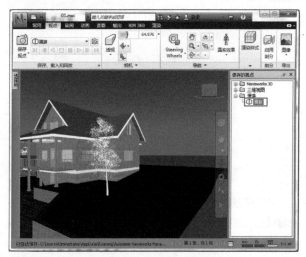

图4-11

02 选中当前视点并单击鼠标右键，在弹出的快捷菜单中选择"更新"命令，如图4-12所示。

03 再次单击"漫游"视点，便会显示更新以后的视点状态，如图4-13所示。

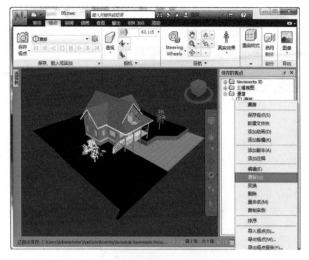

图4-12

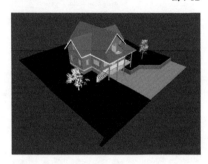

图4-13

## 4.1.3 视点整理与查看

项目文件中保存着大量的视点，这些视点的来源和使用性质各不相同，为了后期更利于对视点进行查看和使用，Navisworks提供了相关工具可以将这些视点进行归类。

### 整理视点 —————————————————

为了方便后期的查找与使用，可以根据需要将视点组织到各个文件夹中，还可以将视点与视点所组成的视点动画进行分类放置。归类整理后，项目中所有的视点都会变得井井有条。

★ 重点 ★
### 实战：将视点放置于文件夹

| 场景位置 | 场景文件>第4章>01.nwc |
| 实例位置 | 实例文件>第4章>实战：将视点放置于文件夹.nwd |
| 视频位置 | 多媒体教学>第4章>实战：将视点放置于文件夹.mp4 |
| 难易指数 | ★★☆☆☆ |
| 技术掌握 | 掌握复制及整理视点的方法 |

通过保存视点功能可以快速地对当前视图状态进行保存，查看模型时便可以直接调用。

01 使用快捷键Ctrl+O，打开学习资源中的"场景文件>第4章>01.nwc"文件，选中现有视点窗口的文件夹，按Delete键将其删除，如图4-14所示。

图4-14

02 保存任意视点，然后按住Ctrl键进行拖动，以复制若干个视点，如图4-15所示。

03 在"保存的视点"窗口的空白区域单击鼠标右键，在弹出的快捷菜单中选择"新建文件夹"命令，如图4-16所示。

图4-15　　　　图4-16

04 为文件夹输入新名称后按Enter键确认，然后选中需要放置在其中的所有视点，再将其拖动到文件夹上，当释放鼠标时所有视点将自动归类到当前文件夹中，如图4-17所示。

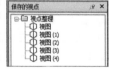

图4-17

### 查看视点 —————————————————

在视点列表或保存的视点窗口中选择任意视点便可跳转到对应视点位置，还将显示与视点关联的所有红线批注和注释。

进入"视点"选项卡，在"保存、载入和回放"面板中单击"当前视点"按钮，在弹出下拉列表中选择要查看的视点，如图4-18所示。

图4-18

选择的视点将显示在"场景视图"中，如图4-19所示。

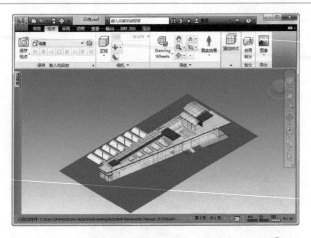

图4-19

### 4.1.4 共享视点

多人协同工作时，可以将Navisworks保存的视点导出为XML文件，用户可以通过XML文件导出与导入，实现视点的同步更新工作。

**导出视点** ────────────────

将视点从Navisworks导出为XML文件，这些XML文件包含所有视点的关联数据。将视点数据导出为XML文件后，可以将其导入其他Navisworks任务中。

**01** 在"保存的视点"窗口中的空白位置处单击鼠标右键，在弹出的快捷菜单中选择"导出视点"命令，如图4-20所示。

图4-20

**02** 在"导出"对话框中输入文件名并指定保存位置，然后单击"保存"按钮，如图4-21所示。

图4-21

**导入视点** ────────────────

通过XML文件将视点导入Navisworks中，能够将视点从另一个模型文件带到当前场景中。

**01** 在"保存的视点"窗口中的空白位置处单击鼠标右键，在

弹出的快捷菜单中选择"导入视点"命令，如图4-22所示。

**02** 在"导入"对话框中找到所需的视点XML文件，然后单击"打开"按钮，如图4-23所示。

图4-22

图4-23

# 4.2 剖分工具

使用 Navisworks可以在三维工作空间中将当前视点剖分，并创建模型的横截面。横截面是三维对象的剖分效果视图，可用于查看项目模型的内部构造。剖分工具有两种剖切模式，一种是"平面"模式，另外一种是"框"模式。

### 4.2.1 启用和使用剖面

要查看模型的横剖面，可以启用最多6个剖面。剖面由一个浅蓝色线框表示，通过打开/关闭相应的灯泡图标，可以显示/隐藏可视平面。

★ 重点 ★
**实战：创建模型横截面**

场景位置　　场景文件>第4章>01.nwc
实例位置　　实例文件>第4章>实战：创建模型横截面.nwd
视频位置　　多媒体教学>第4章>实战：创建模型横截面.mp4
难易指数　　★★☆☆☆
技术掌握　　使用剖切面对模型进行剖分浏览

**01** 使用快捷键Ctrl+O，打开学习资源中的"场景文件>第4章>01.nwc"文件，进入"视点"选项卡，在"剖分"面板中单击"启用剖分"按钮，如图4-24所示。

**02** 进入"剖分工具"选项卡，在"平面设置"面板中单击"当前平面"按钮，在弹出的下拉列表中依次单击各个平面前的灯泡图标，并观察模型的剖切状况，如图4-25所示。当灯泡

点亮时，表示当前平面已启用，反之则表示未启用。

图4-24

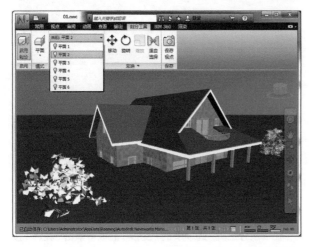

图4-25

03 点亮平面灯泡后单击平面名称，表示切换到当前剖切平面，此时灯泡图标为可用状态，否则为灰色显示无法启用。单击"变换"面板中的"移动"按钮，在场景视图中显示当前剖切控制面，如图4-26所示。

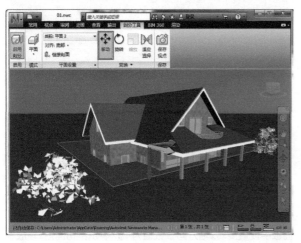

图4-26

04 将鼠标指针移动至控件，鼠标指针会显示为小手状态，此时可以沿着某个轴或某个面移动剖切面，以显示需要查看的区域，如图4-27所示。再次单击"移动"按钮，剖切控制面将不再显示。

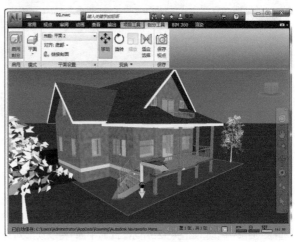

图4-27

### 4.2.2 自定义剖面对齐

默认情况下剖面会映射到6个主要方向之一，此外，软件还提供了"与视图对齐""与曲面对齐""与线对齐"3种对齐方式。

● 顶部：将当前平面与模型的顶部对齐。

● 底部：将当前平面与模型的底部对齐。

● 前面：将当前平面与模型的前面对齐。

● 后面：将当前平面与模型的后面对齐。

● 左侧：将当前平面与模型的左侧对齐。

● 右侧：将当前平面与模型的右侧对齐。

● 与视图对齐：将当前平面与当前视点相机对齐。

● 与曲面对齐：可以拾取一个曲面，并在该曲面上放置当前平面，其法线与所拾取的三角形的法线对齐。

● 与线对齐：可以拾取一条线，并在该线上所单击的点处放置当前平面，并进行对齐，以便其法线就在该线上，从而朝向相机。

★ 重点 ★

### 实战：设置剖切面方向

场景位置　场景文件>第4章>01.nwc
实例位置　实例文件>第4章>实战：设置剖切面方向.nwd
视频位置　多媒体教学>第4章>实战：设置剖切面方向.mp4
难易指数　★★☆☆☆
技术掌握　切换不同方向剖切面进行模型剖切

01 使用快捷键Ctrl+O，打开学习资源中的"场景文件>第4章>01.nwc"文件，然后进入"视点"选项卡，在"剖分"面板中单击"启用剖分"按钮，如图4-28所示。

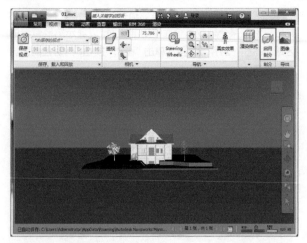

图4-28

**02** 在"平面设置"面板中打开"当前平面"下拉列表，设置"平面1"为当前剖切面。单击"对齐"按钮，在弹出的下拉菜单中选择"顶部"选项，如图4-29所示。此时平面1将以顶部对齐进行模型剖切。

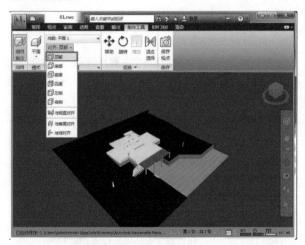

图4-29

**03** 使用"移动"工具移动当前剖切面位置，模型将会被自上而下剖切。再次单击"移动"按钮，退出该工具，最终显示效果如图4-30所示。

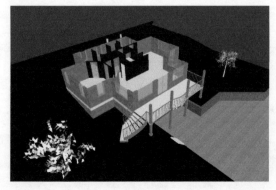

图4-30

### 4.2.3 移动和旋转剖面

可以使用剖分控件对剖面进行操作，也可以用数字操作剖面框。可以移动和旋转剖面，但无法缩放剖面。

★ 重点 ★

## 实战：自由调整剖面

| | |
|---|---|
| 场景位置 | 场景文件>第4章>01.nwc |
| 实例位置 | 实例文件>第4章>实战：自由调整剖面.nwd |
| 视频位置 | 多媒体教学>第4章>实战：自由调整剖面.mp4 |
| 难易指数 | ★★☆☆☆ |
| 技术掌握 | 使用"移动""旋转"命令修改剖切面位置及方向 |

**01** 使用快捷键Ctrl+O，打开学习资源中的"场景文件>第4章>01.nwc"文件，并启用剖分。切换视图到侧视图，进入"剖分工具"选项卡，在"变换"面板中单击"移动"按钮，拖动剖切面向左移动，如图4-31所示。

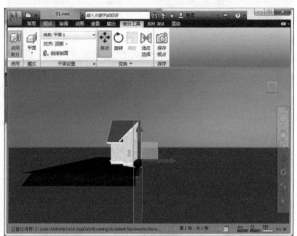

图4-31

**02** 在"剖分工具"选项卡的"变换"面板中单击"旋转"按钮，沿着当前轴向放置剖切面，如图4-32所示。

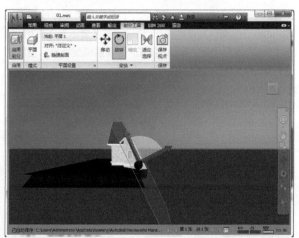

图4-32

**03** 如果对剖切效果不满意，还可以通过数值精确控制。在"剖分工具"选项卡中单击"变换"按钮，在弹出的"变换"面板中设置旋转$x$轴方向参数值为45，表示剖切面沿$x$轴放置并旋转45°，如图4-33所示。如果需要调整剖切面高度等参数，可以在"位置"栏中进行调整。

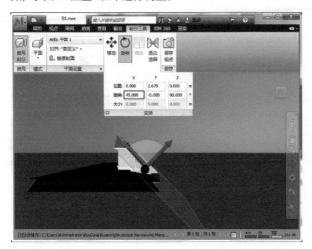

图4-33

04 取消选择所有工具，然后对视图进行旋转、缩放，查看最终的剖切效果，如图4-34所示。

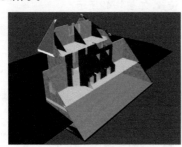

图4-34

实际工作中经常需要以固定的位置，对模型进行剖切以观察剖切位置的内部情况。结合以上情况，可以使用"适应选择"工具，实现将某个构件设置为剖切的边界，进行模型切分。

01 使用快捷键Ctrl+O，打开学习资源中的"场景文件>第4章>01.nwc"文件，并启用剖分。在场景视图中选中任意墙体或其他构件作为边界，如图4-35所示。

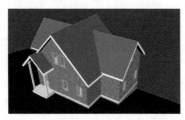

图4-35

02 进入"剖分工具"选项卡，在"变换"面板中单击"适应选择"按钮，此时模型将会剖切至所选中构件的边缘位置，如图4-36所示。

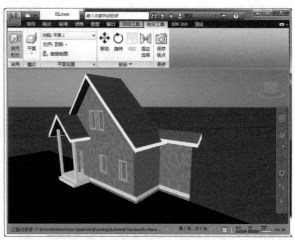

图4-36

03 如果需要以当前构件剖切其他方向，可以在"对齐"下拉菜单中选择，例如设置"对齐"为"左侧"，此时模型将会以新的剖切方向进行剖分，如图4-37所示。

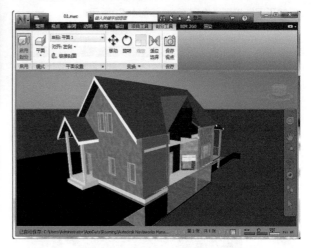

图4-37

### 4.2.4 链接剖面

在Navisworks中，最多可以同时启用6个平面进行模型剖分，但只有当前平面可以使用剖分控件进行操作。将剖面链接到一起可以使它们作为一个整体移动，并能够实时快速切分模型。

01 使用快捷键Ctrl+O，打开学习资源中的"场景文件>第4章>01.nwc"文件，并启用剖分。在"剖分工具"选项卡的"平面设置"面板中打开"当前平面"下拉列表，并单击所有需要的平面旁边的灯泡图标，启用需要的平面。灯泡被点亮时，会启用相应的剖面并穿过场景视图中的模型，如图4-38所示。

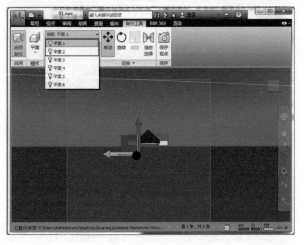

图4-38

02 单击"平面设置"面板中的"链接剖面"按钮，会将所有启用的平面链接到一个截面中，如图4-39所示。

图4-39

03 使用"移动"工具从不同方向移动剖切面，当前模型将会以底部和前面两个方向同时进行剖分，如图4-40所示。

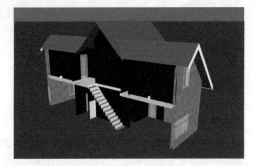

图4-40

## 4.2.5 启用和使用剖面框

使用剖面框可以将审阅集中于模型的特定区域和有限区域，可以使用剖分控件来移动、旋转和缩放剖面框，也可以用数字操作剖面框。

★ 重点 ★
## 实战：创建楼层局部模型

场景位置　场景文件>第4章>01.nwc
实例位置　实例文件>第4章>实战：创建楼层局部模型.nwd
视频位置　多媒体教学>第4章>实战：创建楼层局部模型.mp4
难易指数　★★☆☆☆
技术掌握　对剖面框通过缩放及移动，实现对单个楼层模型的查看

01 使用快捷键Ctrl+O，打开学习资源中的"场景文件>第4章>01.nwc"文件，并启用剖分。进入"剖分工具"选项卡，单击"模式"面板中的"长方体"按钮，在弹出的下拉菜单中选择"长方体"命令，如图4-41所示。

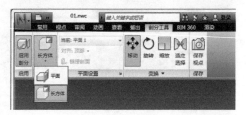

图4-41

02 此时模型已经被剖面框切分，同时自动选择"移动"工具。可以通过"移动"工具拖动场景视图中的控件，以确定剖切位置，如图4-42所示。

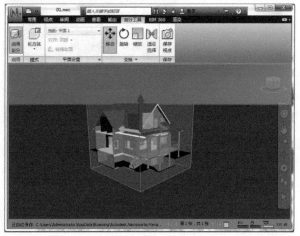

图4-42

 疑难问答

问：剖面框能否实现非矩形剖切？

答：目前只能对矩形剖面框进行移动、旋转、缩放等操作，无法修改为其他形状。

如果需要对剖面框大小进行调整，可以单击"变换"面板中的"缩放"按钮，使用"缩放"工具进行放大或缩小操作。将鼠标指针放置于坐标轴中心交叉点的位置，按住鼠标左键进行拖动，可以实现等比例缩放。若放置到坐标轴，则沿当前轴向进行缩放，如图4-43所示。当鼠标指针放置于某个坐标轴或中心交叉点时，相应坐标轴或中心交叉点会以黄色高亮显示以表示被选中。

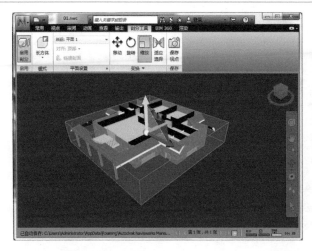

图4-43

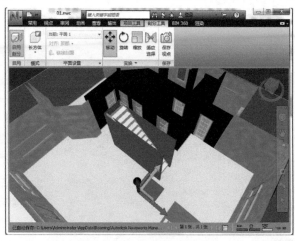

图4-46

**技巧与提示**

除了使用控件模型进行控制，剖面框也同样支持通过变换面板实现精确控制。操作方法与调整剖切面一致，相比之下多出了调整剖面框大小参数。

使用"缩放工具"配合
"移动"工具对剖面框进行
调整，可以实现对某一层建
筑进行局部查看，如图4-44
所示。

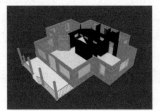

图4-44

★ 重点 ★
## 实战：创建房间局部模型

| | |
|---|---|
| 场景位置 | 场景文件>第4章>01.nwc |
| 实例位置 | 实例文件>第4章>实战：创建房间局部模型.nwd |
| 视频位置 | 多媒体教学>第4章>实战：创建房间局部模型.mp4 |
| 难易指数 | ★★☆☆☆ |
| 技术掌握 | 掌握通过剖面框工具实现对区域模型查看 |

01 使用快捷键Ctrl+O，打开学习资源中的"场景文件>第4章>01.nwc"文件，并启用剖分。进入"剖分工具"选项卡，单击"模式"面板中的"长方体"按钮，在弹出的下拉菜单中选择"长方体"命令，如图4-45所示。

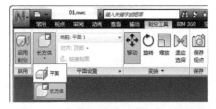

图4-45

02 使用"移动"工具将剖面框顶部移动至一层位置，并选中与楼梯相邻的3面墙体，如图4-46所示。

03 单击"变换"面板中的"适应选择"按钮，系统会以选中的3面墙体为剖切边界，将楼梯间独立显示出来，如图4-47所示。

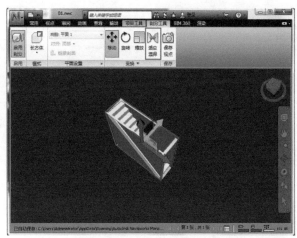

图4-47

04 通过"移动"工具移动剖面框，然后单击"移动"按钮退出该工具。旋转视图查看最终效果，如图4-48所示。

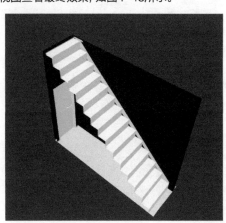

图4-48

# 第5章
# 审阅与项目工具的应用

## 5.1 审阅功能介绍

在实际工作中经常需要对已经完成的模型进行检验和审查，这时就需要合适的工具，更好地完成工作。本节学习Navisworks中的工具，用来实现对模型的测量和批注等工作。

### 5.1.1 测量工具

测量工具可以测量项目中两个点之间的数值。进入"审阅"选项卡，在"测量"面板中单击"测量"按钮，弹出"测量"工具菜单，如图5-1所示。

下面介绍"测量"面板中的相关功能。

● 点到点 ━━：测量两点之间的距离。

● 点到多点 ≰：测量基准点和其他点之间的距离。

● 点直线 ∠：测量沿某条路线的多个点之间的总距离。

● 累加 ≡：计算多个点到点测量的总和。

● 角度 ◢：计算两条线之间的夹角。

● 面积 ▷：计算平面上的面积。

● 锁定 ：将测量线段约束在某个方向。

● 最短距离 ：测量两个选定对象之间的最短距离。

● 转换为红线批注 ：将端点标记、线和显示的任何测量值转换为红线批注。

● 清除 ：清除"场景视图"中的所有测量线。

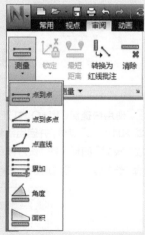

图5-1

■■ "测量工具"窗口 ————————————————

"测量工具"窗口可以显示测量的数据结果，显示"开始"和"结束"的$x$轴、$y$轴和$z$轴坐标，还会显示差值和绝对距离。如果使用累加测量方式，如"点直线"或"累加"，则"距离"检查将显示测量中记录的所有点的累加距离。

进入"审阅"选项卡，在"测量"面板右下角单击"测量工具启动器"按钮，可以打开"测量工具"窗口，如图5-2所示。

图5-2

## 使用测量工具

使用测量工具可以进行线性、角度和面积测量，并且可以对两个选定对象之间的最短距离进行自动测量，如图5-3所示。

图5-3

★ 重点 ★
## 实战：测量物体距离

场景位置　　场景文件>第5章>01.nwc
实例位置　　实例文件>第5章>实战：测量物体距离.nwd
视频位置　　多媒体教学>第5章>实战：测量物体距离.mp4
难易指数　　★★☆☆☆
技术掌握　　掌握点到点测量的方式，计算不同构件之间的距离

01 使用快捷键Ctrl+O，打开学习资源中的"场景文件>第5章>01.nwc"文件，然后进入"审阅"选项卡，在"测量"面板中单击"测量"按钮，在弹出的下拉菜单中选择"点到点"命令，如图5-4所示。

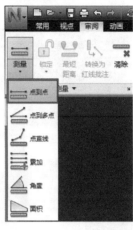

图5-4

技巧与提示

使用测量工具捕捉物体时，可以捕捉到面，也可以捕捉到点。如果捕捉的是对象的面，鼠标指针显示为方框□。而如果捕捉的是对象的点，鼠标指针则显示为交叉×。

02 将视图切换至顶视图，捕捉第1个测量点和第2个测量点，此时场景视图中将显示两个测量点之间的x轴、y轴和z轴3个方向的测量值，如图5-5所示。

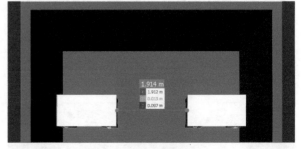

图5-5

03 如果需要测量当前物体和其他物体多个方向的距离，可以切换到"点到多点"工具，然后捕捉第1个测量点，接着捕捉水平方向第2个测量点，场景视图中将显示水平方向的距离，如图5-6所示。

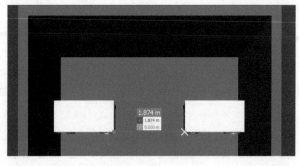

图5-6

**04** 再次捕捉垂直方向的测量点，此时将得到垂直方向的距离，如图5-7所示。

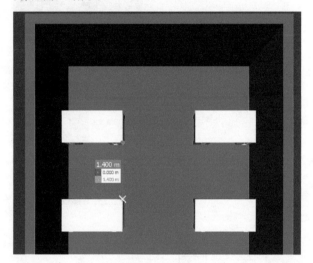

图5-7

**05** 除此以外，还可以使用"累加"工具，计算多段不连续测量线段的总值。切换到"累加"工具，捕捉墙面，然后捕捉书桌角点得到测量数据。按照同样的操作测量书桌到书桌的距离，最终将显示两次测量累加的数据，如图5-8所示。

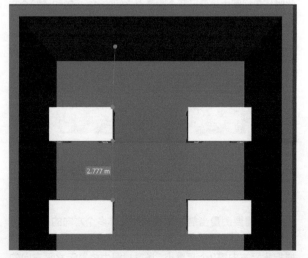

图5-8

★ 重点 ★
## 实战：测量房间周长和面积

场景位置　　场景文件>第5章>02.nwc
实例位置　　实例文件>第5章>实战：测量房间周长和面积.nwd
视频位置　　多媒体教学>第5章>实战：测量房间周长和面积.mp4
难易指数　　★★☆☆☆
技术掌握　　掌握使用"点直线"与"面积"工具计算对象的周长与面积的方法

**01** 使用快捷键Ctrl+O，打开学习资源中的"场景文件>第5章>02.nwc"文件，进入"审阅"选项卡，在"测量"面板中单击"测量"按钮，在弹出的下拉菜单中选择"点直线"命令，如图5-9所示。

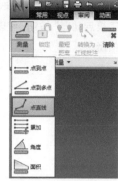

图5-9

**02** 将视图切换至顶视图，然后捕捉房间左上角点，再依次捕捉房间其他3个角点，最终形成闭合的矩形框，此刻所显示的数值便是当前房间的周长，如图5-10所示。

图5-10

**03** 切换到"面积"工具，同样捕捉当前房间的4个角点，此刻将显示该区域的面积，如图5-11所示。

图5-11

**04** 切换到"角度"工具，捕捉房间左下角，然后以顺时针方向捕捉其他两个角点，此刻将显示两面墙体之间的角度值，如图5-12所示。

图5-12

## 实战：使用测量工具移动对象

场景位置　场景文件>第5章>03.nwc
实例位置　实例文件>第5章>实战：使用测量工具移动对象.nwd
视频位置　多媒体教学>第5章>实战：使用测量工具移动对象.mp4
难易指数　★★☆☆☆
技术掌握　掌握通过测量工具移动对象的方法

Navisworks没有提供对齐工具，但可以通过测量工具精确移动物体来达到同样的目的，并且可以自动计算出两个物体之间的最短距离。

01 使用快捷键Ctrl+O，打开学习资源中的"场景文件>第5章>03.nwc"文件。选择测量工具，进入 "审阅"选项卡，在

"测量"面板中单击"锁定"按钮，在弹出的下拉菜单中选择"X轴"命令，如图5-13所示。将测量方向锁定至x轴后，可以捕捉测量对象的任意点或面，并且会得到两个测量点之间的水平距离。

图5-13

02 切换视图至顶视图，然后使用"点到点"测量工具，测量书桌与右墙之间的距离，如图5-14所示。

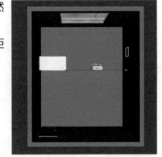

图5-14

03 使用"选择"工具选中书桌，然后进入"审阅"选项卡，单击"测量"面板下拉按钮，在弹出的扩展面板中选择"变换选定项目"命令，如图5-15所示。

图5-15

04 此时书桌已经移动至房间的右侧，移动距离为刚刚测量得到的数值，如图5-16所示。进入"审阅"选项卡，在"测量"面板中单击"清除"按钮，可以隐藏测量数据，如图5-17所示。

图5-16

图5-17

05 保持书桌的状态不变，按住键盘上的Ctrl键选中入户门，然后进入"审阅"选项卡，在"测量"面板中单击"最短距离"按钮，如图5-18所示。

图5-18

此时将显示书桌与门之间的最短距离，同时显示其他两个轴向的距离，如图5-19所示。

图5-19

## 锁定测量方向

使用锁定功能可以保持要测量的方向，防止移动、编辑测量线和测量区域。

## 实战：测量房间净高

场景位置　场景文件>第5章>04.nwc
实例位置　实例文件>第5章>实战：测量房间净高.nwd
视频位置　多媒体教学>第5章>实战：测量房间净高.mp4
难易指数　★★☆☆☆
技术掌握　通过锁定测定方向，实现某个固定方向的对象之间距离的测量

01 使用快捷键Ctrl+O，打开学习资源中的"场景文件>第5章>04.nwc"文件，选择测量工具。然后进入"审阅"选项卡，在"测量"面板中单击"锁定"按钮，在弹出的下拉菜单中选择"Z轴"命令，如图5-20所示。也可以使用快捷键Z锁定z轴方向。

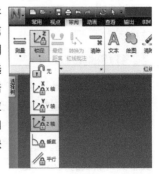

图5-20

02 拾取风管底部，然后拾取地面，测量当前风管的高度，如图5-21所示。

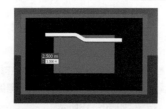

图5-21

03 为了保留当前测量数据，供其他用户查看，可以进入"审阅"选项卡，在"测量"面板中单击"转换为红线批注"按钮，如图5-22所示。此时测量数据将以红线批注的形式存储在视点中。

图5-22

04 按照以上步骤，测量风管另一端距地面的高度，并转换为红线批注，如图5-23所示。通过测量发现，当前房间实际净高值为2.2m。

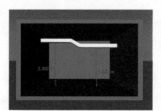

图5-23

## 5.1.2 注释、红线批注和标记

可以将注释添加到视点、视点动画、选择集、搜索集、碰撞结果和TimeLiner任务。当添加红线批注或注释时，软件将自动创建视点。可以通过视点查看相应的注释、红线批注和标记。

### 红线批注工具 ————————————

使用"审阅"选项卡在"红线批注"面板中提供的工具，可以对视点和碰撞结果进行红线批注，如图5-24所示。通过"线宽"和"颜色"选项可以修改红线批注设置，文字具有默认的大小和线宽，不能进行修改。

图5-24

---

**技巧与提示**

所有的红线批注都只能添加到已保存的视点或具有已保存视点的碰撞结果。如果没有任何已保存的视点，则添加标记将自动创建视点并保存。

使用绘图工具可以在场景中创建云线、椭圆和箭头等多种图形批注工具，具体包含以下工具。

● 云线 🖌: 在视点中绘制云线。
● 椭圆 ⬭: 在视点中绘制椭圆。
● 自画线 ✎: 在视点中徒手绘制线条。
● 线 ╱: 在视点中绘制直线。
● 线串 〰: 在视点中绘制线串。
● 箭头 ✐: 在视点中绘制箭头。

★ 重点 ★
## 实战：使用红线批注

场景位置　场景文件>第5章>05.nwc
实例位置　实例文件>第5章>实战：使用红线批注.nwd
视频位置　多媒体教学>第5章>实战：使用红线批注.mp4
难易指数　★★☆☆☆
技术掌握　掌握使用红线批注工具对问题进行注释的方法

01 使用快捷键Ctrl+O，打开学习资源中的"场景文件>第5章>05.nwc"文件，将渲染模式切换至"着色"，并修改背景为"渐变"，如图5-25所示。

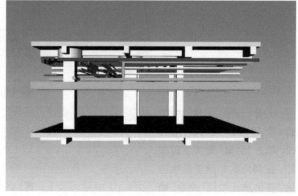

图5-25

02 使用视图导航工具浏览模型，找到碰撞点并调整至合适的角度。进入"审阅"选项卡，在"红线批注"面板中单击"绘图"按钮，如图5-26所示。在视图中，使用绘图工具对碰撞位置进行标注，如图5-27所示。

图5-26

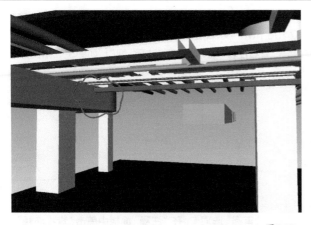

图5-27

**03** 为了使问题表达更清晰，单击"测量"面板中的"文本"按钮，如图5-28所示。在碰撞位置处单击，并输入相应文字说明，如图5-29所示。

图5-28

图5-29

**04** 此时将生成新的视图并保存批注内容，最终完成效果如图5-30所示。还可以重命名视点，便于后期快速查找问题点。

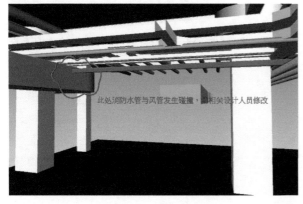

图5-30

**▓▓ "标记"与"注释"** ——————————

使用"审阅"选项卡中的"标记"面板可以添加和管理标记，如图5-31所示。标记工具类似于Word中的批注工具，在浏览模型过程中可以针对有问题的部分进行标记，并添加相关说明。当设计人员对问题进行修改后，可以将注释状态修改为"活动"，以表示当前问题已修改请重新查阅。当确认问题修改无误后，修改标记状态为"已核准"或"已解决"，整个流程结束。

单击"注释"面板中的"查看注释"按钮，可以打开"注释"窗口，通过该窗口可以查看并管理注释，如图5-32所示。"注释"窗口显示每个注释的名称、时间和日期、作者、注释ID和状态。选中任意注释，单击鼠标右键，弹出的快捷菜单中包含以下选项。

- 添加注释；
- 打开"添加注释"对话框；
- 编辑注释；
- 为选定的项目打开"编辑注释"对话框；
- 删除注释；
- 删除选定的注释；
- 帮助；
- 启动联机帮助系统并显示有关注释的主题。

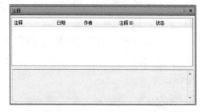

图5-31                                           图5-32

★ **重点** ★
**实战：添加标记**

场景位置　　场景文件>第5章>05.nwc
实例位置　　实例文件>第5章>实战：添加标记.nwd
视频位置　　多媒体教学>第5章>实战：添加标记.mp4
难易指数　　★★☆☆☆
技术掌握　　掌握使用标记工具对某个对象添加标识的方法

**01** 使用快捷键Ctrl+O，打开学习资源中的"场景文件>第5章>05.nwc"文件，将渲染模式切换至"着色"，并修改背景为"渐变"，如图5-33所示。

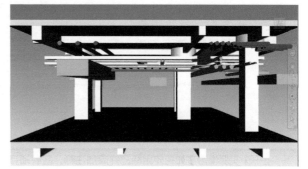

图5-33

**02** 进入"审阅"选项卡，在"标记"面板中单击"添加标记"按钮，如图5-34所示。

图5-34

**03** 单击视图中间的蓝色风管，然后将鼠标指针移动到风管附近的任意位置再次单击，这时会弹出"添加注释"对话框，在其中输入标记说明文字，如图5-35所示，最后单击"确定"按钮。

图5-35

**04** 如果想要查看刚刚添加的注释，可以单击"注释"面板中的"查看注释"按钮，如图5-36所示。这时将弹出"注释"窗口，其中会显示当前项目的所有注释。可以通过场景视图中显示的ID数值来判定哪个注释是我们所需要的，如图5-37所示。

图5-36

图5-37

★ 重点 ★
## 实战：查找注释

场景位置　场景文件>第5章>06.nwd
实例位置　实例文件>第5章>实战：查找注释.nwd
视频位置　多媒体教学>第5章>实战：查找注释.mp4
难易指数　★★☆☆☆
技术掌握　掌握利用查找注释工具快速定位标记点的位置的方法

　　上一个实例学习了如何使用标记并添加注释。随着项目进程不断推进，注释内容也会增多，为了更快地找到需要的注释内容，可以通过"查找注释"工具来实现快速查找。

**01** 使用快捷键Ctrl+O，打开学习资源中的"场景文件>第5章>06.nwd"文件，进入"审阅"选项卡，在"注释"面板中单击"查看注释"按钮，打开"注释"窗口，如图5-38所示。

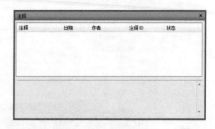

图5-38

**02** 进入"审阅"选项卡，在"注释"面板中单击"查找注释"按钮，如图5-39所示。

图5-39

**03** 在弹出的"查找注释"窗口中打开"注释"选项卡，将ID参数值设置为2，如图5-40所示。

图5-40

**04** 打开"来源"选项卡，取消除"视点"选项以外的所有选项，如图5-41所示。

图5-41

05 单击"查找"按钮，系统将自动查找匹配的注释显示在窗口下部区域，如图5-42所示。单击查找结果，软件将自动切换到相应视图，同时"注释"窗口中将显示详细注释内容，如图5-43所示。

图5-42              图5-43

 技巧与提示

　　在保存的视点上单击鼠标右键，在弹出的快捷菜单中选择"添加注释"命令，便可实现对视点添加注释的操作。

# 5.2 项目工具

　　在Navisworks中，除了可以控制对象的变换以外，还可以更改对象的外观，并且所有的对象操作都是在场景视图中执行的。如果在操作过程中对修改的结果不满意，还可以选择将对象属性重置回初始状态。

## 5.2.1 对象观察

　　"项目工具"选项卡中提供了大量的对象观察工具，其中包括"返回""持定""关注项目""缩放""隐藏""强制可见"，用户通过这些工具可以实现对单个或多个构件的观察，并且可以将某个构件以现有显示状态导入原始设计软件中进行浏览。

**返回** ————————————————————

　　借助"返回"功能可以在Navisworks中选择某个对象，并将其在原始设计软件中定位，然后放大到与之相同的参数。"返回"功能可以与AutoCAD 2018和Revit 2018等设计软件配合使用，以下步骤是"返回"功能与Revit软件的配合使用。

01 打开Revit软件，进入"附加模块"选项卡，单击"外部工具"按钮，在弹出的下拉菜单中选择"Navisworks Switch Back 2018"命令，如图5-44所示。

图5-44

02 返回到Navisworks并打开所需的文件，如图5-45所示。只要使用的是从Revit中导出的NWC文件、NWF或NWD文件，就可以返回到Revit中。

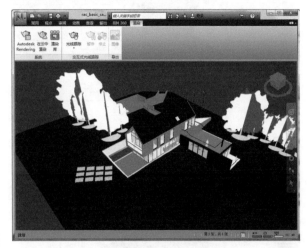

图5-45

03 在场景视图中选择对象，然后进入"项目工具"选项卡，在"返回"面板中单击"返回"按钮，如图5-46所示。将鼠标指针放置于对象上并单击鼠标右键，在快捷菜单中也可以找到"返回"命令，如图5-47所示。

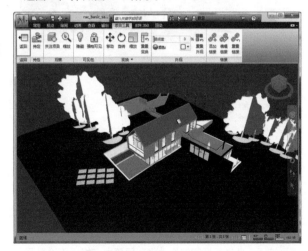

图5-46

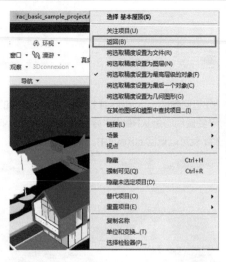

图5-47

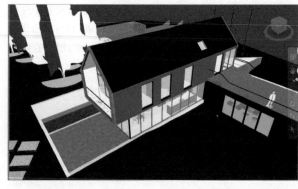

图5-49

**04** Revit将加载相关的项目，查找并选择对象，还会根据Navisworks中的视图角度自动缩放模型，如图5-48所示。

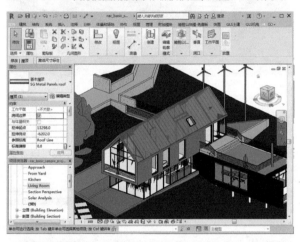

图5-48

**02** 进入"项目工具"选项卡，在"持定"面板中单击"持定"按钮，选定的对象将处于保持状态，如图5-50所示。

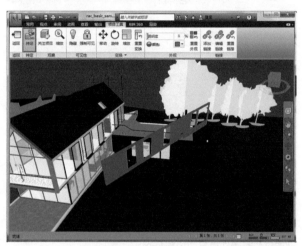

图5-50

**03** 再次单击"持定"按钮，将释放持定的对象。进入"项目工具"选项卡，在"变换"面板中单击"重置变换"按钮，对象将会重置到原始位置，如图5-51所示。

> **技巧与提示**
>
> 此功能在2018版软件中存在问题，如果需要实现此操作，建议使用2017版或其他版本软件进行实际操作。

## 持定

在Navisworks中围绕模型导航，当需要将某个构件保持固定的角度及位置进行查看时，可将其选中并单击"持定"按钮，此时所选定的构件将在屏幕中定格，不论是平移还是旋转视图都不会对其产生影响。

**01** 在场景视图或选择树中选择要持定的对象，如图5-49所示。

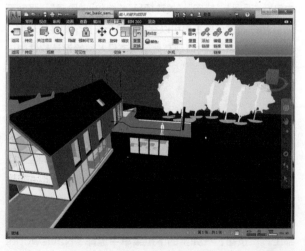

图5-51

## 关注项目 ————————————————

通过"关注项目"工具可以将选中的构件定位到视图中心。

☐1 在场景视图中选中任意图元,如图5-52所示。

图5-52

☐2 进入"项目工具"选项卡,在"观察"面板单击"关注项目"按钮,所选图元将显示在场景视图中心位置,如图5-53所示。

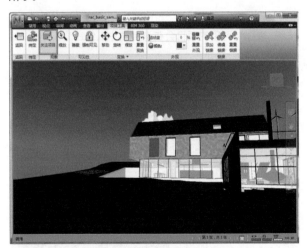

图5-53

## 缩放 ————————————————

使用"缩放"工具可以将所选定的图元缩放到当前场景视图大小。如果要查看模型中的某一个构件,可以使用"缩放"工具。此工具与导航栏中的"缩放选定对象"功能相同。

☐1 在场景视图中选中任意图元,如图5-54所示。

☐2 进入"项目工具"选项卡,在"观察"面板中单击"缩放"按钮,所选对象将布满场景视图,如图5-55所示。

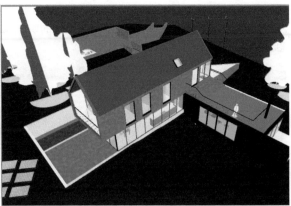

图5-54

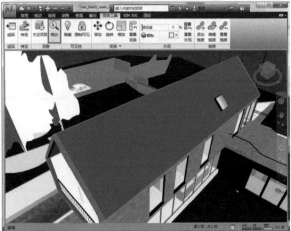

图5-55

## 隐藏 ————————————————

在浏览模型或在模型中漫游时,如果遇到遮挡视线的对象,可以将其隐藏。在选择树中,被隐藏的项目显示为灰色。

☐1 在场景视图中选择要隐藏的所有项目,如图5-56所示。

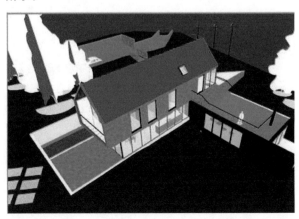

图5-56

02 进入"项目工具"选项卡，在"可见性"面板中单击"隐藏"按钮或使用快捷键Ctrl+H，即可隐藏所选定的项目，如图5-57所示。

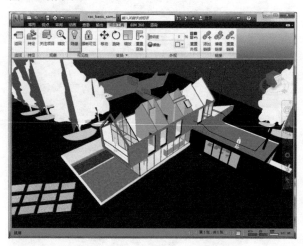

图5-57

03 再次单击"隐藏"按钮，即可显示所隐藏的项目，如图5-58所示。

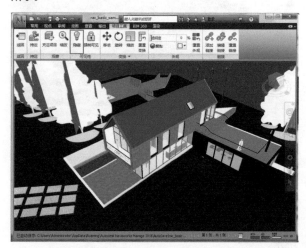

图5-58

 疑难问答

问：隐藏的对象在场景中找不到，如何重新显示出来？

答：可以在选择树中选择相应的对象，然后单击"隐藏"按钮或使用快捷键Ctrl+H，这时隐藏对象将重新显示在场景中。如果需要批量显示隐藏的对象，可以进入"常用"选项卡，在"可见性"面板中单击"取消隐藏所有对象"按钮，如图5-59所示。

图5-59

### 强制可见

虽然Navisworks会在场景中以智能方式排列消隐对象的优先级，但有时它会忽略需要在导航时保持可见的模型，通过将对象指定为强制项目，可以确保在交互式导航过程中始终显示。在选择树中强制可见的对象显示为红色。

01 在选择树中选择要在导航过程中保持可见的几何图形项目，如图5-60所示。

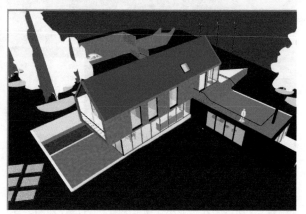

图5-60

02 进入"常用"选项卡，在"可见性"面板中单击"强制可见"按钮，被强制可见的项目会在选择树中以红色突出显示，如图5-61所示。

图5-61

03 再次单击"强制可见"按钮，将取消选定对象的强制可见设置，如图5-62所示。

 技巧与提示

进入"常用"选项卡，在"可见性"面板中单击"显示全部"按钮，在弹出的下拉菜单中选择"取消强制所有项目"命令，可以实现批量取消所有项目的强制可见属性。

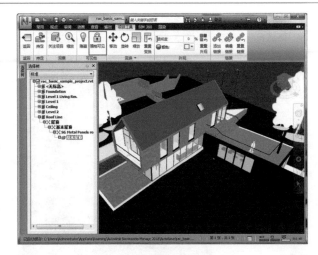

图5-62

## 5.2.2 对象变换

从不同软件中载入模型后,在进行重新定位时,需要用到变换功能。Navisworks中提供了3种变换工具,分为是"移动""旋转""缩放"。通过这3种工具可以调整模型的位置、方向、大小。除了通过手动调整定位以外,还可以通过输入相关参数值,精确控制模型的位置、角度和大小。

★ 重点 ★
## 实战:制作爆炸图

| | |
|---|---|
| 场景位置 | 场景文件>第5章>07.nwc |
| 实例位置 | 实例文件>第5章>实战:制作爆炸图.nwd |
| 视频位置 | 多媒体教学>第5章>实战:制作爆炸图.mp4 |
| 难易指数 | ★★☆☆☆ |
| 技术掌握 | 掌握使用"移动"工具来实现物体自由移动的方法 |

大部分建模软件提供了制作爆炸效果的工具,这极大方便了我们的日常工作,但Navisworks中没有提供相应的工具,可以使用"移动"工具来实现同样的效果。

01 使用快捷键Ctrl+O,打开学习资源中的"场景文件>第5章>07.nwc"文件。将视图改为"正视",然后通过ViewCube工具切换到任意轴侧视图方向,如图5-63所示。

图5-63

02 选中屋顶部分,进入"项目工具"选项卡,在"变换"面板中单击"移动"按钮,如图5-64所示。

图5-64

03 此时视图中出现移动控件,将鼠标指针放置于z轴,按住鼠标左键向上拖动至合适的位置,然后释放鼠标,如图5-65所示。

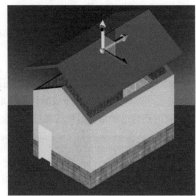

图5-65

04 按照同样的操作方法,将其他建筑构件沿不同方向进行移动,最终完成的显示效果如图5-66所示。

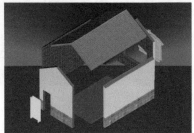

图5-66

★ 重点 ★
## 实战:布置室内空间

| | |
|---|---|
| 场景位置 | 场景文件>第5章>08.nwc |
| 实例位置 | 实例文件>第5章>实战:布置室内空间.nwd |
| 视频位置 | 多媒体教学>第5章>实战:布置室内空间.mp4 |
| 难易指数 | ★★☆☆☆ |
| 技术掌握 | 掌握使用"移动"和"放置"两个工具,对物体位置及方向进行调整的方法 |

01 使用快捷键Ctrl+O,打开学习资源中的"场景文件>第5章>08.nwc"文件,将视图角度切换至顶视图,如图5-67所示。

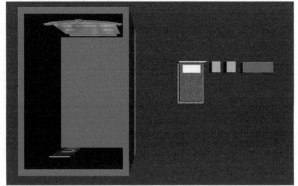

图5-67

02 需要将视图中所有的家具正确地放置于房间内部。选中双人床，进入"项目工具"选项卡，在"变换"面板中"旋转"按钮，如图5-68所示。

图5-68

03 此时视图中会出现旋转控件，然后将鼠标指针放置于x轴与y轴之间的扇形部分，并按住鼠标左键沿逆时针方向拖动鼠标，放置到合适的角度后释放鼠标，如图5-69所示。

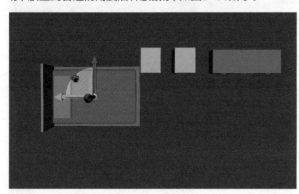

图5-69

04 当使用旋转控件没有达到理想效果时，还可以单击"变换"面板的下拉按钮，在弹出的扩展面板中输入旋转z轴参数值90，进行精确调整，如图5-70所示。

图5-70

05 使用同样的方法将其他家具放置到合适的角度，如图5-71所示。

图5-71

06 使用"移动"工具，将其他家具旋转并移动到合适的位置，最终效果如图5-72所示。

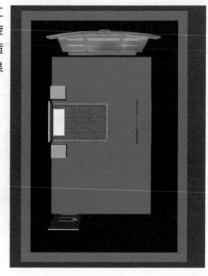

图5-72

★ 重点 ★
## 实战：缩放模型比例

| | |
|---|---|
| 场景位置 | 场景文件>第5章>09.nwc |
| 实例位置 | 实例文件>第5章>实战：缩放模型比例.nwd |
| 视频位置 | 多媒体教学>第5章>实战：缩放模型比例.mp4 |
| 难易指数 | ★★☆☆☆ |
| 技术掌握 | 使用"缩放"工具缩小或放大物体，使之达到正确比例 |

通常情况下，所有的模型都是真实尺寸，所以不涉及缩放问题，但当将不同软件的数据通过Navisworks进行整合时，会出现尺寸比例失调的情况，这时便需要通过"缩放"工具来进行缩放匹配。

01 使用快捷键Ctrl+O，打开学习资源中的"场景文件>第5章>09.nwc"文件，将视图切换至顶视图，如图5-73所示。通过观察发现，汽车模型导入后比例失调，此时便需要调整尺寸比例。

图5-73

02 选中汽车模型，进入"项目工具"选项卡，在"变换"面板中单击"缩放"按钮，如图5-74所示。

图5-74

**03** 将鼠标指针放置
于缩放控件中间的小
圆球上，然后按住鼠
标左键向下拖动，控
制汽车模型等比例缩
小，如图5-75所示。
调整至合适的大小
后，释放鼠标。向上
拖动小圆球可等比例
放大汽车模型。

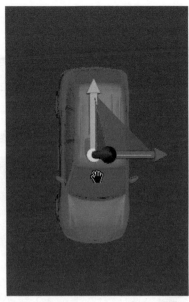

图5-75

技巧与提示

将鼠标指针放在控件中间的圆球上，然后按住Ctrl键的同时在屏幕上拖动此圆球，此时可以对缩放控件进行移动。

**04** 使用"移动"工具将其移动至车库内，在不确定模型大小
的情况下，可以使用测量工具对其进行测量，如图5-76所
示。也可以使用"变换"面板中的数值精确控制缩放比例。

图5-76

### 5.2.3 对象外观

有时希望观察空间内部，但又不想隐藏遮挡的物体，这
种情况下可以调整遮挡部分的构件的透明度，将其调整为透
明状态。

除了上述情况以外，还可以对某个构件进行颜色更改，

使其在视图中更加明显。需要注意的是，透明度和颜色更改
都需在"着色"模式下进行，在"完全渲染"状态下无效。

**更改颜色**

**01** 在场景视图中选择要修改的对象，如图5-77所示。

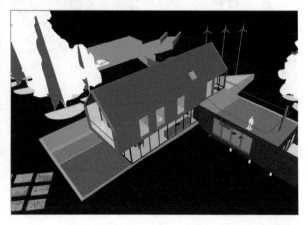

图5-77

**02** 进入"项目工具"选项卡，在"外观"面板中单击"颜色"按
钮，在弹出的调板中选择所需的颜色，如图5-78所示。

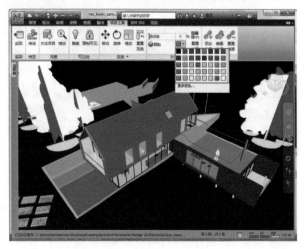

图5-78

**03** 取消选择对象，对象将变成选定的颜色，如图5-79所示。

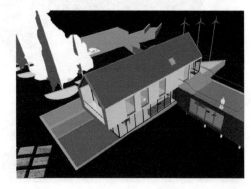

图5-79

107

## 更改透明度

01 在场景视图中选择要修改的对象，如图5-80所示。

图5-80

02 进入"项目工具"选项卡，在"外观"面板中移动透明度滑块调整选定对象的透明度参数值，如图5-81所示。

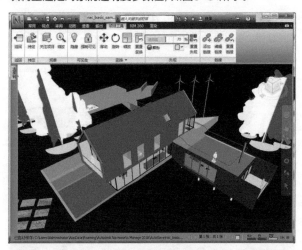

图5-81

03 取消选择对象，观察对象透明度的变化，如图5-82所示。

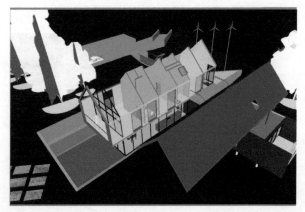

图5-82

### 5.2.4 重置对象

模型在Navisworks中被编辑后，如果想将对象恢复为原始状态，则可以使用Navisworks提供的"重置"功能，该功能可以重置对象变换、对象颜色和对象链接。

## 重置单个对象

01 在场景视图中选择所需的对象，如图5-83所示。

图5-83

02 进入"项目工具"选项卡，在"变换"面板中单击"重置变换"按钮，移动过的屋面将回到原始位置，如图5-84所示。

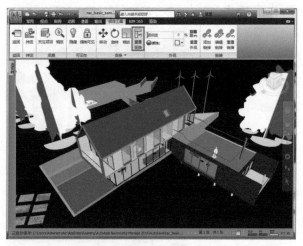

图5-84

03 如需恢复其他属性，可以在相应面板中单击相应的重置按钮，如图5-85所示。

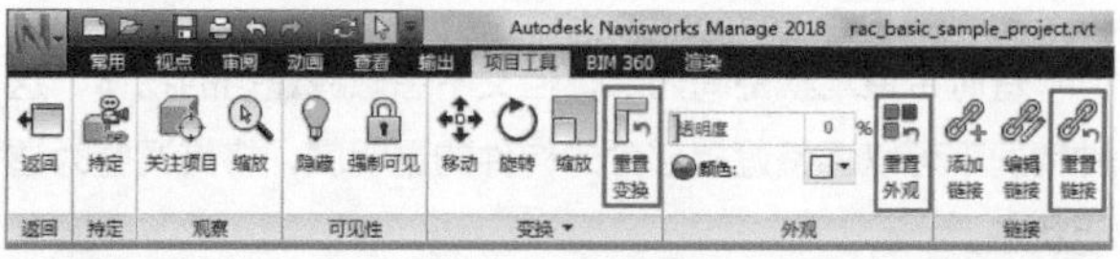

图5-85

## 重置所有对象 ─────────────

01 进入"常用"选项卡，在"项目"面板中单击"全部重置"按钮，在弹出的下拉菜单中根据需要选择相应的功能，如图5-86所示。

图5-86

02 选择相应功能后，视图中全部对象的对应参数将被重置为原始状态，如图5-87所示。

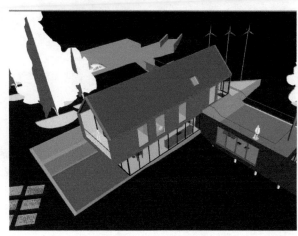

图5-87

# 第6章
# 动画制作和编辑

## 6.1 对象动画

对模型的旋转、缩放和移动等操作进行捕捉，然后将不同的操作捕捉成关键帧并串联起来，这样就形成了一个完整的对象动画。

### 6.1.1 创建对象动画

对象动画主要使用Animator工具来进行制作。创建动画的大部分的操作步骤是相似的，下面将介绍使用Animator工具创建对象动画的基本流程。

01 进入"动画"选项卡，在"创建"面板中单击Animator按钮，打开Animator窗口，如图6-1所示。

图 6-1

02 新建动画场景，如图6-2所示。当动画场景较多时，可通过文件夹进行归类。

图 6-2

03 在动画场景中添加相机、动画集或剖面动画类型。只有在选择对象之后，才会显示"添加动画集"和"更新动画集"命令，如图6-3所示。

图 6-3

04 根据选择的动画类型，添加关键帧制作具体的动画内容，如图6-4所示。

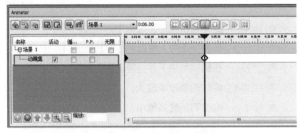

图 6-4

## 6.1.2 Animator工具概述

Animator工具除了用于对象动画的制作以外，还可用于制作漫游和建筑等动画场景。进入"动画"选项卡，在"创建"面板中单击Animator按钮，打开Animator窗口，如图6-5所示。

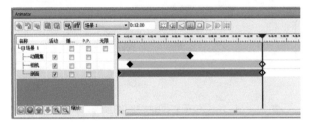

图 6-5

### ▌▌ Animator工具栏 ------------------

Animator工具栏位于Animator窗口上方，使用此工具栏可以创建、编辑和播放动画，如图6-6所示。

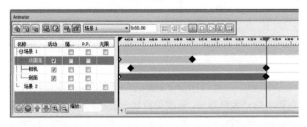

图 6-6

下面介绍Animator工具栏中的相关工具。

● 平移动画集 ▣：更改几何图形对象的位置。

● 旋转动画集 ▣：更改几何图形对象的旋转角度。

● 缩放动画集 ▣：更改几何图形对象的大小。

● 更改动画集颜色 ▣：更改几何图形对象的颜色。

● 更改动画集透明度 ▣：更改几何图形对象的透明度。

● 捕捉关键帧 ▣：为当前对模型所做的更改创建快照，并将其作为时间轴视图中的新关键帧。

● 打开/关闭捕捉 ▣：启用或禁用捕捉，只有通过拖动场景视图中的小构件来移动对象时，捕捉才会产生效果。

● 场景选择器 [场景1 ▾]：选择活动场景。

● 时间位置 [0:10.00]：控制时间轴视图中时间滑块的位置。

● 回放 ▣：将动画倒回到开头。

● 上一帧 ▣：将动画倒回到前一秒。

● 反向播放 ◁：从尾到头反向播放动画。

● 暂停 ▯▯：使动画暂停。

● 停止 ▯：使动画停止。

● 播放 ▷：播放动画。

● 下一帧 ▣：将动画前进到下一秒。

● 至结尾 ▣：将动画快进到结尾。

### ▌▌ Animator树视图 ------------------

Animator树视图会在分层列出所有场景和场景组件，如图6-7所示。使用它可以创建并管理动画场景。

分层列表可以使用Animator树视图创建和管理动画场景。场景树以分层结构显示场景组件，如动画集、相机和剖面。

单击要复制或移动的项目，然后按住鼠标右键将该项目拖动到所需的位置，当鼠标指针变为箭头时，释放鼠标右键会弹出快捷菜单，根据需要选择"在此处移动"或"在此处复制"命令，如图6-8所示。

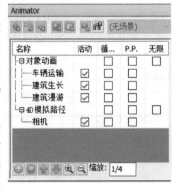

图 6-7

111

图 6-8

在项目上单击鼠标右键，会弹出与树中的项目相关的快捷菜单，其中显示该项目适用的命令，如图6-9所示。

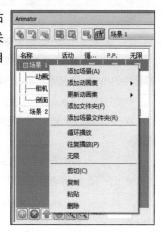

图 6-9

下面介绍快捷菜单中的相关命令。

● 添加场景：在树视图中新建一个场景。

● 添加动画集：在树视图中新建一个动画集。

● 更新动画集：更新选中的动画集。

● 添加文件夹：在树视图中新建一个文件夹，该文件夹可用于存放场景组件和其他文件夹。

● 添加场景文件夹：在树视图中新建一个场景文件夹，该场景文件夹可用于存放场景和其他场景文件夹。

● 循环播放：为场景和场景动画选择循环播放模式。启用"循环播放"命令后，动画将顺序从开头播放到结尾，并且无限期播放。

● 往复播放：为场景和场景动画选择往复播放模式。启动"往复播放"命令后，动画将顺序从开头播放到结尾，然后倒序从结尾播放到开头。除非选择了"循环播放"模式，否则往复播放只会运行一次。

● 无限：只适用于场景，将使场景持续播放（单击"停止"按钮时才会停止播放）。

● 剪切：将树中选中的项目剪切到剪贴板。

● 复制：将树中选中的项目复制到剪贴板。

● 粘贴：从剪贴板将项目粘贴到新位置。

● 删除：从树中删除选中的项目。

为了方便用户进行不同的操作，树视图下方显示了不同的按钮，如图6-10所示。

下面介绍树视图下方按钮的具体含义。

● 添加场景：弹出一个下拉菜单，可以向树视图中添加新项目。

图6-10

● 删除：删除树视图中当前选中的项目。

● 上移：在树视图中上移当前选中的场景。

● 下移：在树视图中下移当前选中的场景。

● 放大：将时间刻度条放大。

● 缩小：将时间刻度条缩小。

● 缩放：设置时间刻度条的缩放比例，可以直接输入数值。

### ◆◆ Animator时间轴视图

时间轴视图中显示了场景中动画集、相机和剖面项目关键帧的时间轴，如图6-11所示。使用时间轴视图可以显示和编辑动画。

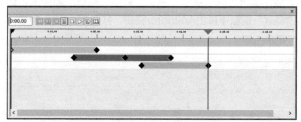

图 6-11

● 时间刻度条：位于时间轴视图的顶部，以秒为单位，且所有时间轴均从0开始，如图6-12所示。

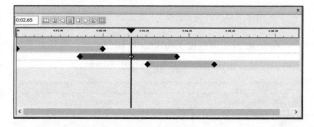

图 6-12

● 关键帧：在时间轴中显示为黑色菱形。可以在时间轴视图中拖动黑色菱形，更改关键帧出现的时间。随着关键帧的拖动，其颜色会从黑变为浅灰。在关键帧上单击后，时间滑块会移动到该位置，如图6-13所示。在关键帧上双击可弹出快捷菜单，可以对关键帧进行编辑、复制、剪切、删除和粘贴等操作。

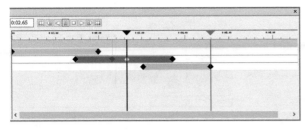

图 6-13

● 动画条：时间轴中的关键帧会显示为彩色，显示为彩色
动画条的关键帧无法被编辑。每种动画类型都会显示相应的
颜色，其中"场景"动画条显示为灰色，"动画集"动画条显示
为天蓝色，"相机"动画条显示为红色，"剖面"动画条显示为
绿色，如图6-14所示。

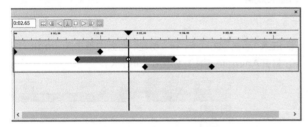

图 6-14

● 滑块：时间轴视图中有两个滑块，分别是时间滑块和结
束滑块，如图6-15所示。时间滑块显示为黑色垂直线，表示当
前动画播放的位置，使用鼠标进行左右拖动会自动跳转到当前
关键帧。结束滑块显示为红色垂直线，表示当前动画结束的位
置。如果当前动画的状态是"无限播放"，则不会出现结束滑块。
可以通过更改结束滑块的位置来延长动画结尾的停留时间。

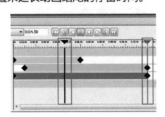

图 6-15

在时间刻度条上单击鼠标右键，在弹出的快捷菜单中选
择"手动定位终端"命令，如图6-16所示。此时便可以手动控
制滑块结束的位置。

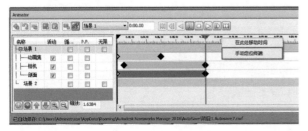

图 6-16

在时间刻度条上的任意时间点单击鼠标右键，在弹出的快
捷菜单中选择"在此处移动场景端"命令，如图6-17所示。

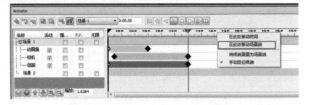

图 6-17

此时结束时间滑块将移动到指定的时间点，播放动画时
将在此处结束，如图6-18所示。在快捷菜单中选择"将终
端重置为场景端"命令，可以重置结束时间的位置。

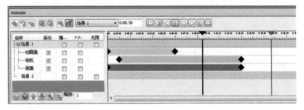

图 6-18

### 输入栏

输入栏位于Animator窗口的底部，可以在该栏中直接输
入参数值来处理几何图形对象。单击"平移动画集"按钮，可
输入以下参数。

● X/Y/Z：输入 x、y和z坐标值可定位选中的对象，如
图6-19所示。

图 6-19

单击"旋转动画集"按钮，可输入以下参数。

● X/Y/Z：输入围绕x、y和z坐标值的旋转角度，可将选中
对象移动到此位置，如图6-20所示。

● cX/cY/cZ：输入cx、cy和cz坐标值可将旋转的原点或中
心点移动到此位置。

● oX/oY/oZ：输入ox、oy和oz坐标值的旋转角度可修改旋转
的方向。

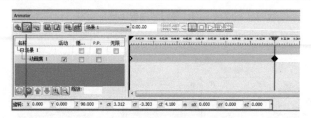

图 6-20

单击"缩放动画集"按钮，可输入以下参数。

● X/Y/Z：输入围绕x、y和z坐标值缩放系数。1为当前大小，0.5为一半，2为两倍，以此类推，如图6-21所示。

● cX/cY/cZ：输入cx、cy和cz坐标值可将缩放的原点或中心点移动到此位置。

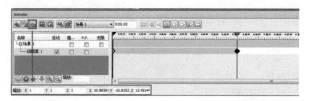

图 6-21

单击"更改动画集的颜色"按钮，可输入以下参数。

● 颜色：选中"颜色"选项，单击"捕捉关键帧"按钮后，将记录关键帧中的颜色更改。取消选择此选项，会将颜色重置回原始状态，如图6-22所示。

● r/g/b：输入颜色的R、G和B值。

● █▼：如果不希望输入R、G和B值，可以单击此按钮，在弹出的调板中选择所需的颜色。

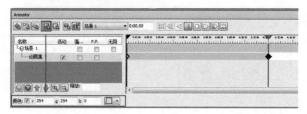

图 6-22

单击"更改动画集的透明度"按钮，可输入以下参数。

● 透明度：选中此选项，并单击"捕捉关键帧"按钮 █，可以记录关键帧中的透明度更改。取消选择此选项会将透明度重置回原始状态，如图6-23所示。

● %：输入值可调整透明度级别。输入值越高，元素透明度越高；输入值越低，元素透明度越低。

● ▬━▬：如果不希望输入透明度值，可使用此滑块调整透明度级别。

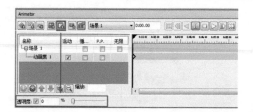

图 6-23

### 6.1.3 动画场景

每个场景都包含这些组件：一个或多个动画集、一个相机动画和一个剖面集动画。可以将场景和场景组件分组后放入文件夹中，这样既方便打开/关闭文件夹的内容，也不会影响播放效果。

**▓▓ 添加动画场景** ――――――――――――――――

[01] 进入"动画"选项卡，在"创建"面板中单击Animator按钮，打开Animator窗口，如图6-24所示。

图 6-24

[02] 在Animator树视图中单击鼠标右键，在弹出的快捷菜单中选择"添加场景"命令，如图6-25所示。

图 6-25

[03] 单击默认场景名称，使之处于可编辑状态，然后输入一个新名称，如图6-26所示。

图 6-26

场景名称目前不支持直接输入中文，只能输入英文或汉语拼音。如果需要输入文字，可以在其他文本编辑软件中进行输入，然后复制并粘贴到此位置。

## 将场景组织到场景文件夹中

当场景较多时，可以将场景分类归纳到场景文件夹中。

**01** 在Animator树视图中单击鼠标右键，在弹出的快捷菜单中选择"添加场景文件夹"命令，如图6-27所示。单击默认文件夹名称，使之处于可编辑状态，然后输入一个新名称。

图 6-27

**02** 选择要添加到新文件夹的场景，然后按住鼠标左键，将场景拖动到文件夹，当鼠标指针变为箭头时，释放鼠标，即可将场景拖动到该文件夹中，如图6-28所示。

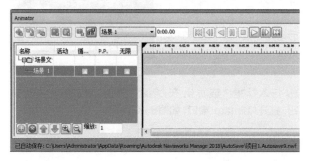

图 6-28

## 将场景组件组织到文件夹中

文件夹与场景文件夹的功能不同，文件夹主要用于存储场景中所制作的动画内容。例如，在同一个场景中制作了若干动画，此时如果需要将这些动画进行归纳整理，则只能通过新建文件夹的形式。

**01** 在该场景上单击鼠标右键，在弹出的快捷菜单中选择"添加文件夹"命令，将子文件夹添加到场景中，如图6-29所示。

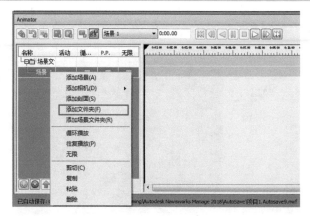

图 6-29

**02** 可以将现有的场景组件放置于文件夹中，也可以直接在新建的文件夹上单击鼠标右键，直接创建新的场景组件，如图6-30所示。

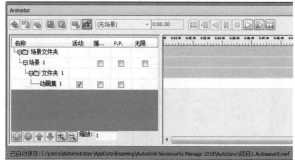

图 6-30

### 6.1.4 动画集

动画集中包含了创建动画的模型。场景中动画集的顺序很重要，当在多个动画集中使用同一对象时，可以使用该顺序控制最终对象的位置。

下面介绍如何添加基于当前选择的动画集。

**01** 进入"动画"选项卡，在"创建"面板中单击Animator按钮，打开Animator窗口，如图6-31所示。

图 6-31

**02** 在场景视图或选择树中选择所需的几何图形对象，如图6-32所示。

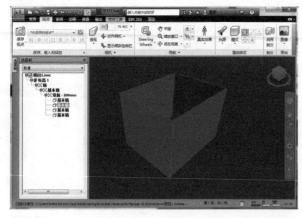

图 6-32

03 在场景名称上单击鼠标右键，在弹出的快捷菜单中选择"添加动画集>从当前选择"命令，如图6-33所示。

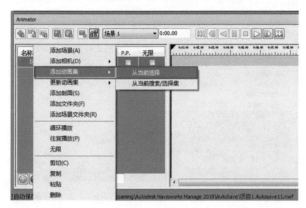

图 6-33

04 根据需要为新动画集输入新名称，如图6-34所示。

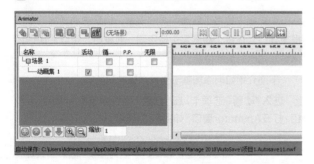

图 6-34

## 6.1.5 关键帧

　　关键帧用于定义对模型所做更改的位置和特性，同时也是动画播放中必须经过的点。定义关键帧后，系统会自动生成各个关键帧之间的过渡状态，从而形成一段连续的动画。

### ■■ 捕捉关键帧 —————————————

01 进入"动画"选项卡，在"创建"面板中单击Animator按钮，打开Animator窗口，如图6-35所示。

图 6-35

02 在Animator窗口中新建空白场景，选中对象并新建动画集，然后在时间刻度条上输入时间，单击"捕捉关键帧"按钮，如图6-36所示。此时关键帧就已经在时间轴视图中生成了。

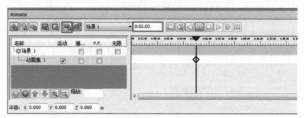

图 6-36

★ 重点 ★

## 实战：制作车辆行驶动画

场景位置　场景文件>第6章>01.nwc
实例位置　实例文件>第6章>实战：制作车辆行驶动画.nwd
视频位置　多媒体教学>第6章>实战：制作车辆行驶动画.mp4
难易指数　★★☆☆☆
技术掌握　掌握平移动画集的使用方法

01 使用快捷键Ctrl+O，打开学习资源中的"场景文件>第6章>01.nwc"文件，然后切换到顶视图，如图6-37所示。

图 6-37

02 进入"动画"选项卡，在"创建"面板中单击Animator按钮，打开Animator窗口，如图6-38所示。

图6-38

03 在Animator树视图底部单击"添加场景"按钮，在下拉菜单中选择"添加场景"命令，如图6-39所示。

图 6-39

04 在场景视图中选中汽车，然后在场景中单击鼠标右键，在弹出的 快捷菜单中选择"添加动画集>从当前选择"命令，如图6-40所示。

图 6-40

05 确认动画起始时间为0:00.00，然后在工具栏中单击"捕捉关键帧"按钮，此时时间轴视图中将出现起始关键帧，如图6-41所示。

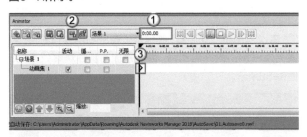

图 6-41

06 在时间文本框中输入0:05.00，将第2个关键帧时间确定为5秒。然后单击"平移动画集"按钮，在场景视图中将鼠标指针放置于控件x轴上，向左拖动至合适的位置。最后单击"捕捉关键帧"按钮，如图6-42所示。

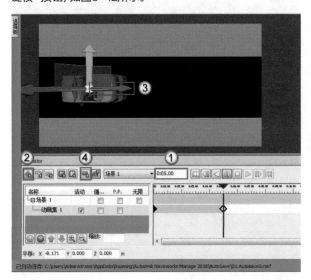

图 6-42

07 再次单击"平移动画集"按钮，取消选择该功能，然后在工具栏中单击"停止"按钮，将动画时间移动至起始位置，如图6-43所示。

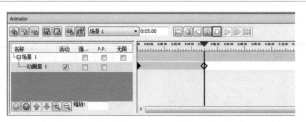

图 6-43

08 单击"播放"按钮，观察最终完成的动画，如图6-44所示。

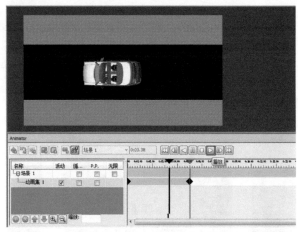

图 6-44

★ 重点 ★

## 实战：制作门开启动画

| | |
|---|---|
| 场景位置 | 场景文件>第6章>02.nwc |
| 实例位置 | 实例文件>第6章>实战：制作门开启动画.nwd |
| 视频位置 | 多媒体教学>第6章>实战：制作门开启动画.mp4 |
| 难易指数 | ★★★☆☆ |
| 技术掌握 | 掌握旋转动画集的使用方法 |

01 使用快捷键Ctrl+O，打开学习资源中的"场景文件>第6章>02.nwc"文件，如图6-45所示。

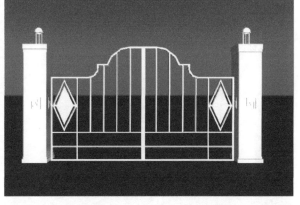

图 6-45

02 进入"动画"选项卡，在"创建"面板中单击Animator按钮，打开Animator窗口。单击"添加场景"按钮，在弹出的下拉菜单中选择"添加场景"命令，如图6-46所示。

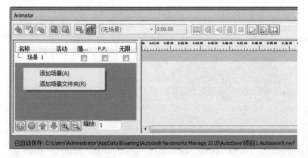

图 6-46

**03** 在场景中选中左侧的门扇,然后在新建的场景中执行"添加动画集"命令。单击"旋转动画集"按钮,将鼠标指针放置于控件交叉位置的小圆球上,当鼠标指针变成小手形状时,将其拖动至门扇的左下角位置,作为旋转动作的中心点。最后单击"捕捉关键帧"按钮,如图6-47所示。

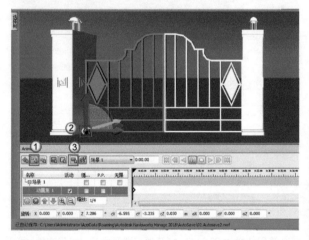

图 6-47

**04** 在时间文本框中输入00:05.00,然后将鼠标指针放置于x轴和y轴交叉位置的扇形控件上,按住鼠标左键向上拖动鼠标,门扇将跟随旋转控件一起旋转,当旋转至合适的角度时释放鼠标,如图6-48所示。

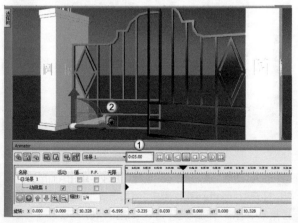

图 6-48

**05** 如果对旋转的角度不满意,还可以通过输入数值进行调整。在输入栏中的Z文本框中输入参数值90,这时门扇的开始角度将调整为90°,然后单击"捕捉关键帧"按钮,如图6-49所示。

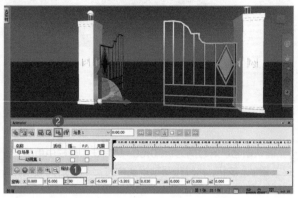

图 6-49

**06** 再次添加新的动画集,并结合步骤3~5的操作方法,完成另外一侧门的开启动画,最后播放动画并观察效果,如图6-50所示。

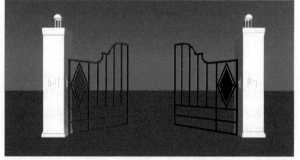

图 6-50

★ 重点 ★

## 实战: 制作对象缩放动画

| | |
|---|---|
| 场景位置 | 场景文件>第6章>03.nwc |
| 实例位置 | 实例文件>第6章>实战:制作对象缩放动画.nwd |
| 视频位置 | 多媒体教学>第6章>实战:制作对象缩放动画.mp4 |
| 难易指数 | ★★★☆☆ |
| 技术掌握 | 掌握缩放动画集的使用方法 |

**01** 使用快捷键Ctrl+O,打开学习资源中的"场景文件>第6章>03.nwc"文件,然后单击"添加场景"按钮,在下拉菜单中选择"添加场景"命令,如图6-51所示。

图 6-51

**02** 选中场景视图中的对象并添加动画集,然后单击"缩放动画集"按钮,按住Ctrl键并将鼠标指针放置于控件交叉位置的小圆球上,将其拖动至柱子底部。在输入栏中输入控件的原点Z坐标值为0,达到精确控制的目的,如图6-52所示。

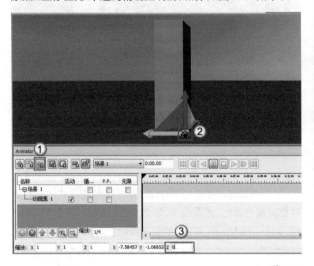

图 6-52

问:为什么移动缩放动画集控件时需要按住Ctrl键,而其他动画集则不需要?

答:因为缩放动画集除了可以沿着3个坐标轴方向缩放以外,还可以通过交叉位置的小圆球进行等比例缩放。如果直接拖动坐标交叉的小圆球,默认动作为等比例缩放而非移动控件。

**03** 将鼠标指针放置于控件上的z轴上,按住鼠标左键向下拖动,直至缩小至合适的大小。或在输入栏Z文本框中输入缩放比例的精确数值,然后单击 "捕捉关键帧"按钮,捕捉当前对象状态,如图6-53所示。

图 6-53

**04** 拖动时间滑块或直接输入时间,将当前时间定位于0：05：00,然后在输入栏中输入z轴缩放比例为1,最后单击"捕捉关键帧"按钮,捕捉当前对象状态,如图6-54所示。

图 6-54

**05** 退出当前动画集工具,然后单击"播放"按钮,查看最终完成的动画效果,如图6-55所示。

图 6-55

★ 重 点 ★

## 实战：制作消隐并变色动画

场景位置　场景文件>第6章>03.nwc
实例位置　实例文件>第6章>实战：制作消隐并变色动画.nwd
视频位置　多媒体教学>第6章>实战：制作消隐并变色动画.mp4
难易指数　★★★☆☆
技术掌握　掌握更改颜色动画集的使用方法

本例主要通过两个动画集来实现,一个是更改动画集的颜色,另一个是更改动画集的透明度。同时,通过这个实例也可以体会到,在Animator中可针对一个对象同时实现多种动画效果的叠加。

**01** 使用快捷键Ctrl+O,打开学习资源中的"场景文件>第6章>03.nwc"文件。进入"视点"选项卡,单击"模式"按钮,在下拉菜单中选择"着色"命令,如图6-56所示。这样可将当前场景渲染样式修改为"着色"。

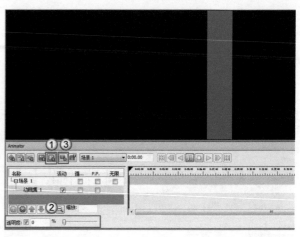

图 6-56

**02** 进入"动画"选项卡，在"创建"面板中单击Animator按钮，在弹出的Animator窗口中单击"添加场景"按钮，在弹出的下拉菜单中选择"添加场景"命令，如图6-57所示。选中场景视图中的对象，添加动画集。单击"更改动画集的颜色"按钮，将其颜色修改为红色，如图6-58所示。直接在输入栏中输入R、G、B值也可以。

图 6-59

**04** 将当前动画时间定位到0：05.00，按照同样方法将对象颜色设置为蓝色，如图6-60所示。将透明度调整为100%透明，如图6-61所示，单击"捕捉关键帧"按钮。

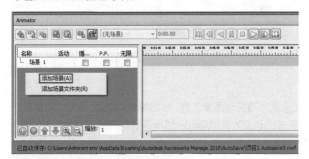

图 6-57

图 6-60

图 6-61

**05** 对动画进行播放，会发现动画中的对象由红色过渡到蓝色的同时也在逐渐消失，如图6-62所示。

图 6-58

> **技巧与提示**
>
> 　　修改对象颜色及透明度只有在"着色"状态下才能正常显示。同理，在制作颜色及透明变换的动画时，也需要具备相同的条件，才能显示正确的效果。

**03** 单击"更改动画集的透明度"按钮，然后选中"透明度"选项，不要拖动滑块，让其保持不透明状态。单击"捕捉关键帧"按钮，捕捉当前对象状态，如图6-59所示。

图 6-62

技术专题 04 "完全渲染"模式下显示对象颜色——和透明度

一般情况下，只有当视图渲染模式为"着色"时，更改对象的颜色或透明效果才会起作用。制作颜色渐变及透明度动画时，同样受此影响。在某些情况下，需要将视图渲染模式调整为"完全渲染"，以保证模型的材质能够正常显示，但是又需要对部分对象制作透明度动画。这时便需要对需要制作动画的对象做一些特殊处理，使其能在"完全渲染"模式下正常显示动画效果。

01 打开模型，进入"渲染"选项卡，在"系统"面板中单击Autodesk Rendering按钮，打开材质库，如图6-63所示。

图 6-63

02 在场景视图中选中需要更改颜色或透明度的对象，这时文档材质面板中会显示当前对象的材质信息，如图6-64所示。

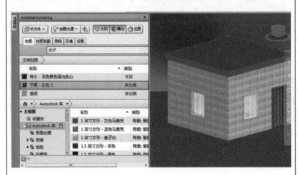

图 6-64

03 为了不影响其他同材质对象，需要对此材质进行复制，如图6-65所示。

图 6-65

04 将复制出的材质删除，并观察构件外观变化，如图6-66所示。

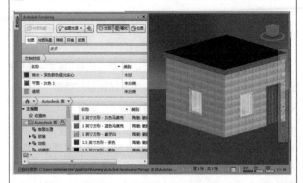

图 6-66

05 此时更改对象颜色及透明度，可以发现都能正常显示，如图6-67所示。

图 6-67

## 编辑关键帧 ——————————————

对于已经完成捕捉的关键帧，可以对其属性进行编辑，根据不同类型的关键帧，可编辑的内容也各不相同。

01 在时间轴视图中所需编辑的关键帧上单击鼠标右键，在弹出的快捷菜单中选择"编辑"命令，如图6-68所示。

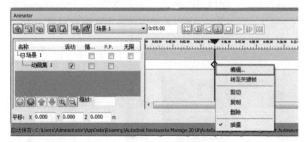

图 6-68

02 在弹出的"编辑关键帧"对话框中，可以更改当前关键帧的时间和物体位置等参数，如图6-69所示。

图 6-69

★ 重点 ★

## 实战：通过复制创建动画

场景位置　场景文件>第6章>04.nwd
实例位置　实例文件>第6章>实战：通过复制创建动画.nwd
视频位置　多媒体教学>第6章>实战：通过复制创建动画.mp4
难易指数　★★☆☆☆
技术掌握　掌握通过复制和编辑关键帧操作快速生成新的动画

本例主要介绍如何利用现有动画进行复制和编辑，并快速生成新的动画。此方法非常适用于在需要对场景中多个对象的制作相同路径的动画时使用。

01 使用快捷键Ctrl+O，打开学习资源中的"场景文件>第6章>04.nwd"文件。打开Animator窗口，单击"播放"按钮进行动画播放，这时发现场景1中的动画只与其中一辆汽车有关联，如图6-70所示。需要对现有的动画进行复制，将另外一辆汽车与之关联，并且修改动画路径为反向。

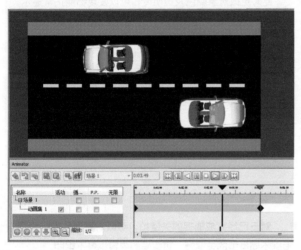

图 6-70

02 将鼠标指针放置于动画集1上并单击鼠标右键，在弹出的快捷菜单中选择"复制"命令，如图6-71所示。然后在动画集1上单击鼠标右键，在弹出的快捷菜单中选择"粘贴"命令，如图6-72所示。

图 6-71　　　　　　图 6-72

 疑难问答

问：关键帧是否可以复制？

答：当然可以，复制关键帧的步骤与动画集大致相同。复制关键帧后，在相应的时间轴位置进行粘贴即可。当制作简单的动画时，便可以采用复制和编辑这种方式进行。

03 此时场景1已经拥有两个动画集了。选中第2辆汽车，然后在通过复制得到的动画集1上单击鼠标右键，在弹出的快捷菜单中选择"更新动画集>从当前选择"命令，将第2辆汽车与复制的动画集进行关联，如图6-73所示。

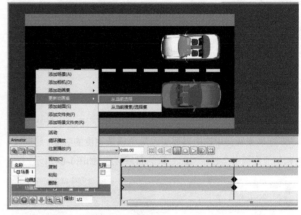

图 6-73

04 在第2个动画集的第1个关键帧上单击鼠标右键，在弹出的快捷菜单中选择"编辑"命令，如图6-74所示。

图 6-74

05 在弹出的"编辑关键帧"对话框中设置"时间"参数值为"6秒"，将当前关键帧修改至0：06.00位置，如图6-75所示。

图 6-75

**06** 按照相同的操作，将第2个关键帧的"时间"参数值设置为"0秒"，如图6-76所示。

图 6-76

**07** 此时第2个动画的运动轨迹已经被修改成为相反的方向。单击"播放"按钮，查看最终完成的动画效果，如图6-77所示。

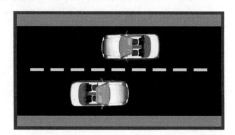

图 6-77

## 6.1.6 相机动画

可以在不同的时间段捕捉不同的视点，每一个视点都代表着一个关键帧，最终由这些视点组成一段完整的相机动画。

### ■■ 添加空白动画 —————————————

**01** 在动画场景中单击鼠标右键，在弹出的快捷菜单中选择"添加相机>空白相机"命令，如图6-78所示。

图 6-78

**02** 这时便可以调整视图角度，并通过捕捉关键帧来制作相机动画了，如图6-79所示。

图 6-79

★ 重点 ★
## 实战：使用相机制作室外漫游动画

| | |
|---|---|
| 场景位置 | 场景文件>第6章>05.nwc |
| 实例位置 | 实例文件>第6章>实战：使用相机制作室外漫游动画.nwd |
| 视频位置 | 多媒体教学>第6章>实战：使用相机制作室外漫游动画.mp4 |
| 难易指数 | ★★☆☆☆ |
| 技术掌握 | 掌握使用相机捕捉视点来制作漫游动画的方法 |

**01** 使用快捷键Ctrl+O，打开学习资源中的"场景文件>第6章>05.nwc"文件。进入"动画"选项卡，在"创建"面板中单击Animator按钮，在Animator窗口中单击"添加场景"按钮，在下拉菜单中选择"添加场景"命令，如图6-80所示。

图 6-80

**02** 在场景1上单击鼠标右键，在弹出的快捷菜单中选择"添加相机>空白相机"命令，如图6-81所示。

图 6-81

**03** 单击"捕捉关键帧"命令，捕捉视图当前显示状态，如图6-82所示。

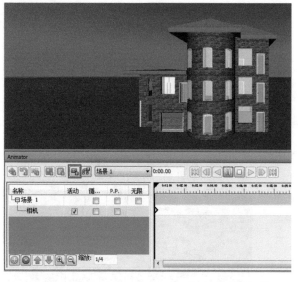

图 6-82

**04** 通过ViewCube工具旋转视图角度，然后拖动时间滑块至0：03.00的位置，单击"捕捉关键帧"按钮，如图6-83所示。

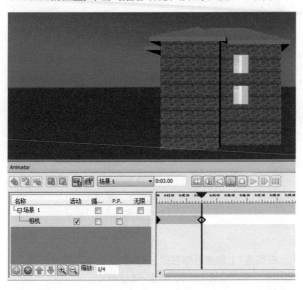

图 6-83

**05** 按照同样的方法，将视图旋转至另外两侧的角度，并分别捕捉关键帧，如图6-84所示。

图 6-84

**疑难问答**

问：当关键帧较多时，是否可以改变某个关键帧的时间点，并让后面的关键帧顺延？

答：目前不可以，当需要修改动画时间时，只能逐个编辑关键帧，无法实现批量顺延。

**06** 单击"播放"按钮，查看动画的最终效果，如图6-85所示。

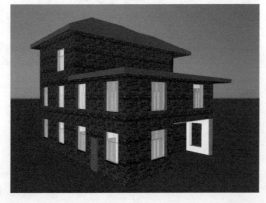

图 6-85

## 添加现有视点动画

添加现有视点动画的目的，是方便编辑视点动画的关键帧。

**01** 在动画场景上单击鼠标右键，在弹出的快捷菜单中选择"添加相机>从当前视点动画"命令，如图6-86所示。

图 6-86

**02** 此时视点动画将添加到Animator窗口中，可以对各个关键帧进行编辑，如图6-87所示。

图 6-87

### 6.1.7 剖面动画

剖面动画功能需要结合剖分工具来使用，可以将对象剖切的过程以动画的形式体现出来。这种动画方式适用于多种工作场景，但每个场景中只支持添加一个剖面，所以当需要进行多个方向的剖切动画展示时，只能新建多个场景。

★ 重 点
### 实战：使用剖面制作建筑生长动画

场景位置　场景文件>第6章>05.nwc
实例位置　实例文件>第6章>实战：使用剖面制作建筑生长动画.nwd
视频位置　多媒体教学>第6章>实战：使用剖面制作建筑生长动画.mp4
难易指数　★★☆☆☆
技术掌握　掌握利用剖面制作剖切过程动画的方法

**01** 使用快捷键Ctrl+O，打开学习资源中的"场景文件>第6章>05.nwc"文件。进入"动画"选项卡，在"创建"面板中单击Animator按钮，在弹出的Animator窗口中单击"添加场景"按钮，在下拉菜单中选择"添加场景"命令，如图6-88所示。

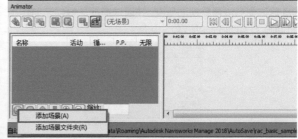

图 6-88

02 在场景1上单击鼠标右键，在弹出的快捷菜单中选择"添加剖面"命令，如图6-89所示。

图 6-89

03 这时需要切换到"视点"选项卡，启动剖分工具，然后设置剖切面为"顶部"对齐，并调整剖切面的高度，最后捕捉关键帧，如图6-90所示。

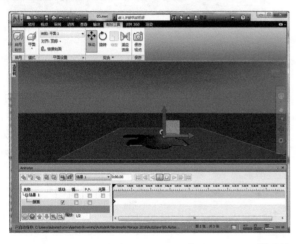

图 6-90

04 将时间滑块定位于0:05.00的位置，然后拖动剖分控件至超过建筑物顶部后，再次捕捉关键帧，如图6-91所示。

图 6-91

05 关闭剖分工具，播放动画查看动画最终效果，如图6-92所示。

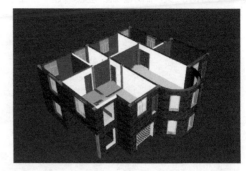

图 6-92

 疑难问答

问：为什么有时候动画无法播放？

答：当动画无法播放时，首先要检查树视图中的"活动"选项是否选中。如果没有选中，则代表当前动画没有激活，选中即可正常播放，如图6-93所示。

图6-93

# 6.2 视点动画

在Navisworks中创建视点动画有两种方法，一种是录制实时漫游，另一种是将视图组织到一起，形成动画文件。

## 6.2.1 实时创建视点动画

通过录制方式创建视点动画，优点是可以精确地控制动画的路径和漫游速度，这对于动画流畅性非常有帮助。其缺点是录制所生成的动画关键帧会非常多，不便于后期进行编辑。

★ 重点 ★
### 实战：使用录制工具制作漫游动画

| | |
|---|---|
| 场景位置 | 场景文件>第6章>05.nwc |
| 实例位置 | 实例文件>第6章>实战：使用录制工具制作漫游动画.nwd |
| 视频位置 | 多媒体教学>第6章>实战：使用录制工具制作漫游动画.mp4 |
| 难易指数 | ★★☆☆☆ |
| 技术掌握 | 掌握使用"录制"工具制作漫游动画的方法 |

**01** 使用快捷键Ctrl+O,打开学习资源中的"场景文件>第6章>05.nwc"文件。调整视图角度至入户门的位置,然后单击"漫游"工具,如图6-94所示。

图 6-94

**02** 进入"动画"选项卡,在"创建"面板中单击"录制"按钮,开始动画录制,如图6-95所示。

图 6-95

**03** 按住鼠标左键并拖动鼠标,开始由入门户位置进入室内进行漫游,如图6-96所示。

图 6-96

**04** 当浏览结束后,进入"动画"选项卡,在"录制"面板中单击"停止"按钮,结束动画录制,如图6-97所示。如果在漫游过程中需要转场,或需要暂时停止录制,可以单击"暂停"按钮,这时录制会暂时中断。当再次单击"暂停"按钮时,将接着上一次录制的位置继续录制,最终形成一段完整的动画。

图 6-97

**技巧与提示**

建议使用"录制"工具制作动画时,不要录制过长时间,否则在停止录制时,会耗费大量的时间。同时,采用"录制"工具制作动画会生成大量的关键帧,对计算机性能的要求也较高。

**05** 在"回放"面板中单击"播放"按钮,查看最终完成的动画效果,如图6-98所示。

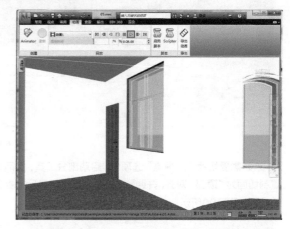

图 6-98

## 6.2.2 逐帧创建动画

关键帧动画创建过程非常简单,只需要保存几个固定的视点并将其组合,便可生成一段完整的视点动画。如果动画转场等操作过渡得不是很自然,可以通过添加更多的关键帧来补充中间过渡的阶段,这样创建出的动画便会自然流畅很多。

★ 重点 ★
## 实战: 通过保存的视点创建动画

| | |
|---|---|
| 场景位置 | 场景文件>第6章>05.nwc |
| 实例位置 | 实例文件>第6章>实战:通过保存的视点创建动画.nwd |
| 视频位置 | 多媒体教学>第6章>实战:通过保存的视点创建动画.mp4 |
| 难易指数 | ★★☆☆☆ |
| 技术掌握 | 掌握使用保存的视点组成视点动画的方法 |

**01** 使用快捷键Ctrl+O,打开学习资源中的"场景文件>第6章>05.nwc"文件。打开"保存的视点"窗口,调整视图角度,分别保存视点并重命名,如图6-99~图6-102所示。

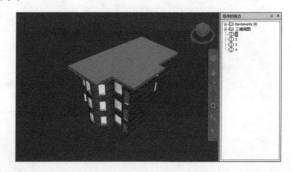

图 6-99

图 6-100

图 6-101

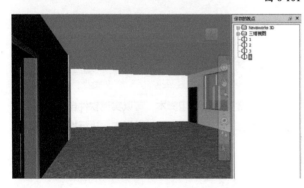

图 6-102

02 在"保存的视点"窗口中的空白区域单击鼠标右键，在弹出的快捷菜单中选择"添加动画"命令，新建一个动画，如图6-103所示。

03 按住Shift键将全部视点选中，并拖动至新建的动画上，如图6-104所示。

图 6-103

图 6-104

因为保存的视点作为动画的关键帧，所以视点的前后顺序非常重要。软件会根据两个视点自动创建中间的过渡动画，同时在处理转角时，为了能让动画效果更流畅，建议添加几个视点来保证最终动画的质量。

04 选中"动画"节点，并切换至"视点"或"动画"选项卡，单击"播放"按钮查看最终完成的动画效果，如图6-105所示。

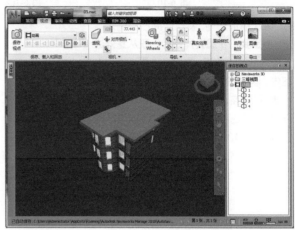

图 6-105

### 6.2.3 编辑视点动画

编辑视点动画，可以修改视点动画的总时长、运动轨迹过渡方式，还可以对现有视点动画进行视点添加、删除和移动等操作。同时，可以通过添加剪辑的方式，使得整体动画效果更符合我们的心理预期。

★ 重点 ★
### 实战：修改动画时间并剪辑

场景位置　场景文件>第6章>06.nwd
实例位置　实例文件>第6章>实战：修改动画时间并剪辑.nwd
视频位置　多媒体教学>第6章>实战：修改动画时间并剪辑.mp4
难易指数　★★☆☆☆
技术掌握　掌握动画编辑工具的使用方法

01 使用快捷键Ctrl+O，打开学习资源中的"场景文件>第6章>06.nwd"文件。播放现有的视点动画，会发现动画整体时间过长，导致漫游动作过于缓慢。这时可以在现有的视点动画上单击鼠标右键，在弹出的快捷菜单中选择"编辑"命令，修改动画时长，如图6-106所示。

图 6-106

02 打开"编辑动画"对话框后，发现动画总时长为74.9s，如图6-107所示。需要将其时间改为30s，直接在"持续时间"文本框中输入参数值30，然后单击"确定"按钮，如图6-108所示。

图 6-107　　　　　　　　图 6-108

03 再次播放动画，发现时间已经满足需求。但是我们希望去掉最后一段从室外进入室内的过渡动画，改为将镜头直接切入室内。这时在"保存的视点"窗口中展开"动画"节点，在视点4上单击鼠标右键，在弹出的快捷菜单中选择"添加剪辑"命令，如图6-109所示。

图 6-109

04 此时会发现在视点3和4之间新增了一个"剪切"图标，如图6-110所示。再次播放动画，会发现最后两个视点之间的转场过渡动画已经没有了，变为直接跳转的方式，如图6-111所示。

图 6-110

图 6-111

### 技巧与提示

剪切的效果在Animator工具中同样存在，只需要编辑关键帧，在"编辑关键帧"对话框中取消选择"插值"选项，如图6-112所示。单击"确定"按钮关闭对话框，这时两个关键帧之间的动画条也随之消失，如图6-113所示。

图 6-112

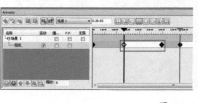

图 6-113

# 6.3　交互动画

通过创建脚本和启用脚本，可以实现软件自动执行相应的操作。例如，当漫游到门前触发脚本，执行播放开门启动画的动作。

## 6.3.1　Scripter窗口

Scripter窗口是一个浮动窗口，通过该窗口可以给模型中的对象动画添加交互性。

进入"动画"选项卡，在"脚本"面板中单击Scripter按钮，可以打开Scripter窗口。Scripter窗口中包含下列组件："脚本"视图、"事件"视图、"操作"视图和"特性"视图，如图6-114所示。

图 6-114

## ■■ "脚本"视图

"脚本"视图以分层列表的形式列出Navisworks文件中所有可用的脚本,如图6-115所示。使用"脚本"视图可以创建并管理动画脚本。

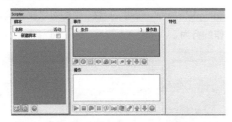

图 6-115

● 分层列表:"脚本"视图可以创建和管理脚本。单击要复制或移动的项目,按住鼠标右键并将该项目拖动到所需的位置,当鼠标指针变为箭头时,释放鼠标会弹出快捷菜单,根据需要选择"在此处复制"或"在此处移动"命令,如图6-116所示,可以快速复制并移动这些项目。

图 6-116

● 快捷菜单:对于"脚本"视图中的所有项目,都可以通过单击鼠标右键显示快捷菜单,如图6-117所示。命令只要适用于当前项目,就会显示在快捷菜单上。

图 6-117

下面介绍"脚本"视图中的快捷菜单命令的具体含义。

● 添加新脚本:将新脚本添加到"脚本"视图中。

● 添加新文件夹:将文件夹添加到"脚本"视图中,文件夹可用于存放脚本和其他文件夹。

● 重命名项目:重命名"脚本"视图中当前选中的项目。

● 删除项目:删除"脚本"视图中当前选中的项目。

● 激活:激活"脚本"视图中当前选中的项目(选中"活动"的"选项)。

● 取消激活:取消激活"脚本"视图中当前选中的项目(取消选择"活动"选项)。

下面介绍Scripter窗口中的按钮的具体含义。

● 添加新脚本：将新脚本添加到"脚本"视图中。

● 添加新文件夹：将新文件夹添加到"脚本"视图中。

● 删除项目：删除"脚本"视图中当前选中的项目。

下面介绍Scripter窗口中的选项的具体含义。

● 活动:使用此选项可指定要使用哪些脚本(选中,将仅执行活动脚本)。如果将脚本组织到文件夹中,可以使用顶层文件夹对应的"活动"选项快速打开或关闭脚本。

## ■■ "事件"视图

"事件"视图显示所有与当前选中脚本关联的事件。可以使用"事件"视图定义、管理和测试事件,如图6-118所示。

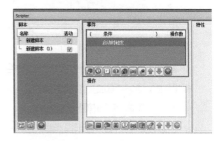

图 6-118

下面介绍"事件"视图中按钮的具体含义。

● 启动时触发：添加开始事件。

● 计时器触发：添加计时器事件。

● 按键触发：添加按键事件。

● 碰撞触发：添加碰撞事件。

● 热点触发：添加热点事件。

● 变量触发：添加变量事件。

● 动画触发：添加动画事件。

● 上移：在"事件"视图中上移当前选中的事件。

● 下移：在"事件"视图中下移当前选中的事件。

● 删除事件：在"事件"视图中删除当前选中的事件。

在"事件"视图中单击鼠标右键,将弹出快捷菜单,如图6-119所示。

图 6-119

下面介绍"事件"视图中的快捷菜单命令的具体含义。

- 添加事件: 用于选择要添加的事件。
- 删除事件: 删除当前选中的事件。
- 括号: 用于选择括号, 选项包括 "(" ")" "无"。
- 测试逻辑: 测试事件条件的有效性。

### "操作"视图 ————————————

"操作"视图显示与当前选中脚本关联的动作, 如图6-120所示。可以使用"操作"视图定义、管理和测试动作。

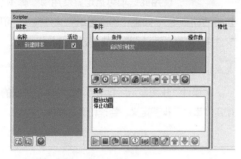

图 6-120

下面介绍"操作"视图中按钮的具体含义。

- 播放动画▶: 添加播放动画操作。
- 停止动画■: 添加停止动画操作。
- 显示视点☑: 添加显示视点操作。
- 暂停⏸: 添加暂停操作。
- 发送消息☑: 添加发送消息操作。
- 设置变量☑: 添加设置变量操作。
- 存储特性☑: 添加存储特性操作。
- 载入模型☑: 添加载入模型操作。
- 上移▲: 在"动作"视图中上移当前选中的操作。
- 下移▼: 在"动作"视图中下移当前选中的操作。
- 删除操作☑: 删除当前选中的操作。

在"操作"视图中单击鼠标右键, 将弹出快捷菜单, 如图6-121所示。

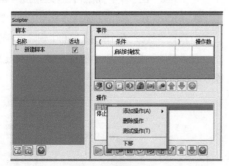

图 6-121

下面介绍一下"操作"视图中快捷菜单命令的具体含义。

- 添加操作: 用于选择要添加的操作。
- 删除操作: 删除当前选中的操作。
- 测试操作: 执行当前选中的操作。
- 下移: 在"操作"视图中下移当前选中的操作。

### "特性"视图 ————————————

"特性"视图会显示当前选中的事件或动作的特性, 如图6-122所示。使用"特性"视图可以配置脚本中事件和动作的行为。

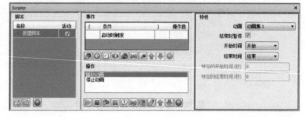

图 6-122

## 6.3.2 使用动画脚本

脚本是在满足特定事件条件时触发的动作。要给模型添加交互性, 至少需要创建一个动画脚本。

### 添加脚本 ————————————

01 进入"动画"选项卡, 在"脚本"面板中单击Scripter按钮, 如图6-123所示。

图 6-123

02 在Scripter窗口的"脚本"视图中单击鼠标右键, 在弹出的快捷菜单中选择"添加新脚本"命令, 如图6-124所示。

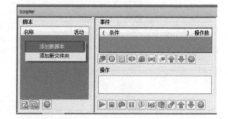

图 6-124

03 单击默认脚本名称, 然后输入一个新名称, 如图6-125所示。

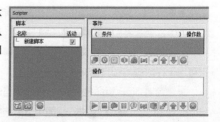

图 6-125

### 将脚本组织到文件夹

01 在"脚本"视图中单击鼠标右键，在弹出的快捷菜单中选择"添加新文件夹"命令，如图6-126所示。

图 6-126

02 选择要添加到新文件夹的脚本，按住鼠标左键将其拖动到文件夹中，如图6-127所示。

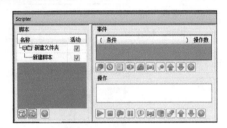

图 6-127

## 6.3.3 使用事件

事件是指发生的操作或情况，可确定脚本是否运行。因为脚本中包含多个事件，所以触发事件的条件变得非常重要。

事件类型

Navisworks提供以下事件类型。

● 启用开始：启用后事件将触发脚本。

● 启用计时器：在预定义的时间间隔使事件触发脚本。

● 启用按键：通过键盘上的特定按键让事件触发脚本。

● 启用碰撞：当相机与特定对象碰撞时，事件将触发脚本。

● 启用热点：当相机位于热点的特定范围时，事件将触发脚本。

● 启用变量：当变量满足预定义的条件时，事件将触发脚本。

● 启用动画：当特定动画开始或停止时，事件将触发脚本。

事件条件

可以使用一个简单的布尔逻辑组合事件。要创建事件条件，可以使用括号和AND/OR运算符的组合，如图6-128所示。

图 6-128

在事件上单击鼠标右键，在弹出的快捷菜单中选择相应命令，可以添加括号和逻辑运算符；也可以单击"事件"视图中的相应字段下拉列表选择所需的选项。

### 添加事件

01 进入"动画"选项卡，在"脚本"面板中单击Scripter按钮，如图6-129所示。

图 6-129

02 在Scripter窗口的"脚本"视图中选择所需的脚本，然后单击"事件"视图底部的事件按钮。例如，单击 按钮以创建一个"启用热点"事件，如图6-130所示。

图 6-130

03 在"特性"视图中查看事件特性，如图6-131所示。

图 6-131

### 测试事件逻辑

01 在"脚本"视图中选择所需的脚本，然后在"事件"视图中单击鼠标右键，在弹出的快捷菜单中选择"测试逻辑"命令，如图6-132所示。

02 Navisworks会检查脚本中的事件条件，并报告检测到的错误，如图6-133所示。

图 6-132　　　　图 6-133

### 6.3.4　使用操作

　　操作是指一个操作行为（如播放或停止动画、显示视点等），当脚本被事件触发时会执行操作。脚本可包含多个操作，操作会按顺序逐个执行，因此确保操作顺序正确很重要。但要需要注意Navisworks不会等待当前动画完成，再执行下一个操作。

　　Navisworks提供以下操作类型。

● 播放动画：指定要在触发脚本时播放动画。

● 停止动画：指定要在触发脚本时停止当前正在播放的动画。

● 显示视点：指定要在触发脚本时使用视点。

● 暂停：在下一个操作运行之前使脚本停止指定的时间长度。

● 发送消息：在触发脚本时向文本文件中写入消息。

● 设置变量：在触发脚本时指定、增大或减小变量值。

● 存储特性：在触发脚本时将对象特性存储在变量中。

● 载入模型：在触发脚本时打开指定的文件。

**■■ 添加操作** ————————————————

01 进入"动画"选项卡，在"脚本"面板中单击Scripter按钮，如图6-134所示。

图 6-134

02 在Scripter窗口的"脚本"视图中选择所需的脚本，单击"操作"视图底部所需的操作按钮。例如，单击"播放动画"按钮添加"播放动画"操作，如图6-135所示。

图 6-135

03 在"特性"视图中查看操作特性，并根据需要调整相应参数，如图6-136所示。

图 6-136

**■■ 测试操作** ————————————————

　　在"脚本"视图中选择所需的脚本，然后在"操作"视图中单击鼠标右键，在弹出的快捷菜单中选择"测试操作"命令，如图6-137所示。如果想要停止测试，可以再次单击鼠标右键，在弹出的快捷菜单中选择"停止操作"命令，如图6-138所示。

图 6-137

图 6-138

### 6.3.5　启用脚本

　　进入"动画"选项卡，在"脚本"面板中单击"启用脚本"按钮启用脚本，如图6-139所示。启用脚本后，将无法在Scripter窗口中创建或编辑脚本。如果要禁用脚本，只需再次单击"启用脚本"按钮即可。

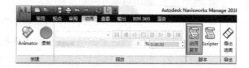

图 6-139

**实战：制作热点交互动画**

| | |
|---|---|
| 场景位置 | 场景文件>第6章>07.nwd |
| 实例位置 | 实例文件>第6章>实战：制作热点交互动画.nwd |
| 视频位置 | 多媒体教学>第6章>实战：制作热点交互动画.mp4 |
| 难易指数 | ★★★☆☆ |
| 技术掌握 | 掌握脚本动画的制作流程及相关设置方法 |

01 使用快捷键Ctrl+O，打开学习资源中的"场景文件>第6章>07.nwd"文件。进入"动画"选项卡，在"脚本"面板中单击Scripter按钮，打开Scripter窗口，如图6-140所示。

图 6-140

02 在"脚本"视图中单击鼠标右键,在弹出的快捷菜单中选择"添加新脚本"命令,如图6-141所示。

图 6-141

03 在"脚本"视图中选择所需的脚本,然后单击"事件"视图底部的"热点触发"按钮,接着在"特性"视图中设置热点类型为"球体",设置"半径"参数值为3,最后单击"拾取"按钮,在场景视图中拾取一个点作为热点,如图6-142所示。当视点进入所设置的热点半径范围时,将会触发这个事件。

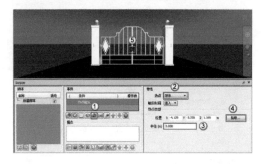

图 6-142

04 单击"操作"视图底部的"播放动画"按钮,然后在"特性"视图中选择已经制作好的"场景1"动画,如图6-143所示。

图 6-143

05 关闭Scripter窗口,然后进入"动画"选项卡,在"脚本"面板中单击"启用脚本"按钮,如图6-144所示。此时,所设置的脚本开始生效。

图 6-144

06 为了方便观察效果,选择"漫游"工具并选中"第三人""重力""碰撞"命令,如图6-145所示。

图 6-145

07 使用鼠标将"第三人"向大门方向移动,当进入热点半径时将触发大门开启动画,大门将自动打开,如图6-146所示。

图 6-146

## 6.4 动画导出

通过以上章节的学习,读者已掌握了创建不同类型动画的操作方法,同时还可以设置不同的触发条件来实现动画交互。这一节主要学习将完成的动画导出为不同的文件格式,以满足不同平台播放或后期处理的需要。

进入"动画"选项卡,在"导出"面板中单击"导出动画"按钮,可以打开"导出动画"对话框。使用此对话框可将动画导出为AVI文件或图像文件序列,如图6-147所示。

图 6-147

下面介绍"导出动画"对话框中的具体参数。

"源"参数

● 当前的Animator场景：当前选中的对象动画。

● TimeLiner模拟：当前选中的TimeLiner序列。

● 当前动画：当前选中的视点动画。

"渲染"参数

● 视口：快速渲染动画（此选项还适合于预览动画）。

● Autodesk：使用此选项可导出动画，使其具有当前选中渲染样式（进入"渲染"选项卡，在"交互式光线跟踪"面板的"光线跟踪"下拉列表中选用合适的渲染样式）。

"输出"参数

● JPEG：导出静态图像（从动画中的单个帧提取）。单击"选项"按钮可选择"压缩"和"平滑"级别。

● PNG：导出静态图像（从动画中的单个帧提取）。单击"选项"按钮可选择"隔行扫描"和"压缩"级别。

● Windows AVI：将动画导出为通常可读的AVI文件。单击"选项"按钮，可选择视频压缩程序，并调整输出设置。

● Windows位图：导出静态图像（从动画中的单个帧提取）。

● 选项：配置选中的输出格式。

"尺寸"参数

● 显式：可以完全控制宽度和高度（尺寸以像素为单位）。

● 使用纵横比：可以指定高度（宽度将根据当前视图的纵横比自动计算）。

● 使用视图：使用当前视图的宽度和高度。

● 宽度：输入宽度，以像素为单位。

● 高度：输入高度，以像素为单位。

"选项"参数

● 每秒帧数：此设置与AVI文件相关，帧数越大，动画越平滑（推荐参数值10～15）。

● 抗锯齿：使导出图像的边缘变平滑。参数值越大，图像越平滑，但是导出所用的时间就越长，"4×"适用于大多数情况（该选项仅适用于视口渲染器）。

★ 重点 ★
## 实战：将动画导出为视频

场景位置　场景文件>第6章>08.nwd
实例位置　实例文件>第6章>实战：将动画导出为视频.mp4
视频位置　无
难易指数　★★☆☆☆
技术掌握　掌握动画导出步骤及参数设置方法

01 使用快捷键Ctrl+O，打开学习资源中的"场景文件>第6章>08.nwd"文件，然后进入"动画"选项卡，在"回放"面板中选中需要导出的动画，如图6-148所示。

图 6-148

02 进入"动画"选项卡，在"导出"面板中单击"导出动画"按钮，如图6-149所示。

图 6-149

03 在"导出动画"对话框中，设置参数"源"为"当前Animator场景"、"渲染"为"视口"、"格式"为Windows AVI，单击"选项"按钮，如图6-150所示。

图 6-150

技巧与提示
　　由于当前文件的动画是由Animator工具制作的，所以"源"选择"当前Animator场景"选项。如果是通过视点制作的视点动画，则应该选择"当前动画"选项。

04 在弹出的"视频压缩"对话框中，设置"压缩程序"为"Intel IYUV编码解码器"，如图6-151所示。单击"确定"按钮，关闭当前对话框。

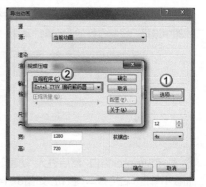

图 6-151

技巧与提示
　　压缩程序建议使用Intel IYUV编码解码器，其生成的视频色彩和速度与其他编码器相对比较优异。不建议使用"全帧（非压缩的）"选项，这样导出的视频会非常大，而且很多播放器解码时会出现错误。

**05** 返回"导出动画"对话框，继续设置参数"类型"为"显式"、"宽"为1280、"高"为720、"每秒帧数"为12、"抗锯齿"为"4×"，如图6-152所示。

图 6-152

**06** 单击"确定"按钮，在弹出的"另存为"对话框中，设置文件存放位置和文件名称，最后单击"保存"按钮，开始进行视频导出，如图6-153所示。

图 6-153

**07** 视频导出时将弹出"正在处理"对话框，显示当前视频导出进度，如图6-154所示。视频导出完成后双击打开，观看最终效果，如图6-155所示。

图 6-154

图 6-155

# 第7章 Navisworks碰撞检测

Point

Navisworks

## 本章概述
Chapter Overview

本章将学习如何使用Navisworks进行碰撞检测。碰撞检测是Navisworks非常重要的一个功能，使用该功能可以有效地检测模型中存在多少个碰撞点，并逐一记录下来，以便进行修改。在实际工程领域，利用碰撞检测功能进行模拟，可以避免大量的时间、材料和人力的浪费，节省工程建设成本。

## 本章实战
Examples Of Chapter

- ❖ 实战：使用“硬碰撞”检测管线碰撞
- ❖ 实战：使用“间隙”检测空间净高
- ❖ 实战：查阅并整理碰撞结果
- ❖ 实战：导出碰撞报告并编辑

## 7.1 Clash Detective工具概述

使用Clash Detective工具可以有效地识别、检验和报告三维模型中的碰撞点，有助于降低模型检验过程中出现人为错误的风险。Clash Detective可用于已完成设计工作的健全性检查和项目的持续审核检查；还可以在三维模型和激光扫描点之间执行碰撞检测，以判定现场的情况是否与设计模型保持一致；或是在老建筑改造项目中，检查新增设计与原有建筑之间是否存在冲突。

建议在执行碰撞检测之前，先使用漫游工具进行模型浏览，通过肉眼观察模型中所存在的问题，然后进行修改，最后再使用Clash Detective工具进行检测，补充人工未核查出的碰撞点。下面将介绍Clash Detective窗口的组成及其各个选项卡中按钮和菜单命令的作用。

### 7.1.1 Clash Detective窗口

使用Clash Detective窗口可以设置碰撞检测的规则和选项，查看检测结果并对结果进行排序，以及生成碰撞报告。

进入“常用”选项卡，在“工具”面板中单击Clash Detective按钮，打开Clash Detective窗口，如图7-1所示。

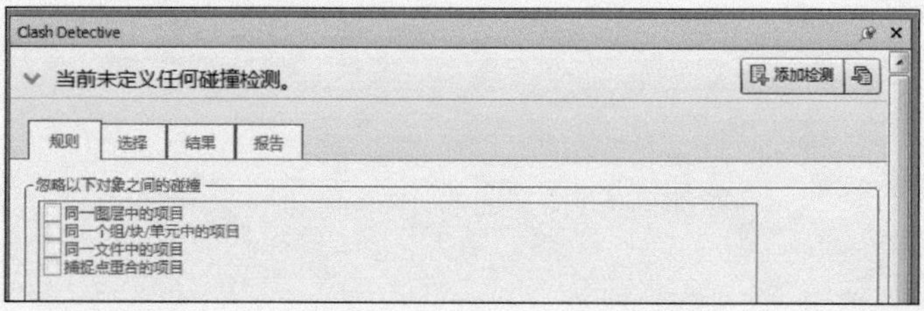


图7-1

可以根据需要对Clash Detective工具进行设置，以满足不同的需求。一般情况下，不需要对软件的默认设置做任何更新，就可以满足一般需求。所以除非有特殊需要，一般不建议对此做出修改。

01 单击应用程序按钮，在弹出的菜单中单击“选项”按钮，打开“选项编辑器”对话框。

02 在“选项编辑器”对话框中展开“工具”节点，然后选中Clash Detective工具，显示参数设置面板，如图7-2所示。

图7-2

03 在"在环境缩放持续时间中查看"文本框中输入所需的值。在Clash Detective窗口的"结果"选项卡中使用"在环境中查看"功能时，该值指视图缩小（使用动画转场）所用的时间。

04 在"在环境暂停中查看"文本框中输入所需的值。执行"在环境中查看"操作时，只要按住按钮视图就会保持缩小状态，如果快速单击而不是按住按钮，则该值指定视图保持缩小状态，以免中途切断转场的时间。

05 在"动画转场持续时间"文本框中输入所需的值。在Clash Detective窗口的结果轴网中选择一个碰撞时，该值用于平滑从当前视图到下一个视图的转场。

06 选中"使用线框以降低透明度"选项，可将碰撞中未涉及的项目显示为线框。

07 在"结果"选项卡中选择场景视图中的某个碰撞后，使用"自动缩放距离系数"参数可以指定应用于该碰撞的缩放级别。默认参数值为2，参数值1指最大级别的缩放，而参数值4指最小级别的缩放。

08 使用"自定义高亮显示颜色"参数栏可以指定碰撞项目的显示颜色。

09 所有设置完成后，单击"确定"按钮。

## 7.1.2 "测试"面板

　　"测试"面板用于管理碰撞检测和结果，该面板可通过单击"展开"按钮来显示。其中以表格形式列出所有碰撞检测，以及有关所有碰撞检测状态的摘要，如图7-3所示。

　　如果未定义测试，Clash Detective窗口的顶部会显示"添加测试"按钮和"导入碰撞检测"按钮。

图7-3

　　下面介绍"测试"面板中的具体功能，可以使用"测试"面板中的按钮来设置和管理碰撞检测。

- 添加检测：添加新碰撞检测。
- 全部重置：将所有测试的状态重置为"新建"。
- 全部精简：删除所有测试中所有已解决的碰撞。
- 全部删除：删除所有碰撞检测。
- 全部更新：更新所有碰撞检测。
- 导入/导出碰撞检测：导入或导出碰撞检测。

　　单击鼠标右键可打开一个快捷菜单，从中选择相应命令可以管理当前选定的碰撞测试。用鼠标右键单击"测试"面板的空白区域，则快捷菜单将显示面板上按钮的功能选项。

- 运行：运行碰撞检测。
- 重置：将测试的状态重置为"新建"。
- 精简：删除测试中所有已解决的碰撞。
- 重命名：对测试进行重命名。
- 删除：删除碰撞检测。

## 7.1.3 "规则"选项卡

　　"规则"选项卡用于定义要应用于碰撞检测的忽略规则。该选项卡列出了当前可用的所有规则，如图7-4所示。这些规则可用于使Clash Detective在碰撞检测期间忽略某个模型几何图形。可以编辑每个默认规则，并可以根据需要添加新规则。

图7-4

### 7.1.4 "选择"选项卡

通过"选择"选项卡，可以仅检测项目集，而不是针对整个模型进行碰撞检测。"选择A"参数栏和"选择B"参数栏包含当前项目中所有模型内容，并以相互参照的方式显示在两个项目集的树视图中，如图7-5所示。

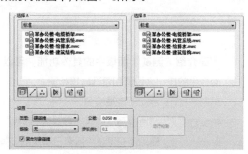

图7-5

 **技巧与提示**

如果项目中存在隐藏的项目，将不会参与到碰撞检测的计算中。如果要运行所有测试，可单击"测试"面板上的"全部更新"按钮。

#### "选择A"和"选择B"参数栏 ——————

可以在"选择A"参数栏中选择一个对象，然后在"选择B"参数栏中选择包含与之碰撞的对象，这时便可以设置碰撞条件，检测对象之间是否存在碰撞了。

每个参数栏的顶部都有一个下拉列表，显示选择树的当前状态，如图7-6所示。可以使用它们选用于碰撞检测的项目。

图7-6

下面介绍"选择"选项卡中的具体参数。

- 标准：显示默认的树层次结构。
- 紧凑：树层次结构的简化版本。
- 特性：基于项目特性的层次结构。
- 集合：显示与"集合"窗口相同的项目。

如果使用选择集和搜索集，则可以更快、更有效和更轻松地重复碰撞检测。可以在碰撞之间定义需要碰撞检测的选择集和搜索集等内容。碰撞检测可以包含选定项目的曲面、线和点的碰撞，如图7-7所示。

图7-7

- 曲面 ：使项目曲面碰撞。
- 线 ：使包含中心线的项目碰撞。
- 点 ：使点碰撞。
- 自相交 ：除了对两个参数栏中的对象进行碰撞检测以外，还可以对单个参数栏中的对象进行碰撞检测。
- 使用当前选择 ：可以直接在场景视图和选择树可固定窗口中为碰撞检测选择几何图形。选择所需项目（按住Ctrl键并选择多个对象）后，单击所需参数栏下方的"使用当前选择"按钮创建相应的碰撞集。
- 在场景中选择 ：单击"在场景中选择"按钮，可将场景视图和选择树可固定窗口中的焦点设置为与"选择"选项卡"选择"参数栏中的当前选择相同。

在左参数栏或右参数栏中单击鼠标右键，将弹出一个快捷菜单，如图7-8所示。

图7-8

- 选择：在场景视图中选择项目。
- 导入当前选择：效果与单击"使用当前选择"按钮相同。

#### "设置"参数栏 ——————————

在"设置"参数栏中，可以设置碰撞检测的关键参数。例如，检测"硬碰撞"还是"软碰撞"，允许的公差范围是多少等内容，如图7-9所示。

图7-9

下面介绍"设置"参数栏中的具体参数。

● 类型：选择碰撞类型，有4种碰撞类型可供选择。

硬碰撞：两个对象实际相交。

硬碰撞(保守)：即使几何图形三角形并未相交，仍将两个对象视为相交。

间隙碰撞：当两个对象间的距离不超过指定距离时，将它们视为相交。选择该碰撞类型还会检测硬碰撞。例如，当管道之间需要保留空间距离时，可以使用此碰撞类型。

重复项：两个对象的类型和位置必须完全相同才能相交。此类碰撞检测可用于使整个模型针对其自身碰撞。使用此类型碰撞可以有效地检测项目中重复加载的模型。

● 公差：控制所报告碰撞的严重性以及过滤掉可忽略碰撞的能力（例如，现场就能解决这些问题）。输入的公差大小会自动转换为显示单位，例如，如果显示单位为m，而输入6in，则会自动将其转换为0.15m。

● 链接：用于将碰撞检测与TimeLiner进度或对象动画场景联系起来。

● 步长：用于控制在模拟序列中查找碰撞时使用的时间间隔大小。只有在"链接"下拉列表中进行选择后，此选项才可用。

● 复合对象碰撞：选中该选项可包含同一复合对象或一对复合对象中可以找到的碰撞结果。复合对象是在选择树中被视为单一对象的一组几何图形。例如，一个窗口对象可以由一个框架和一个窗格组成，一个空心墙对象可以由多个图层组成。

### "运行检测"按钮 ——————————

完成碰撞检测条件设置后，便可以单击"运行检测"按钮进行碰撞检测，如图7-10所示。此时计算机将根据用户所选择的对象，以及设置的条件进行计算分析，最终形成有效的结果。

图7-10

### 7.1.5 "结果"选项卡

通过"结果"选项卡，能够以交互方式查看已找到的碰撞，如图7-11所示。它包含碰撞列表和一些用于管理碰撞的控件。

可以将碰撞组合到文件夹和子文件夹中，从而使管理大量碰撞或相关碰撞的工作变得更为简单。

图7-11

### 结果列表 ——————————————

已发现的碰撞显示在结果列表中。默认情况下，碰撞按严重性编号排序。使用垂直滚动条滚动显示碰撞时，将显示碰撞的摘要预览，可以更轻松地定位碰撞。如有必要，可以对列进行排序以及调整其大小。具有已保存视点的碰撞将显示📷图标，双击📷图标可以显示视点缩略图。

可以通过在"选择"选项卡中重新运行测试或者在"测试"面板中更新所有测试来针对最新模型检查测试。

碰撞图标显示在每个碰撞名称的左侧，它以可视方式标识碰撞状态，如图7-12所示。

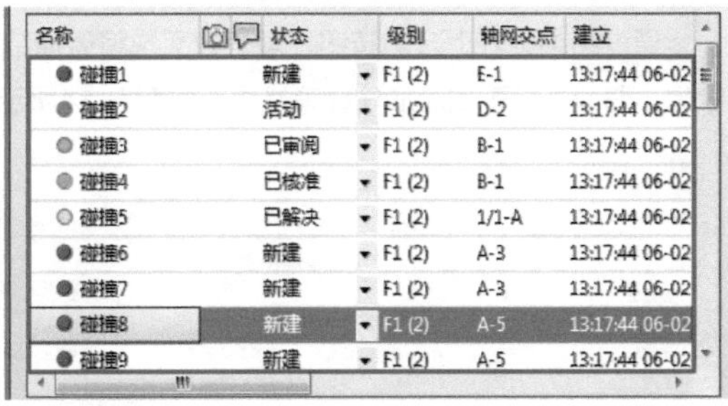

| 名称 | 📷💬 | 状态 | | 级别 | 轴网交点 | 建立 |
|---|---|---|---|---|---|---|
| ● 碰撞1 | | 新建 | ▼ | F1 (2) | E-1 | 13:17:44 06-02 |
| ● 碰撞2 | | 活动 | ▼ | F1 (2) | D-2 | 13:17:44 06-02 |
| ○ 碰撞3 | | 已审阅 | ▼ | F1 (2) | B-1 | 13:17:44 06-02 |
| ○ 碰撞4 | | 已核准 | ▼ | F1 (2) | B-1 | 13:17:44 06-02 |
| ○ 碰撞5 | | 已解决 | ▼ | F1 (2) | 1/1-A | 13:17:44 06-02 |
| ● 碰撞6 | | 新建 | ▼ | F1 (2) | A-3 | 13:17:44 06-02 |
| ● 碰撞7 | | 新建 | ▼ | F1 (2) | A-3 | 13:17:44 06-02 |
| ● 碰撞8 | | 新建 | ▼ | F1 (2) | A-5 | 13:17:44 06-02 |
| ● 碰撞9 | | 新建 | ▼ | F1 (2) | A-5 | 13:17:44 06-02 |

图7-12

下面介绍碰撞图标的具体含义。

●：新建。

●：活动。

◑：已审阅。

○：已核准。

○：已解决。

[▣]：碰撞组。

每个碰撞都有一个与其关联的状态,如图7-13所示。每次运行同一个测试时,Clash Detective都会自动更新该状态,用户也可以自己更新状态。

图7-13

下面介绍碰撞状态的具体含义。

● 新建:当前测试运行首次找到的碰撞。

● 活动:以前的测试运行找到但尚未解决的碰撞。

● 已审阅:以前找到且已由某人标记为已审阅的碰撞,可以与"分配给"功能结合使用。

● 已核准:以前发现并且已由某人核准的碰撞。如果状态被手动更改为"已核准",则将当前登录的用户记录为批准者,并将当前系统时间看作批准时间。如果再次运行测试并发现相同碰撞,其状态将保留为"已核准"。

● 已解决:以前的测试运行而非当前测试运行找到的碰撞。因此,假定问题已通过对设计文件进行更改而得到解决,并自动更新为此状态。如果将状态手动更改为"已解决",并且新测试发现相同的碰撞,则它的状态将恢复为"新建"。

通过结果列表上方的按钮,可有效实现将碰撞结果进行分组、归类、分配和添加注释等操作,如图7-14所示。

图7-14

● 新建组:创建一个新的空碰撞组。默认情况下,其名称为"新建组(x)",其中"x"是最新的可用编号。

● 组:将所有选定碰撞组合在一起,将添加一个新文件夹。默认情况下,该组的名称为"新建组(x)",其中"x"代表最新的可用编号。

● 从组中删除:从碰撞组中删除选定的碰撞。

● 分解一个组:对选定的碰撞结果组进行解组。

● 分配:打开"分配碰撞"对话框。

● 取消分配:取消分配选定的碰撞组。

● 添加注释:向选定组中添加注释。

● 按选择过滤:仅显示当前在"结果"选项卡的场景视图或选择树中所选项目的碰撞。

无:禁用"按选择过滤"。

排除:仅涉及当前选定的所有项目的碰撞会显示在"结果"选项卡中。

包含:至少涉及当前选定的一个项目的碰撞会显示在"结果"选项卡中。

● 重置:清除测试结果,而保持所有其他设置不变。

● 精简:从当前测试中删除所有已解决的碰撞。组中已解决的碰撞将被删除,但只有组中包含的所有碰撞都已解决时才会删除组本身。

● 重新运行检测:重新运行检测并更新结果。

在"结果"选项卡中的碰撞上单击鼠标右键,可弹出快捷菜单,如图7-15所示。

图7-15

● 复制名称:复制碰撞点的值。

● 粘贴名称:将复制的值粘贴到碰撞点。对于只读碰撞点,此选项处于禁用状态。

● 重命名:对选定碰撞进行重命名。

● 分配:打开"分配碰撞"对话框。

● 取消分配:取消分配选定的碰撞。

● 添加注释:向选定碰撞中添加注释。

● 组:将所有选定碰撞组合在一起。将添加一个新文件夹。默认情况下,其名称为"新建组(x)",其中"x"是最新的可用编号。

● 快速过滤依据:过滤结果轴网仅显示符合选定条件的碰撞。

● 按近似度排序:按与选定碰撞的近似度对碰撞结果进行排序。碰撞组按最接近选定碰撞的组成员排序。

● 重置列:将列顺序重置为默认顺序。

## ▋▌ "显示设置"面板 ——————————

单击"显示/隐藏"按钮可以显示或隐藏"显示设置"面板,如图7-16所示。使用其中的选项可以有效查看碰撞。

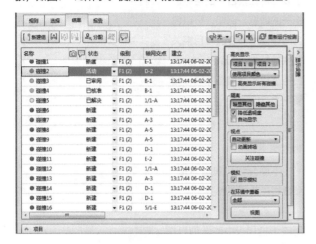

图7-16

下面介绍"显示设置"面板中的具体参数。

"高亮显示"参数栏

● 项目1/项目2:单击"项目1"和/或"项目2"按钮,可以替代场景视图中项目的颜色。可以选择使用选定碰撞的状态颜色,也可以选择选项编辑器中设置的项目颜色。

● 使用项目颜色/使用状态颜色:使用特定的项目颜色或选定碰撞的状态颜色高亮显示碰撞。若要更改这些颜色,可以在选项编辑器中进行更改。

● 高亮显示所有碰撞:选中该选项,可在场景视图中高亮显示找到的所有碰撞。

> **技巧与提示**
>
> 显示的碰撞取决于选择的是"项目1"还是"项目2",如果仅选择了"项目1",将仅显示碰撞中涉及的"项目1"的项目,如果同时选择了这两个按钮,将显示所有碰撞。

"隔离"参数栏

● 暗显其他:可使选定碰撞或选定碰撞组中未涉及的所有项目变灰色状态。这使用户能够更轻松地看到碰撞项目。

● 隐藏其他:可隐藏除选定碰撞或选定碰撞组中涉及的所有项目之外的所有其他项目,这样就可以更好地关注碰撞项目。

● 降低透明度:只有选择"暗显其他"时,该选项才可用。如果选中该选项,则将碰撞中未涉及的所有项目渲染为透明及灰色。可以使用选项编辑器自定义降低透明度的级别,以及选择将碰撞中未涉及的项目显示为线框。默认情况下,使用85%透明度。

● 自动显示:对于单个碰撞,如果选中该选项,则会暂时隐藏遮挡碰撞项目的任何内容,以便在放大选定的碰撞时无须移动位置即可看到碰撞。

"视点"参数栏

● 自动更新:在场景视图中从碰撞的默认视点导航至其他位置,会将该碰撞的视点更新为新的位置,且会在"结果"网格中创建新的视点缩略图。使用此选项可使Navisworks自动选择适当的视点或加载保存的视点,并保存任何后续更改。

● 自动加载:自动缩放相机,以显示选定碰撞或选定碰撞组中涉及的所有项目。如果希望Navisworks自动加载保存的视点,但不希望自动保存视点更改,可使用此选项。例如,可以使用视点快捷菜单保存视点。

● 手动:在"结果"网格中选择碰撞后,模型视图不会移动到碰撞视点。如果使用此选项,则在逐个浏览碰撞时,主视点将保持不变。例如,可以使用视点快捷菜单加载视点。

● 动画转场:如果选中此选项,当在"结果"网格中选择碰撞后,可以通过动画方式在场景视图中显示碰撞点之间的转场。如果取消选择此选项,则在逐个浏览碰撞时,主视点将保持不变。默认情况下会取消选择此选项。

● 关注碰撞:重置碰撞视点,使其关注原始碰撞点(如果已从原始点导航至其他位置)。

"模拟"参数栏

● 显示模拟:如果选中该选项,则可使用基于时间的软(动画)碰撞。它将TimeLiner序列或动画场景中的播放滑块移动到发生碰撞的确切时间点,以便能够调查在碰撞之前和之后发生的事件。对于碰撞组,播放滑块将移动到组中"最坏"碰撞的时间点。

"在环境中查看"参数栏

通过下拉列表中的选项,可以暂时缩小到模型中的参考点,从而为碰撞位置提供环境。

● 全部:视图缩小以使整个场景在场景视图中可见。

● 文件:视图缩小(使用动画转场),以便包含选定碰撞中所涉及项目的文件范围在场景视图中可见。

● 常用:转至以前定义的主视图。

● 视图:按住"视图"按钮可在场景视图中显示选定的环境视图。只要按住该按钮,视图就会保持缩小状态。如果快速单击(而不是按住)该按钮,则视图缩小保持片刻,然后恢复原来的大小。

## ▋▌ "项目"面板 ——————————

单击"显示/隐藏"按钮可显示或隐藏"项目"面板。此面板显示在结果列表中选择的碰撞中的项目的相关数据,其中包括与碰撞中的每个项目相关的快捷特性，以及标准选择树中从根到项目几何图形的路径，如图7-17所示。

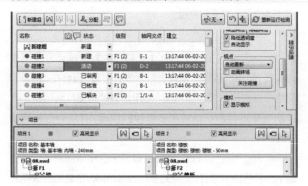

图7-17

下面介绍"项目"面板中的具体参数。

● 在场景中选择[图标]：在场景视图中选择项目，以替换当前的任何选择。

● 对涉及项目的碰撞进行分组[图标]：创建一个新的碰撞组，其中包含选定一个或多个项目所涉及的所有碰撞。

● 高亮显示[图标]：选中该选项将使用选定碰撞的状态颜色替代场景视图中项目的颜色。

● 返回[图标]：在"项目"面板中选择一个项目，然后单击此按钮，会将当前视图和当前选定的对象发送回原始设计软件。在树视图上选定多个项目时，该按钮不可用。

## 7.1.6 "报告"选项卡

使用"报告"选项卡可以设置和写入包含选定测试中找到的所有碰撞结果的详细信息的报告。其中包括报告导出的内容、碰撞报告的组合、报告的格式等内容，如图7-18所示。

图7-18

## ■■ 内容

选中所需的选项可以指定要包含在报告中的与碰撞相关的数据。例如，可以包含与碰撞中涉及的项目相关的快捷特性、TimeLiner、任务信息和碰撞图像等，如图7-19所示。

图7-19

## ■■ 包含碰撞

下面介绍"包含碰撞"参数栏中的相关参数。

● 对于碰撞组，包括：使用该下拉列表中的选项可指定如何在报告中显示碰撞组，如图7-20所示。从以下选项中选择：

图7-20

● 仅限组标题：报告将包含碰撞组摘要和不在组中的各个碰撞的摘要。

● 仅限单个碰撞：报告将仅包含单个碰撞结果，并且不区分分组。

● 所有内容：报告将包含已创建的碰撞组的摘要、属于每个组的碰撞结果，以及单个碰撞结果。

● 包含以下状态：选中该列表中的选项可以指定要包含在报告中的碰撞，包括"新建""活动""已审阅""已核准""已解决"5种碰撞状态，如图7-21所示。

图7-21

## ■■ 输出设置

下面介绍"输出设置"参数栏中的详细参数。

● 报告类型：共包含3种报告类型，如图7-22所示。

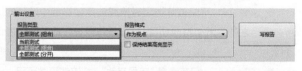

图7-22

当前测试：只为当前测试创建一个报告。

全部测试（组合）：为所有测试创建一个报告。

全部测试（分开）：为每个测试创建一个单独的报告。

● 报告格式：从下拉列表中选择报告格式，如图7-23所示。

图7-23

XML：创建一个XML文件。

HTML：创建HTML文件，其中碰撞按顺序列出。

HTML（表格）：创建HTML（表格）文件，其中碰撞检测显示为一个表格。可以在Excel 2007及更高版本中打开并编辑此报告。

文本：创建一个TXT文件。

作为视点：在"保存的视点"窗口（当运行报告时会自动显示此窗口）中创建一个名为"测试名称"的文件夹。该文件夹包含保存为视点的每个碰撞，以及用于描述碰撞的附加注释。

● 保持结果高亮显示：此选项仅适用于视点报告。选中此选项将保持每个视点的透明度和高亮显示，如图7-24所示。可以在"结果"选项卡和选项编辑器中调整高亮显示。

图7-24

**■■ "写报告"按钮** ────────────────

单击"写报告"按钮，可以创建选定报告并将其保存到指定位置，如图7-25所示。

图7-25

# 7.2 使用碰撞检测

上一节对Clash Detective工具作了比较详细的介绍。这一节将学习运用Clash Detective工具的整体流程，以及使用过程中的条件设置与注意事项。对于多人协作的工作方式，将介绍如何导入与导出来实现协同工作。

## 7.2.1 碰撞检测流程

在Navisworks中，使用碰撞检测工具的基本流程如下。

01 选择先前运行的碰撞检测，或者使用Clash Detective窗口顶部的"添加测试"按钮 来启动新测试。

02 设置测试规则。

03 选择要在测试中包括的项目，然后设置测试类型。

04 查看结果并将问题分配给相关负责方。

05 生成有关已确定问题的报告，并分发下去以进行查看和解决。

**■■ 运行碰撞检测** ────────────────

01 进入"常用"选项卡，在"工具"面板中单击Clash Detective按钮，打开Clash Detective窗口，如图7-26所示。

图7-26

02 单击"测试"面板展开按钮。若要在"测试"面板中运行所有测试，则单击"全部更新"按钮，如图7-27所示。

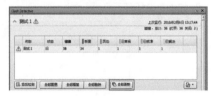

图7-27

03 如果要运行单个测试，则在测试列表中选中该测试，然后单击鼠标右键，在弹出的快捷菜单中选择"运行"命令，如图7-28所示；或者在"选择"选项卡中单击"运行"按钮。

图7-28

**■■ 管理碰撞检测** ────────────────

在"测试"面板中单击"添加检测"按钮可添加新测试，如图7-29所示。"选择"选项卡会自动显示，以便设置测试条件。如果需要对现有碰撞检测进行管理，可以单击"全部重置""全部精简"或"全部删除"等按钮，实现对现有碰撞检测进行更新或删除等操作。

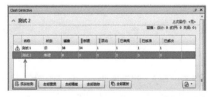

图7-29

### 导出碰撞检测 ----------------------

可以设置多个测试，并将其导出以供其他Navisworks用户使用。

**01** 在"测试"面板中单击"导入/导出碰撞检测"按钮，在弹出的下拉菜单中选择"导出碰撞检测"命令，如图7-30所示。

图7-30

**02** 在"导出"对话框中，如果要更改系统建议的文件名和位置，可手动输入新的文件名并指定位置，然后单击"保存"按钮，如图7-31所示。

图7-31

### 导入碰撞检测 ----------------------

可以将碰撞检测导入Navisworks中，并将其用于设置预定义的一般碰撞检测。

**01** 在"测试"面板中单击"导入/导出碰撞检测"按钮，在弹出的下拉菜单中选择"导入碰撞检测"命令，如图7-32所示。

图7-32

**02** 在"导入"对话框中，选中"碰撞检测"XML文件，然后单击"打开"按钮，如图7-33所示。

图7-33

### 7.2.2 设置碰撞规则

使用忽略碰撞规则可忽略碰撞项目的某些组合，从而减少碰撞结果数。Clash Detective工具同时包括默认碰撞规则和可用于创建自定义碰撞规则的碰撞规则模板。

系统内置了4个忽略碰撞规则，如图7-34所示。

图7-34

忽略碰撞规则的详细说明如下：

● 同一图层中的项目：结果中不报告有碰撞且处于同一层的任何项目。

● 同一个组/块/单元中的项目：结果中不报告有碰撞且处于同一个组（或插入的块）中的任何项目。

● 在同一文件中的项目：结果中不报告有碰撞且处于同一文件（外部参考文件或附加文件）中的任何项目。如果模型中包含多个CAD文件，选中此选项可以仅搜索不同文件之间的碰撞。

● 捕捉点重合的项目：结果中不报告有碰撞且捕捉点重合的任何项目。

除了以上默认的规则以外，还可以基于模板创建新的碰撞规则。如果对这部分内容感兴趣，可以查阅帮助文件。

### 7.2.3 选择碰撞对象

本小节将学习如何设置各种参数进行碰撞检测，以及如何选择碰撞对象。

## 选择碰撞检测项目

01 进入"常用"选项卡,在"工具"面板中单击Clash Detective按钮,打开Clash Detective窗口,如图7-35所示。

图7-35

02 在"测试"面板中选择要配置的测试,然后在"选择A"和"选择B"两个参数栏中,分别选择需要进行碰撞检测的对象,如图7-36所示。

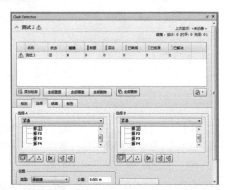

图7-36

03 还可以在场景视图或选择树中选择项目,然后单击相应的"使用当前选择"按钮,可以将当前选择拖动至其中一个选择参数栏,如图7-37所示。

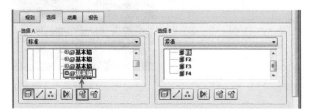

图7-37

## 选择碰撞检测类型

碰撞检测类型可以从4种默认类型中进行选择,如图7-38所示。

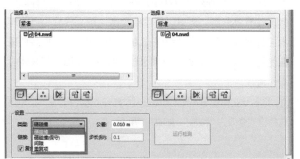

图7-38

4种碰撞检测类型的详细说明如下。

● 硬碰撞:如果希望碰撞检测功能检测几何图形之间的实际相交,可选择该类型。

● 硬碰撞(保守):此选项执行与"硬碰撞"类型相同的碰撞检测,但是它还应用了"保守"相交策略。

● 间隙:如果希望碰撞检测功能检测与其他几何图形特定距离内的几何图形,可选择此类型。例如,当管道周围需要有安装空间时,可以使用该类型的碰撞。间隙碰撞与"软"碰撞并不相同。间隙碰撞检测位于其他几何图形距离内的静态几何图形,而软碰撞检测移动组件之间的潜在碰撞。Clash Detective在链接到对象动画时支持软碰撞检测。

● 重复项:如果希望碰撞检测功能检测重复的几何图形,应选择该类型。例如,可以使用该类型的碰撞检测针对模型自身进行检查,以确保同一部分未绘制或参考两次。

## 运行单个碰撞检测

01 在"测试"面板中选中想要运行的测试,如图7-39所示。

图7-39

02 进入"选择"选项卡,对测试条件进行自定义,如图7-40所示。

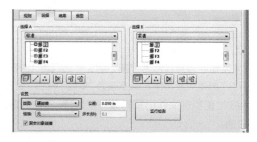

图7-40

03 同时选中"选择A"和"选择B"项目,指定碰撞类型和公差后,单击"运行检测"按钮启动测试,如图7-41所示。

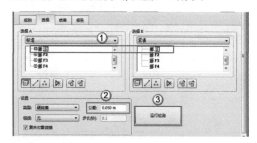

图7-41

★ 重点 ★
## 实战：使用"硬碰撞"检测管线碰撞

| | |
|---|---|
| 场景位置 | 场景文件>第7章>01.nwd |
| 实例位置 | 实例文件>第7章>实战：使用"硬碰撞"检测管线碰撞.nwd |
| 视频位置 | 多媒体教学>第7章>实战：使用"硬碰撞"检测管线碰撞.mp4 |
| 难易指数 | ★★☆☆☆ |
| 技术掌握 | 掌握"硬碰撞"的设置与使用方法 |

01 使用快捷键Ctrl+O，打开学习资源中的"场景文件>第7章>01.nwd"文件，并单击Clash Detective按钮，如图7-42所示。

图7-42

02 在Clash Detective窗口中展开"测试"面板，然后单击"添加检测"按钮新建碰撞检测，如图7-43所示。

图7-43

03 重命名碰撞检测为"管线碰撞"，然后将"选择A"与"选择B"树视图显示样式均修改为"集合"样式，如图7-44所示。当前实例文件已预先做好了集合，方便后期选择碰撞对象。

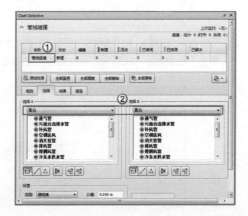

图7-44

04 在"选择A"树视图中为各个系统选择风管，在"选择B"树视图中选中"消火栓管"，然后选择碰撞类型为"硬碰撞"，"公差"值设置为"0.010 m"，如图7-45所示。

图7-45

05 单击"运行检测"按钮，检测完成之后将自动跳转到"结果"选项卡。在结果列表中选择碰撞，将在右侧中场景视图中显示对应的碰撞点，如图7-46所示。

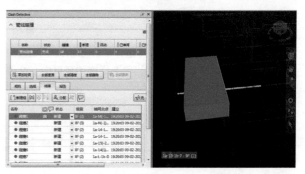

图7-46

技术专题 05 通过"选择树"窗口快速创建集合

　　进行碰撞检测前，为了更有效地选择碰撞对象，一般会对模型进行拆分处理。第1种处理方法是，将一个模型按不同专业和不同系统拆分为若干个文件，方便进行碰撞对象的选择。第2种处理方法是，在导出文件或制作文件时，将文件有效分割。例如，将"给排水 - 消火栓管""给排水 - 废水管"等多个系统保存为不同的文件，以供后期碰撞使用。第2种方法相对简单也较为常用，下面介绍具体的操作流程。

01 将各专业模型导入Navisworks中，打开"选择树"窗口，并将选择模式修改为"特性"，如图7-47所示。

图7-47

02 在"选择树"窗口中，找到"系统类型>类型注释"节点，如图7-48所示。一般情况下，较为标准的做法是，通过类型名称进行分类。此处只是示例，读者要根据实际项目情况来选择对应的类目。

图7-48

03 打开"集合"窗口，将类型注释中的系统类型拖动至集合中，并重命名，如图7-49所示。

图7-49

04 按照同样的方法，将其余系统依次保存为集合，以供后续碰撞检测使用如图7-50所示。

图7-50

★ 重 点 ★
# 实战：使用"间隙"检测空间净高

场景位置　场景文件>第7章>02.nwd
实例位置　实例文件>第7章>实战：使用"间隙"检测空间净高.nwd
视频位置　多媒体教学>第7章>实战：使用"间隙"检测空间净高.mp4
难易指数　★★☆☆☆
技术掌握　掌握间隙碰撞的设置与使用方法

01 使用快捷键Ctrl+O，打开学习资源中的"场景文件>第7章>02.nwd"文件，然后单击Clash Detective按钮，如图7-51所示。

图7-51

02 在Clash Detective窗口中，单击"添加检测"按钮添加一个新的碰撞检测，并命名为"净空高度分析"，如图7-52所示。

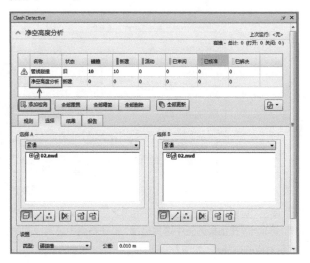

图7-52

03 在场景视图中选中当层楼层底板，然后单击"使用当前选择"按钮，将底板作为碰撞对象，如图7-53所示。

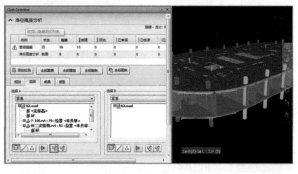

图7-53

04 将"选择B"树视图显示样式修改为"集合"，然后选中所有集合，如图7-54所示。

147

图7-54

05 将碰撞类型修改为"间隙"，设置公差值为"2.900 m"，如图7-55所示。这样，距离当前楼板高度不足2.9米的管线都将被检测出来。

图7-55

06 单击"运行检测"按钮，检测完成之后将自动跳转到"结果"选项卡，在结果列表中选择碰撞，将在右侧中场景视图中显示对应的碰撞点，如图7-56所示。

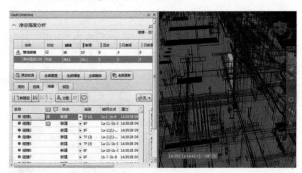

图7-56

**基于时间的碰撞检测和软碰撞检测** --------

　　链接到TimeLiner进度会将Clash Detective和TimeLiner的功能集成在一起，从而可以在TimeLiner项目的整个生存期中自动进行碰撞检测。

　　同样，链接到对象动画场景会集成Clash Detective和对象动画的功能，从而能够自动检测移动对象之间的碰撞。

01 在Navisworks中，打开包含对象动画场景的项目模型文件。播放动画并检查动画对象是否在正确的位置，是否以正确的尺寸显示。

02 打开Clash Detective窗口，进入"选择"选项卡，在"选择A"和"选择B"树视图中选择要测试的对象，并设置碰撞类型和公差范围，如图7-57所示。

图7-57

03 在"链接"下拉列表中选择要链接到的动画场景，如"场景1"。在"步长"文本框中输入要在查找动画中的碰撞时使用的时间间隔大小，如图7-58所示。

图7-58

04 单击"运行检测"按钮，Clash Detective将在每个时间间隔检测动画中是否存在碰撞，已找到的碰撞数将显示在Clash Detective窗口的顶部，如图7-59所示。

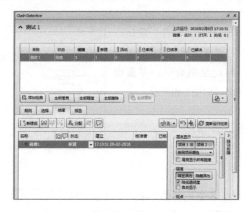

图7-59

### 7.2.4 查看碰撞结果

　　本小节将学习如何与碰撞检测结果进行交互。Clash Detective找到的所有碰撞都将显示在"结果"选项卡中，可以单击任意列的标题，以使用该列的数据对该表格进行排序。排序可以按字母、数字和相关日期进行，对于"状态"列，可以按工作流顺序"新建""活动""已审阅""已核准""已解决"进行排序，如图7-60所示。

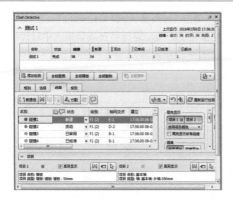

图7-60

## 管理碰撞结果

用户可以分别管理各个碰撞结果，还可以创建和管理碰撞组。如果涉及特定项目的多个碰撞或者某个区域包含的多个碰撞可以视为一个问题，则可以使用此功能。也可以将碰撞和碰撞组分配给个人或协作者，可以指定由谁来负责解决碰撞。

下面将进行重命名碰撞的操作。

在"结果"选项卡中的碰撞上单击鼠标右键，在弹出的快捷菜单"重命名"命令或直接双击碰撞名称，即可进入编辑状态输入新名称，如图7-61所示。

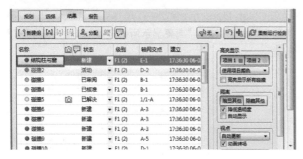

图7-61

下面将进行创建碰撞组的操作。

单击"结果"选项卡上方的"新建组"按钮，添加一个新组，如图7-62所示。

图7-62

下面将进行碰撞分组操作。

01 在"结果"选项卡中选择要分组在一起的所有碰撞，然后单击"分组"按钮，如图7-63所示。

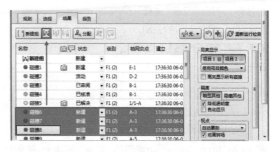

图7-63

02 为该组输入新名称，如图7-64所示。

图7-64

下面将进行从组中删除碰撞的操作。

在"结果"选项卡中展开碰撞组，然后选择要删除的碰撞，单击"从组中删除"按钮，如图7-65所示。

图7-65

下面将进行分配碰撞的操作。

01 在"结果"选项卡中选择一个碰撞、碰撞组或多个碰撞，然后单击鼠标右键，在弹出的快捷菜单这选择"分配"命令，如图7-66所示。

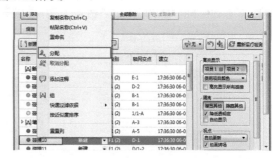

图7-66

**02** 在弹出的"分配碰撞"对话框中，输入"分配给"人员的名称，同时可以在"注释"文本区域，添加对应的说明，最后单击"确定"按钮，如图7-67所示。

图7-67

下面将进行显示和隐藏列的操作。

**01** 进入Clash Detective窗口的"结果"选项卡，在列标题上单击鼠标右键，在弹出的快捷菜单中选择"选择列"命令，如图7-68所示。

图7-68

**02** 在"选择列"对话框中，选择（取消）要显示（隐藏）的列，然后单击"确定"按钮，如图7-69所示。

图7-69

### 审阅碰撞结果

Navisworks 2018提供了向碰撞结果添加注释和进行红线批注的工具。如果多个碰撞与单个设计问题相关联，可以将其分为一组。

下面进行自定义高亮显示碰撞项目的操作。

**01** 在Clash Detective窗口中打开"结果"选项卡，选择"高亮显示"参数栏中的"使用项目颜色"选项，如图7-70所示。

图7-70

**02** 单击"高亮显示"参数栏中的"项目1"或"项目2"按钮，如图7-71所示。这样可在场景视图中替代碰撞项目的颜色，如图7-72所示。

图7-71

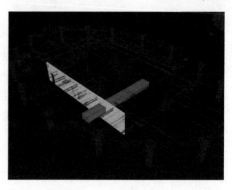

图7-72

下面进行在场景视图中高亮显示所有碰撞的操作。

**01** 在Clash Detective窗口中打开"结果"选项卡，选中"高亮显示"参数栏中的"高亮显示所有碰撞"选项，如图7-73所示。

图7-73

**02** 选中"高亮显示所有碰撞"选项后，将在场景视图中显示全部碰撞结果，如图7-74所示。

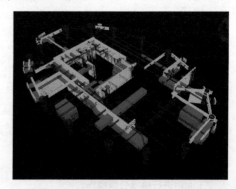

图7-74

下面进行在场景视图中隔离碰撞结果的操作。

01 要在场景视图中隐藏所有妨碍查看碰撞项目的项目，应选中"自动显示"选项，如图7-75所示。

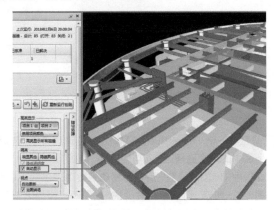

图7-75

02 单击一个碰撞结果时，该碰撞会自行放大，而无须移动位置。取消选择"自动显示"选项的情况下查看碰撞项目，如图7-76所示。

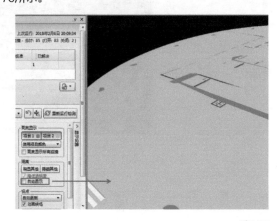

图7-76

03 若要隐藏碰撞中未涉及的所有项目，可以单击"隐藏其他"按钮，这样可以更好地关注场景视图中的碰撞项目，如图7-77所示。

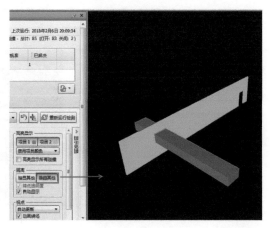

图7-77

04 若要使碰撞中未涉及的所有项目暗显，可以单击"暗显其他"按钮。单击碰撞结果时，Navisworks会使碰撞中所有未涉及的项目灰色显示，如图7-78所示。

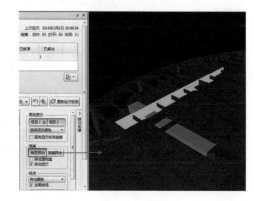

图7-78

05 要降低碰撞中所有未涉及的对象的透明度，可选中"降低透明度"选项，该选项只能与"暗显其他"按钮一起使用，并将碰撞中所有未涉及的项目渲染为透明并灰色显示，如图7-79所示。可以在选项编辑器中自定义透明度降低的级别（默认情况下使用85%透明度）。

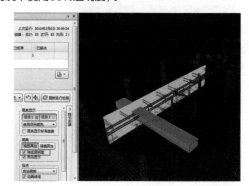

图7-79

下面进行将视点与碰撞结果一起保存的操作。

01 在场景中将模型调整至合适的角度，可以添加红色批注调整模型角度，如图7-80所示。

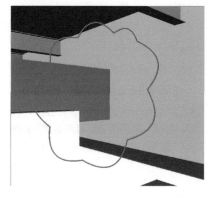

图7-80

**02** 将"视点"选项修改为"手动"，然后在碰撞结果列表的视点列上单击鼠标右键，在弹出的快捷菜单中选择"保存视点"命令，如图7-81所示。场景视图中显示的位置将保存为碰撞的视点。

图7-81

**03** 如果希望自动保存视点，则将"视点"选项修改为"自动更新"，选中任意碰撞结果并调整视点，视点都会自动更新至对应的碰撞结果中，如图7-82所示。

图7-82

**04** 如果对调整的视点不满意，还可以单击"关注碰撞"按钮，视点将恢复至默认状态，如图7-83所示。

图7-83

　　下面将进行查看软碰撞结果的操作。

**01** 在Clash Detective窗口中设置并运行一个软碰撞检测。进入"结果"选项卡，在"显示设置"面板的"模拟"参数栏中选中"显示模拟"选项，如图7-84所示。

图7-84

**02** 在Clash Detective窗口的"结果"选项卡中，选择结果列表中的一个碰撞。进入功能区的"动画"选项卡，"回放"面板中的"回放位置"滑块会移动到碰撞发生的确切点，如图7-85所示。可以移动该滑块，以便调查碰撞之前和之后发生的事件。重复此过程，可以查看找到的所有碰撞。

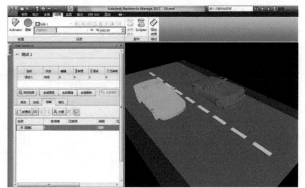

图7-85

★ 重点 ★

**实战：查阅并整理碰撞结果**

| | |
|---|---|
| 场景位置 | 场景文件>第7章>03.nwd |
| 实例位置 | 实例文件>第7章>实战：查阅并整理碰撞结果.nwd |
| 视频位置 | 多媒体教学>第7章>实战：查阅并整理碰撞结果.mp4 |
| 难易指数 | ★★☆☆☆ |
| 技术掌握 | 掌握有效查看碰撞点并分类批注的方法 |

**01** 使用快捷键Ctrl+O，打开学习资源中的"场景文件>第7章>03.nwd"文件，然后打开Clash Detective窗口，选中"管线碰撞"测试并进入"结果"选项卡。展开"显示设置"面板，单击"隐藏其他"按钮，依次查阅所有碰撞结果，如图7-86所示。

图7-86

**02** 经过查阅之后，发现碰撞1与碰撞2为一类碰撞，将其选中并单击"对选定碰撞分组"按钮，如图7-87所示。

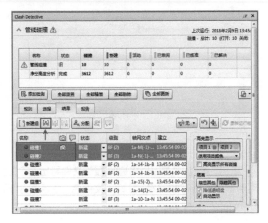

图7-87

**03** 分组之后，将其命名为"现场调整"，并将其"状态"修改为"已审阅"，如图7-88所示。

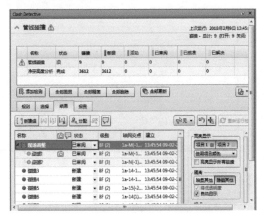

图7-88

**04** 选中碰撞4，发现水管与风管相撞，单击"分配"按钮进行碰撞分配，如图7-89所示。

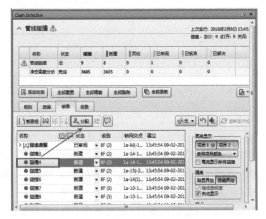

图7-89

**05** 在弹出的"分配碰撞"对话框中，在"分配给"文本框中输入"给排水-张华"，并在"注释"文本区域注明相关调整方案，如图7-90所示。

图7-90

**06** 选中"净空高度分析"测试，同样逐个进行查阅。发现碰撞1~7均为立管碰撞，不属于本次检测范围，将其全部选中，并将"状态"修改为"已解决"，如图7-91所示。

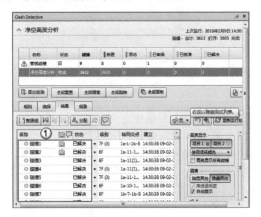

图7-91

**07** 单击"全部精简"按钮，状态为"已解决"的碰撞将不会出现在碰撞列表中，如图 7-92所示。

图7-92

## 7.2.5 生成碰撞报告

在Navisworks中可以生成各种Clash Detective报告。对于无法访问Navisworks的设计团队，可以通过报告知道存在哪些协调问题。对于基于时间的碰撞，报告中会包含有关碰撞中每个静态碰撞点的其他信息。

## 创建碰撞报告

**01** 在Clash Detective窗口中运行所需的测试。如果在"测试"面板中运行了所有测试，则选择要查看其结果的测试，然后进入"报告"选项卡，如图7-93所示。

图7-93

**02** 在"内容"列表中选中需要出现在碰撞结果报告中的内容，如图7-94所示。

图7-94

**03** 在"对于碰撞组，包括"下拉列表中，选择如何在报告中显示碰撞组，如图7-95所示。如果测试不包含任何碰撞组，则该下拉列表不可用。

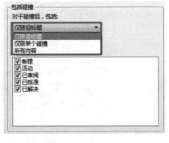

图7-95

**04** 在"包括以下状态"列表中选择要报告的碰撞结果类型，如图7-96所示。

图7-96

**05** 在"报告类型"下拉列表中选择报告的类型，如图7-97所示。在"报告格式"下拉列表中选择报告的格式，如图7-98

所示。

图7-97

图7-98

**06** 单击"写报告"按钮，将碰撞报告文件导出。在"另存为"对话框中选择存放路径，并输入文件名，最后单击"保存"按钮，如图7-99所示。

图7-99

技巧与提示

　　如果使用IE浏览器或以IE为核心的浏览器查看碰撞报告，碰撞报告的文件名将不能为中文。因为导出碰撞时，视点图像存储在同样文件名称的文件夹内。而IE浏览器对中文路径支持不佳，可能会导致视点图像无法正常显示。如果使用其他浏览器，则没有此类问题。

★ 重点 ★

### 实战：导出碰撞报告并编辑

| | |
|---|---|
| 场景位置 | 场景文件>第7章>04.nwd |
| 实例位置 | 实例文件>第7章>实战：导出碰撞报告并编辑.nwd |
| 视频位置 | 多媒体教学>第7章>实战：导出碰撞报告并编辑.mp4 |
| 难易指数 | ★★☆☆☆ |
| 技术掌握 | 掌握导出碰撞报告及调整报告的方法 |

**01** 使用快捷键Ctrl+O，打开学习资源中的"场景文件>第7章>04.nwd"文件，打开Clash Detective窗口，进入"报告"选项卡，选中"管线碰撞"测试，然后取消"已审阅"状态（因为已经指定现场解决，无须设计师修改，所以不导出对应的碰撞结果），选择"报告类型"为"当前测试"、"报告格式"为HTML，最后单击"写报告"按钮，如图7-100所示。

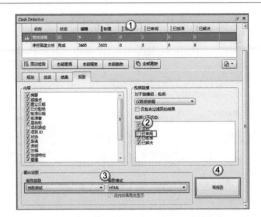

图7-100

**02** 在"另存为"对话框中选择保存位置，然后输入文件名称，最后单击"保存"按钮，如图7-101所示。为了方便在Word中编辑碰撞报告，此处的名称应输入为英文或拼音，以保证图像能正常显示。

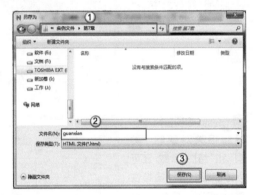

图7-101

**03** 使用Word打开已导出的碰撞报告，发现图片过大，导入页面显示不全，如图7-102所示。

图7-102

**04** 这时可以通过宏命令批量修改图片尺寸，来帮助我们整理报告内容。进入"开发工具"选项卡，单击"宏"按钮，如图7-103所示。

图7-103

**05** 在弹出的"宏"对话框中，输入宏名为"图片整理"，然后单击"创建"按钮，如图7-104所示。

图7-104

**06** 在代码编辑窗口中输入以下代码，如图7-105所示。

```
Sub setpicsize() '设置图片大小
Dimn'图片个数
On Error Resume Next '忽略错误
For n=1 To ActiveDocument.InlineShapes.Count 'InlineShapes类型图片
    ActiveDocument.InlineShapes(n).Height=400 '设置图片高度为400px
    ActiveDocument.InlineShapes(n).Width=300 '设置图片宽度300px
Next n
For n=1 To ActiveDocument.Shapes.Count 'Shapes类型图片
    ActiveDocument.Shapes(n).Height=400 '设置图片高度为400px
    ActiveDocument.Shapes(n).Width=300 '设置图片宽度300px
Next n
End Sub
```

图7-105

155

**07** 代码编辑完成后保存，再次打开"宏"窗口，然后单击"运行"按钮运行代码，如图7-106所示。

图7-106

**08** 运行完成后，回到Word文档中查看效果，如图7-107所示。如果对结果不满意，还可以修改代码中图片的尺寸值重新运行宏。

图7-107

### 配置报告快捷特性 ————————

输出碰撞报告时，默认会将碰撞对象的快捷特性一并导出，帮助用户快速判断碰撞对象的类别及属性。在没有做任何更改的状态下，碰撞报告中快捷特性参数分别为项目名称与项目类型，无法直观地表达碰撞对象的具体专业及所属系统，如图7-108所示。根据项目特性修改快捷特性的参数，输出的碰撞报告不仅能列出碰撞对象的专业及所属系统，还可以列出碰撞对象所在的位置，方便用户后期直接在相关的设计文件中进行修改，如图7-109所示。

| 项目1 | | | | 项目2 | | | |
|---|---|---|---|---|---|---|---|
| 项目ID | 图层 | 项目名称 | 项目类型 | 项目ID | 图层 | 项目名称 | 项目类型 |
| 元素ID：691180 | 15 | 铜 | 实体 | 元素ID：695299 | 15 | 矩形风管 | 实体 |
| 元素ID：679476 | 15 | 铜 | 实体 | 元素ID：702059 | 15 | 45度 | 实体 |
| 元素ID：679962 | 15 | 铜 | 实体 | 元素ID：702059 | 15 | 45度 | 实体 |

图7-108

| 项目1 | | | | 项目2 | | | |
|---|---|---|---|---|---|---|---|
| 项目ID | 图层 | 项目源文件 | 元素名称 | 项目ID | 图层 | 项目源文件 | 元素名称 |
| 元素ID：691180 | 15 | 某办公楼-给排水.rvt | XH1L(C)-6 | 元素ID：695299 | 15 | 某办公楼-风管系统.rvt | S-送风管 |
| 元素ID：679476 | 15 | 某办公楼-给排水.rvt | XH1L(C)-6 | 元素ID：702059 | 15 | 某办公楼-风管系统.rvt | 45度 |
| 元素ID：679962 | 15 | 某办公楼-给排水.rvt | XH2L(C)-1 | 元素ID：702059 | 15 | 某办公楼-风管系统.rvt | 45度 |

图7-109

下面将进行修改快捷特性的操作。

**01** 单击应用程序按钮，在弹出的菜单中单击"选项"按钮，打开选项编辑器。

**02** 在选项编辑器中依次展开"界面""快捷特性"节点，然后单击"定义"节点，如图7-110所示。

图7-110

**03** 根据实际项目需求，设置相关对象的"类别"和"特性"参数，还可以添加或删除快捷特性的显示内容，如图7-111所示，最后单击"确定"按钮。

图7-111

**04** 输出碰撞报告时，选中"内容"列表中的"快捷特性"选项，报告将包含在此处指定的其他数据。

### "对于碰撞组，包括"解析 ————————

"对于碰撞组，包括"下拉列表中有3个可选项，具体解释如下。

● **仅限组标题**：报告将包含碰撞组摘要和不在组中的各个碰撞的摘要，如图7-112所示。

图7-112

● 仅限单个碰撞：报告仅包含单个碰撞结果，并且不区分已分组的这些结果，如图7-113所示。对于属于一个组的每个碰撞，可以向报告中添加一个名为"碰撞组"的额外字段以标识它。要启用该功能，可选中"内容"中的"碰撞组"选项。

图7-113

● 所有内容：报告将包含已创建的碰撞组的摘要、属于每个组的碰撞结果及单个碰撞结果，如图7-114所示。对于属于一个组的每个碰撞，可以向报告中添加一个名为"碰撞组"的额外字段以标识它。要启用该功能，可选中"内容"列表中的"碰撞组"选项。

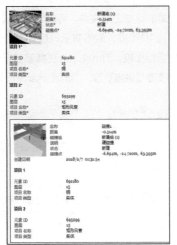

图7-114

### "报告类型"解析 —————————————

输出碰撞报告时，软件提供了3种不同的报告类型，如图7-115所示。

图7-115

● 当前测试：创建所选测试所有结果的单个文件。
● 全部测试（组合）：创建包含所有测试结果的单个文件。
● 全部测试（分开）：为每个测试创建一个包含所有结果的单独的文件。

### "报告格式"解析 —————————————

报告类型设置完成后，还需要选择输出的报告格式，如图7-116所示。

图7-116

● XML：创建一个XML文件，该文件包含所有碰撞、这些碰撞的视点的图片及详细信息。

● HTML：将创建一个HTML文件，该文件包含所有碰撞、碰撞的视点图像及详细信息，如图7-117所示。可以使用网页浏览器打开此文件。

图7-117

● HTML(表格)：将创建一个HTML表格文件，该文件包含所有碰撞、碰撞的视点图像及碰撞详细信息，如图7-118所示。可以在Excel 2007及更高版本中打开并编辑HTML表格文件。

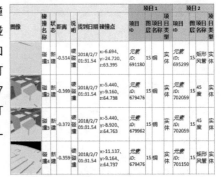

图7-118

> **技巧与提示**
>
> 希望用Excel程序打开表格文件时，同样要注意文件名称不要保存为中文。因为Excel与IE同为微软开发，同样无法识别中文路径，可能造成图像无法正常显示。

● 文本：会创建一个TXT文件，其中包含所有碰撞细节和每个碰撞的图片信息，如图7-119所示。由于TXT文件无法包含图片，图片单独存放于文件夹中，所以打开文件后无法显示图片，只能到对应的文件夹中单独打开。

图7-119

● 作为视点：可在"保存的视点"窗口中创建一个与测试名称相同的文件夹，用于另存为碰撞视点，并且附加一个包含碰撞结果详细信息的注释，如图7-120所示。

图7-120

## 本章概述
### Chapter Overview

本章将介绍如何制作4D施工进度模拟。4D施工进度模拟就是将进度计划和模型充分关联起来，以动画的形式进行展示。这样就可以很直观地发现施工计划中不足的地方，方便设计人员及时进行更正，同时也可以让非专业人士能够轻松理解整个计划的实施流程。

## 本章实战
### Examples Of Chapter

❖ 实战：使用新建规则匹配任务

❖ 实战：导入数据并创建任务

❖ 实战：刷新数据并重建任务

❖ 实战：创建并添加旋转动画

❖ 实战：添加对象动画模拟建筑生长

❖ 实战：调整模拟显示及播放效果

❖ 实战：导出4D施工进度模拟动画

# 第8章
# 4D施工进度模拟

## 8.1 TimeLiner工具概述

通过TimeLiner工具可以创建4D进度模拟，TimeLiner可以导入各种类型的计划进度文件，可以将模型与计划进度文件中的数据进行链接创建4D模拟，能够演示进度在模型上的效果，并将计划日期与实际日期相比较。TimeLiner还能够基于模拟的结果导出图像和动画。如果模型或进度更改，TimeLiner将自动更新模拟。

### 8.1.1 TimeLiner窗口

进入"常用"选项卡，在"工具"面板中单击TimeLiner按钮，可以打开TimeLiner窗口，如图8-1所示。

图8-1

通过TimeLiner窗口，可以将模型中的项目附着到项目任务，并模拟项目进度，如图8-2所示。

图8-2

设置TimeLiner选项的操作步骤如下。

01 单击应用程序按钮，在菜单中单击"选项"按钮。

02 在"选项编辑器"对话框中展开"工具"节点，然后单击TimeLiner节点，如图8-3所示。

03 在TimeLiner参数面板中，如果想要在TimeLiner窗口中选择每个任务时，选中场景视图中的所有附着项目，应选中"自动选择附着选择集"选项。

图8-3

**04** 使用"工作日开始（24小时制）"选项，设置希望工作日开始的时间。

**05** 从"日期格式"下拉列表中选择日期格式。

**06** 如果希望在"任务"选项卡中单击鼠标右键时系统提供"查找"命令，则选中"启用查找"选项。

**07** 使用"工作日结束（24小时制）"选项，设置希望工作日结束的时间。

**08** 选中"报告数据源导入警告"选项，以便在TimeLiner窗口的"数据源"选项卡中导入数据时，在遇到问题的情况下显示警告消息。

**09** 选中"显示时间"选项可在"任务"选项卡的日期列中显示时间。

## 8.1.2 "任务"选项卡

通过"任务"选项卡可以创建和管理项目任务。该选项卡以表格形式列出所有任务，如图8-4所示。可以使用该选项卡右侧和底部的滚动条浏览任务记录。

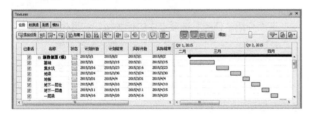

图8-4

### ■ 任务列表 ————————————————

任务显示在包含多列的表格中，通过此表格可以灵活地浏览记录，如图8-5所示。可按升序或降序对列数据进行排序，向默认列集中添加新用户列。从数据源导入时，TimeLiner支持分层任务结构，单击任务名称左侧的加号或减号可以展开或折叠层次结构。

图8-5

每个任务都使用图标来标识自身的状态。每个任务对应两个单独的色条，显示计划与当前的关系，如图8-6所示。色条的颜色用于区分任务的最早（蓝色）、按时（绿色）、最晚（红色）和计划（灰色）部分。圆点标记计划开始日期和计划结束日期。

将鼠标指针放置在状态图标上会显示工具提示，说明任务状态。

图8-6

任务状态图标的具体含义如下：

- ●　：在计划开始之前完成。
- ●　：早开始，早完成。
- ●　：早开始，按时完成。
- ●　：早开始，晚完成。
- ●　：按时开始，早完成。
- ●　：按时开始，按时完成。
- ●　：按时开始，晚完成。
- ●　：晚开始，早完成。
- ●　：晚开始，按时完成。
- ●　：晚开始，晚完成。
- ●　：在计划完成之后开始。
- ●　：没有比较。

"已激活"列中的复选框可用于打开/关闭任务，如图8-7所示。如果任务已关闭，则模拟中将不再显示此任务。对于分层任务，关闭上级任务会使所有下级任务自动关闭。

图8-7

在任务列表中单击鼠标右键，弹出快捷菜单，如图8-8所示。此快捷菜单可用于处理进度中的任务，在不同的列单击鼠标右键时，弹出的快捷菜单命令也不同。

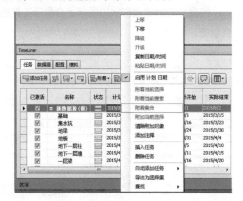

图8-8

下面介绍快捷菜单中的具体命令含义。

- 复制日期/时间：复制选定字段中的日期/时间值。仅当在日期字段（如"计划开始"）上单击鼠标右键时，此命令才可用。

- 粘贴日期/时间：粘贴日期/时间值。仅当在日期字段上单击鼠标右键时，此命令才可用。此外，除非之前已复制有效的日期/时间，否则此命令也不可用。

- 启用 计划 日期：模拟选定任务的计划日期。在"计划开始"或"计划结束"字段上单击鼠标右键后，可以显示此命令。

- 附着当前选择：将场景中当前选定的项目附着到选定任务。

- 附着当前搜索：将当前搜索选择的所有项目附着到选定任务。

- 附着集合：将选择集中包含的所有项目附着到选定任务。选择此命令时，将显示当前场景中保存的所有选择集和搜索集的列表，在其中选择要附加到任务的选择集或搜索集。

- 附加当前选择：将场景中当前选定的项目附加到已附着到选定任务的项目。

- 清除附加对象：删除此任务中的附件。

- 添加注释：向任务中添加注释。

- 插入任务：在任务列表中当前选定任务的上方插入新任务。

- 删除任务：删除任务列表中当前选定的任务。

- 自动添加任务：为每个最高层、最上面的项目或每个搜索和选择集自动添加任务。

- 查找：根据在"查找"菜单中选择的搜索条件，在进度中查找项目。

可以使用多项选择（按住Shift键或Ctrl键）一次对多个任务执行同一命令。例如，如果要删除所有任务，可先选择第一个任务，然后按住Shift键并选择最后一个任务，接着按Delete键。

## 任务按钮 ──────────────────────

任务列表上方集成了一些常用的功能按钮，帮助用户实现快速操作，如图8-9所示。其中部分按钮功能与快捷菜单中的命令重合，用户可以根据自己的使用习惯选择任意一种方式完成相关操作。

图8-9

下面介绍"任务"选项卡中的相关按钮的具体含义。

- 添加任务🖳：可在任务列表的底部添加新任务。

- 插入任务🖳：可在任务列表的上方插入新任务。

- 自动添加任务🖳：可以根据模型文件中第一层级的对象内容自动添加计划任务。

- 删除任务🖳：可在任务列表中删除当前选定的任务。

- 附着🖳：下拉菜单。

附着当前选择：将场景中当前选定的项目附着到选定任务。

附加当前搜索：将当前搜索选择的所有项目附加到选定任务。

附加当前选择：将场景中当前选定的项目附加到已附着到选定任务的项目。

- 使用规则自动附着🖳：可打开"TimeLiner规则"对话框，从中可以创建、编辑和应用"自动将模型几何图形附着到任务"的规则。

- 清除附加对象🖳：可从选定的任务拆离模型几何图形。

- 查找项目🖳：可基于从下拉列表中选择的搜索条件，在进度中查找项目。

● 上移 🔼：可在任务列表中将选定任务向上移动。任务只能在其当前的层级内移动。

● 下移 🔽：可在任务列表中将选定任务向下移动。任务只能在其当前的层级内移动。

● 降级 ➡️：可在任务层级中将选定任务降低一个级别。

● 升级 ⬅️：可在任务层级中将选定任务提高一个级别。

● 添加注释 🗒️：可向任务中添加注释。

● 列 📋·：可以从3种预定义列集合（"基本""标准""扩展"）中选择一种显示在任务列表中。也可以在"选择TimeLiner列"对话框中创建自定义列集合，方法是选择"选择列"命令，在设置首选列集合后选择"自定义"命令。

● 按状态过滤 🔽：可基于任务的状态过滤任务。过滤某个任务会在任务列表和甘特图中临时隐藏该任务，但不会对基础数据结构进行更改。

● 导出进度 📇：可将TimeLiner进度导出为CSV或Microsoft Project XML文件。

### ▓▓ 甘特图 ———————————————

甘特图是说明项目状态的彩色条形图，如图8-10所示。每个任务占据一行，水平轴表示项目的时间范围（可分解为增量，如天、周、月和年），而垂直轴表示项目任务。甘特图中的任务图形可以以并行方式或重叠方式进行显示。

可以将任务拖动到不同的日期，也可以拖动任务的任意一端来延长或缩短其持续时间。所有更改都会自动更新到任务列表中。

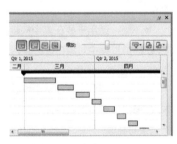

图8-10

### ▓▓ 甘特图按钮 ——————————————

"甘特图"视图上方集成了与甘特图相关的功能按钮，可以控制甘特图的显示状态，如图8-11所示。

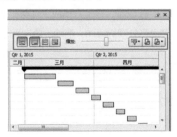

图8-11

下面介绍甘特图相关功能按钮的具体含义。

● 显示/隐藏甘特图 📊：单击"显示/隐藏甘特图"按钮，可显示或隐藏甘特图。

● 显示计划日期 📊：单击"显示计划日期"按钮，可在甘特图中显示计划日期。

● 显示实际日期 📊：单击"显示实际日期"按钮，可在甘特图中显示实际日期。

● 显示计划日期与实际日期 📊：单击"显示计划日期与实际日期"按钮，可在甘特图中显示计划日期与实际日期。

● 缩放 ———●—：使用"缩放"滑块可以调整显示的甘特图的分辨率。滑块移到左端选择时间轴中最小可用的增量（如天）；滑块移到右端选择时间轴中最大可用的增量（如年）。

### 8.1.3 "数据源"选项卡

通过"数据源"选项卡，可从第三方软件（如Project、Primavera）中导入任务，并在其中显示所有添加的数据源，以表格形式列出，如图8-12所示。

图8-12

### ▓▓ 数据源列表 ——————————————

数据源显示在含有多列的表格中。这些列会显示数据源"名称""源""项目"，如图8-13所示。可以根据添加的数据内容，移动列及调整其大小，以适应数据显示需要。

图8-13

### ▓▓ 数据源按钮 ——————————————

数据源列表上方集成了数据源操作的功能按钮，包括"添加""删除""刷新"等，如图8-14所示。

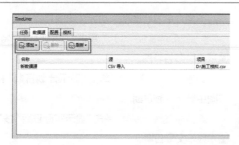

图8-14

下面介绍数据源列表上方功能按钮的具体含义。

● 添加：创建到外部项目文件的新连接。单击此按钮将弹出一个下拉菜单，该菜单中列出了当前计算机上所有可能连接的数据源。

● 删除：删除当前选定的数据源。如果在将数据源删除之前刷新了数据源，那么从该数据源读取的所有任务和数据都将保留在"任务"选项卡中。

● 刷新：打开"从数据源刷新"对话框，从中可以刷新选定的数据源。

### 📑 快捷菜单 —————————————————

在数据源列表中单击鼠标右键可弹出快捷菜单，可以通过该菜单来管理数据源。

下面介绍快捷菜单中的具体命令。

● 重建任务层次：从选定数据源中读取所有任务和关联数据，并将其添加到"任务"选项卡。执行此命令会使新任务添加到选定项目文件后，与该项目文件同步。此操作将会在TimeLiner中重建包含所有最新任务和数据的任务层次结构。

● 同步：使用选定数据源中的最新关联数据（如开始日期和结束日期），更新"任务"选项卡中的所有现有任务。

● 删除：删除当前选定的数据源。如果在将数据源删除之前刷新了数据源，则从该数据源读取的所有任务和数据都将保留在"任务"选项卡中。

● 编辑：用于编辑选定的数据源。执行此命令将打开"字段选择器"对话框，从中可以定义新字段或重新定义现有字段。

● 刷新：打开"从数据源刷新"对话框，从中可以刷新选定的数据源。

● 重命名：用于将数据源重命名为更合适的名称。当文本字段高亮显示时，输入新名称，然后按Enter键确认。

### 8.1.4 "配置"选项卡

通过"配置"选项卡可以设置任务参数。例如，任务类型、任务的外观及模拟开始时的默认模型外观，如图8-15所示。

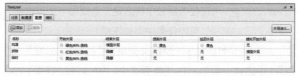

图8-15

### 📑 任务类型 —————————————————

任务类型显示在列表中，可以移动表的列及调整列表的大小，还可以双击"名称"列来重命名任务类型，或双击其他列来更改任务类型的外观。

TimeLiner附带3种预定义的任务类型，如图8-16所示。

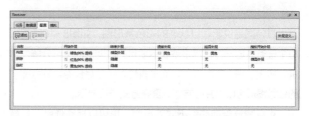

图8-16

下面介绍"配置"选项卡中"名称"列的具体任务类型含义。

● 建造：适用于要在其中构建附加项目的任务。默认情况下，在模拟过程中对象在任务开始时以绿色高亮显示，并在任务结束时重置为模型外观。

● 拆除：适用于要在其中拆除附加项目的任务。默认情况下，在模拟过程中对象在任务开始时以红色高亮显示，并在任务结束时隐藏。

● 临时：适用于其中的附加项目仅为临时的任务。默认情况下，在模拟过程中对象在任务开始时以黄色高亮显示，并在任务结束时隐藏。

### 📑 配置按钮 —————————————————

在配置列表上方集成了任务类型的功能按钮，可以实现任务类型外观的添加、删除、自定义等操作，如图8-17所示。

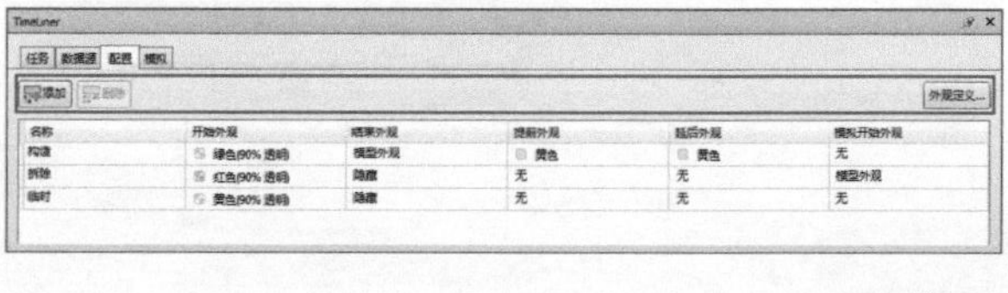

图8-17

下面介绍配置列表上方的功能按钮。

● 添加: 添加一个新的任务类型。

● 删除: 删除选定的任务类型。

● 外观定义: 打开"外观定义"对话框, 在其中可以设置和更改任务类型的外观。

### 8.1.5 "模拟"选项卡

通过"模拟"选项卡, 可以在项目进度的整个持续时间内模拟TimeLiner序列, 如图8-18所示。

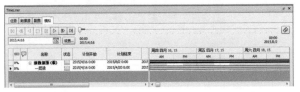

图8-18

### 播放控件 ————————————

可使用标准VCR按钮"正向"和"反向"播放模拟, 如图8-19所示。

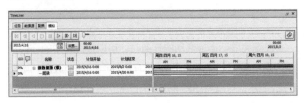

图8-19

下面介绍"模拟"选项卡中的功能按钮。

● 回放⊠: 模拟倒回到开头。

● 反向播放◁: 反向播放模拟。

● 上一帧◁: 后退一帧。

● 暂停⊞: 暂停模拟播放, 然后可以环视和询问模型, 或使模拟前进和后退。要从暂停位置继续播放, 只需再次单击"播放"按钮即可。

● 停止▫: 将停止播放模拟, 并倒回到开头。

● 播放▷: 将从当前选定时间开始播放模拟。

● 下一帧▷: 前进一帧。

● 前进▷▷: 将模拟快进到结尾。

● 日期/时间[2015/4/16]: 显示模拟过程中的时间点, 可以单击日期右侧的图标以显示日历, 可以从中选择要跳转到的日期。

● 导出动画: 单击"导出动画"按钮可打开"导出动画"对话框, 以便将TimeLiner动画导出为AVI文件或一系列图像文件。

● 设置: 单击"设置"按钮可打开"模拟设置"对话框, 以便于定义计划模拟方式。

技巧与提示

用户可以使用模拟位置滑块进行快进和快退模拟, 左端为开头, 右端为结尾, 如图8-20所示。

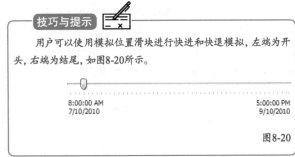

图8-20

### 任务列表 ————————————

所有活动任务均显示在一个由多个列构成的表格中, 如图8-21所示。可以查看每个活动任务的当前模拟时间, 以及距离完成还有多久(进度以百分比形式显示)。

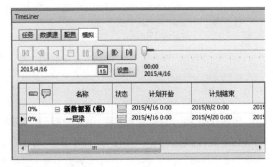

图8-21

### 甘特图 ————————————

甘特图是说明项目状态的彩色条形图, 如图8-22所示。每个任务占据一行, 水平轴表示项目的时间范围(可分解为增量, 如天、周、月和年); 而垂直轴表示项目任务。任务可以按顺序运行, 也可按并行方式或重叠方式运行。可见范围(缩放)级别由"模拟设置"对话框中的"时间间隔大小"参数确定。

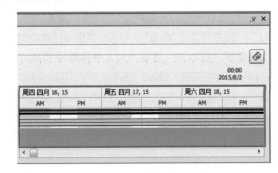

图8-22

## 8.2 4D模拟工作流程

通过上一节的学习，读者已对TimeLiner工具的工作界面及功能有了大致的了解。本节将着重介绍如何制作4D模拟，也就是制作4D模拟的工作流程。了解整个流程之后，就可以将之前所学习的内容较为完整地串联起来。

本节所介绍到的流程，除前3项流程是固定的以外，后续流程可以根据实际项目情况调整顺序。

### 8.2.1 载入模型

将模型载入Navisworks中，然后进入"常用"选项卡中的"工具"面板，单击TimeLiner按钮打开TimeLiner窗口，如图8-23所示。

图8-23

### 8.2.2 创建任务

创建任务，每个任务都有名称、开始日期、结束日期及任务类型等属性。可以手动添加任务，或者单击"任务"选项卡中的"添加任务"按钮，还可以在任务列表中单击鼠标右键，然后基于图层、项目或选择集名称创建一个初始任务集，如图8-24所示。

图8-24

TimeLiner定义了一些默认任务类型（"建造""拆除""临时"），用户可以在"配置"选项卡中自定义任务类型。

使用"数据源"选项卡导入外部源（如Microsoft Project）中的任务，如图8-25所示。可以选择外部进度中的某个字段来定义导入任务的类型，也可以手动设置任务类型。

图8-25

### 8.2.3 模型附着任务

如果使用"任务"选项卡中的自动添加任务功能，基于图层、项目或选择集名称创建了一个初始任务集，则已经附着了相应的图层、项目或选择集。

如果需要手动将任务附着到几何图形，可以单击"附着"按钮，或者使用快捷菜单附着选择、搜索或选择集，也可以单击"使用规则自动附着"按钮自动使用规则附着任务，如图8-26所示。

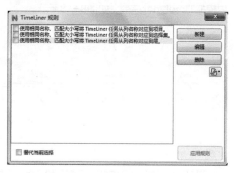

图8-26

### 8.2.4 模拟进度

在高亮显示当前活动的任务时，可以按进度中的任何日期可视化模型。使用熟悉的VCR控件运行整个进度，如图8-27所示，可以将动画添加到TimeLiner计划，并增强模拟质量。

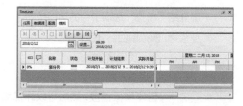

图8-27

### 8.2.5 调整模拟外观

可以使用"配置"选项卡创建新的任务类型和编辑旧的任务类型，如图8-28所示。任务类型定义了该类型的每个任务在开始和结束时发生的情况。可以隐藏附加对象、更改其外观或将其重置为模型中指定的外观。

图8-28

## 8.2.6 导出模拟

如果希望在其他设备上播放4D模拟，可以将4D模拟导出，导出格式可以为图像或动画，如图8-29所示。

图8-29

## 8.2.7 同步计划任务

实际工程施工过程中，总是千变万化的。随时都有可能调整之前所制订的计划，这时就需要将新的进度计划导入，并与现有任务进行同步，以验证新计划的合理性，如图8-30所示。

图8-30

# 8.3 TimeLiner任务

制作4D模拟首先需要创建任务，并编辑相应的信息。通过"任务"选项卡可以创建和编辑任务，将任务附加到几何图形项目，以及验证项目进度。可以调整任务列表，还可以向默认列集中添加新列。

## 8.3.1 创建任务

在TimeLiner中，可以通过下列方式之一创建任务。

方式1：采用一次一个任务的方式手动创建。

方式2：基于选择树、选择集或搜索集中的对象结构自动创建。

方式3：基于添加到TimeLiner中的数据源自动创建。

### ■■ 手动添加任务 ————————————

**01** 载入模型并单击TimeLiner按钮，以打开TimeLiner窗口，如图8-31所示。

图8-31

**02** 进入TimeLiner窗口中的"任务"选项卡，然后单击"添加任务"按钮，如图8-32所示。

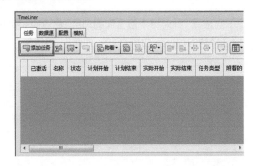

图8-32

**03** 输入任务名称，将该任务添加到进度中，如图8-33所示。

图8-33

技巧与提示

新建一个任务之后，如需继续创建任务，可以按键盘上的Enter键，快速添加新任务。

### ■■ 自动添加任务 ————————————

**01** 进入TimeLiner窗口中的"任务"选项卡，然后单击"自动添加任务"按钮，如图8-34所示。

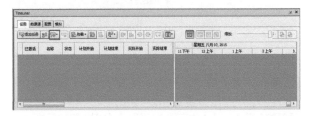

图8-34

**02** 如果要创建与选择树中的每个顶部图层同名的任务，可选择"针对每个最上面的图层"命令。如果要创建与选择树中的每个顶部项目同名的任务，可选择"针对每个最上面的项目"命令。如果要与创建集合中各个集合同名的任务，可选择"针对每个集合"命令，如图8-35所示。

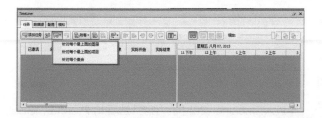

图8-35

03 当选择"针对每个最上面的项目"命令时，系统会自动根据选择树的项目自动创建任务，如图8-36所示。

图8-36

### 8.3.2 编辑任务

以手动或自动方式创建的任务，都需要对任务信息做出修改。例如，任务的名称、开始时间、结束时间和任务类型，等等。只有将这些信息修改准确之后，才能够进行4D模拟。如果是通过外部数据源导入创建的任务，可以直接修改参数。

下面介绍修改任务信息的流程。

01 在TimeLiner窗口的"任务"选项卡中，选中包含要修改的任务的行，然后单击其名称，为该任务输入一个新名称，如图8-37所示。

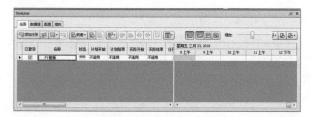

图8-37

02 单击"计划开始"和"计划结束"字段中的下拉按钮▼将打开日历，从中可以设置计划开始日期和结束日期。使用日历顶部的左箭头按钮◀和右箭头按钮▶可分别前移和后移一个月，然后单击所需的日期，如图8-38所示。

图8-38

03 要更改开始或结束时间，可单击要修改的时间字段（小时、分或秒），然后输入参数值，如图8-39所示。可以使用左箭头键和右箭头键在时间字段中的各个单元之间移动。

图8-39

04 单击任务类型，根据当前任务的阶段在预设的任务类型中进行选择，如图8-40所示。

图8-40

05 如果当前项目中存在多个任务，并且任务类型一致，就可以选择所需任务，在已设置的任务类型上单击鼠标右键，在弹出的快捷菜单中选择"向下填充"命令，如图8-41所示。

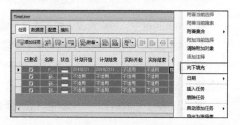

图8-41

这时，所有选择的任务类型都将会修改为一致的任务类型，而不需逐个手动修改，如图8-42所示。

图8-42

### 8.3.3 任务与模型链接

为了能执行模拟，必须将每个任务都附加到模型中的项目。可以同时创建和附着任务，也可以先创建所有任务，然后单独或在规则定义的批处理中附着它们。

**手动附着任务** ————————————————

可以手动将任务附着到场景视图中的当前选择或者选择集。手动附着任务的方式有两种：一种是将场景视图中所选择的对象和集合直接拖动到对应任务的"附着的"列中；另一种是在场景视图中选中对象或集合，然后在对应任务"附着的"列上单击鼠标右键，在弹出的快捷菜单中选择对应命令。

下面将通过按钮或快捷菜单附着任务。

01 在场景视图或选择树中选择所需的几何图形对象，如图8-43所示。

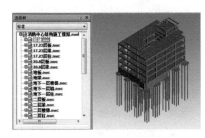

图8-43

02 在TimeLiner窗口的"任务"选项卡中选中所需的任务，如图8-44所示。

图8-44

03 在选中的任务上单击鼠标右键，在弹出的快捷菜单中选择"附着当前选择"命令；也可以单击"任务"选项卡上的"附着"按钮，在弹出的下拉菜单中选择"附着当前选择"命令，如图8-45所示。

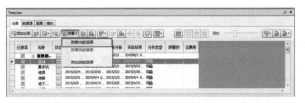

图8-45

04 任务附着之后，将会在"附着的"列中显示附着对象。根据附着的方式不同，所显示的字样也不同，如图8-46所示。

图8-46

接下来将通过拖动附着任务。

01 在场景视图或选择树中选择所需的几何图形对象，如图8-47所示。

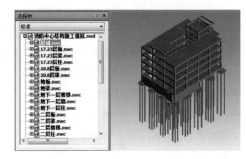

图8-47

**技巧与提示**

在使用"选择"工具时，按住Space键可临时将"选择"工具切换为"选择框"工具，通过该工具可以进行"成组"选择。释放Space键后，"选择框"工具将切换回"选择"工具，同时保留已经做出的所有选择。

02 将选定项目拖动到TimeLiner窗口"任务"选项卡中的所需任务上，如图8-48所示。拖动来的项目将覆盖任何现有附着对象。如果在按住Ctrl键时的同时放置项目，则项目将附着到当前附着对象。可以将项目拖动到任务列表或甘特图中的任务上。

图8-48

## 使用规则附着任务

手动附着任务可能需要很长时间。可以通过选择选择树中的对象名称来创建相同名称的任务,或创建与这些任务名称相同的选择集和搜索集。这种情况下,可以应用预定义规则和自定义规则,以便将任务快速附着到模型中的对象。

下面介绍预定义规则的具体参数。

● 名称与任务名相同的项目:选择此规则,会将模型中的每个几何图形项目附着到指定列中的每个同名任务。默认设置是使用"名称"列。

● 名称与任务名相同的选择集:选择此规则,会将模型中的每个选择集和搜索集附着到指定列中的每个同名任务。默认设置是使用"名称"列。

● 名称与任务名相同的层:选择此规则,会将模型中的每个层附着到指定列中的每个同名任务。默认设置是使用"名称"列。

下面介绍添加自定义规则的方法。

一般情况下,使用预定义的规则即可满足大部分需求。但在一些特殊情况下,则需要根据项目情况自定义相关规则。例如,在Revit中已经将各任务名录入到模型构件中,这时需要根据这些参数所在的位置自定义匹配规则,才能使模型与任务计划自动挂接。

**01** 在TimeLiner窗口的"任务"选项卡中,单击"使用规则自动附着"按钮 ,如图8-49所示。

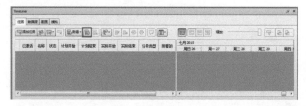

图8-49

**02** 在"TimeLiner规则"对话框中单击"新建"按钮,将打开"规则编辑器"对话框。在"规则名称"文本框中为规则输入一个新名称。如果不输入名称,则在选择规则模板时,将使用所选模板的默认名称,如图8-50所示。

图8-50

下面介绍"规则模板"列表中的具体模板含义。

● 将项目附着到任务:该模板是用于前3个预定义的TimeLiner规则("名称与任务名相同的项目""名称与任务名相同的选择集""名称与任务名相同的层")的模板。

● 按类别/特性将项目附着到任务:该模板可以在模型场景中指定特性。如果任务与模型中的指定特性值同名,那么在选中该模板并单击"应用规则"按钮时,所有具有该特性的项目将附着到该任务。

**03** 在"规则描述"文本区域中,单击每个带下画线的值,以自定义规则。

下面介绍可用于自定义模板的具体参数。

● 列名称:在"任务"选项卡中选择要将项目名称进行比较的列。

● 匹配:名称区分大小写,因此只匹配完全相同的名称。还可以选择"忽略",用于忽略区分大小写。

● 类别/特性名称:使用界面中显示的类别或特性名称。

● <category>:从要定义的类别或特性所在的可用列表中进行选择。下拉列表中只显示场景中包含的类别。

● <property>:从可用列表中选择要定义的特性。同样,只有所选类别的场景中的特性可用。

**04** 单击"确定"按钮添加新TimeLiner规则,或单击"取消"按钮返回到"TimeLiner规则"对话框。

★ 重点 ★

## 实战: 使用新建规则匹配任务

| | |
|---|---|
| 场景位置 | 场景文件>第8章>01.nwd |
| 实例位置 | 实例文件>第8章>实战:使用新建规则匹配任务.nwd |
| 视频位置 | 多媒体教学>第8章>实战:使用新建规则匹配任务.mp4 |
| 难易指数 | ★★★☆☆ |
| 技术掌握 | 掌握规则参数设置的方法 |

**01** 使用快捷键Ctrl+O,打开学习资源中的"场景文件>第8章>01.nwd"文件。选中一层楼板,然后进入"特性"窗口中的"元素"选项卡,查看"标记"参数,如图8-51所示。

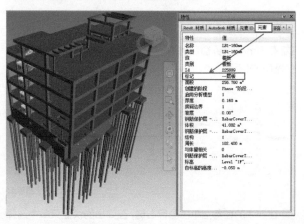

图8-51

如果打开的是Revit模型，则大部分已设置的参数在"元素"选项卡中。如果选中对象，并显示此选项卡，则需检查当前选取精度是否为"最高层级的对象"。

02 单击TimeLiner按钮，如图8-52所示，打开TimeLiner窗口。

图8-52

03 在TimeLiner窗口的"任务"选项卡中，单击"使用规则自动附着"按钮，如图8-53所示。

图8-53

04 在"Time Liner"规则对话框中单击"新建"按钮，如图8-54所示。

图8-54

05 此时将打开"规则编辑器"对话框，在"规则名称"文本框中为规则输入一个新名称。在"规则模板"列表中选择"按类别/特性将项目附着到任务"模板，如图8-55所示。

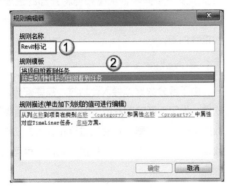

图8-55

06 单击规则中的<category>标记，在弹出的"规则编辑器"对话框中将其修改为"元素"，如图8-56所示。单击<property>标记，在弹出的"规则编辑器"对话框中将其修改为"标记"，如图8-57所示。单击"确定"按钮，关闭当前对话框。

图8-56　　　　　　　　　　　　图8-57

07 返回"TimeLiner规则"对话框，选中刚刚新建的Revit标记，然后单击"应用规则"按钮，如图8-58所示。

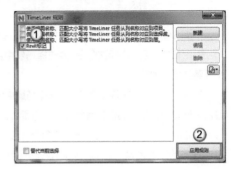

图8-58

08 关闭当前对话框，返回TimeLiner窗口，发现大部分任务已经自动附着了对应的模型，如图8-59所示。

图8-59

　　匹配规则只需创建一次，便会一直存储在软件中。当下一个项目使用同样的参数时，便可以直接使用现有的规则，而无须再次新建。

### 8.3.4 验证进度计划

　　不论是通过手动方式附着，还是用规则方式附着模型，都有可能发生任务遗漏的情况。某个项目可能由于多种原因而处于未附着状态。例如，项目进度文件中的某个任务被省略，或几何图形项目未包含在选择集或搜索集中。可以通过标识未包含在任务中的项目，检查是否在多个任务中重复，或是否位于重叠任务中，来验证进度的有效性。

下面介绍检测TimeLiner任务的操作流程。

**01** 当模型附着完成后，在TimeLiner窗口的"任务"选项卡中单击"查找项目"按钮，将弹出一个下拉菜单，如图8-60所示。

图8-60

下面介绍"查找项目"下拉菜单中的具体命令含义。

● 附着的项目：选择该命令，会选择场景中直接附着到某个任务的所有项目。

● 包含的项目：选择该命令，会选择场景中附着到任务或包含在已附着到任务的任何其他项目中的项目。

● 未附着/未包含的项目：选择该命令，会选择场景中未附着到任务的所有项目，或未包含在附着到任务的任何项目中的项目。

● 附着到多个任务的项目：选择该命令，会选择场景中直接附着到多个任务的所有项目。

● 包含在多个任务中的项目：选择该命令，会选择场景中附着到或包含在附着到多个任务的任何其他项目中的项目。

● 附着到重叠任务的项目：选择该命令，会选择场景中附着到多个任务（任务持续时间重叠）的所有项目。

● 包含在重叠任务中的项目：选择该命令，会选择场景中附着到或包含在附着到多个任务（任务持续时间重叠）的任何其他项目中的项目。

**02** 选择所需命令后，查找结果将在选择树和场景视图中高亮显示。

# 8.4 链接外部数据

TimeLiner具有一项强大的功能，能够与项目进度安排软件集成，可以从项目文件中将任务列表及相关信息直接导入TimeLiner中。例如，每个任务的开始时间、结束时间及费用等。

## 8.4.1 支持的进度安排软件

TimeLiner支持多种进度安排软件，如图8-61所示。但有些进度计划文件，只有安装对应的进度安排软件才会起作用，否则将无法打开也无法导入，如Project。

图8-61

下面介绍"添加"下拉菜单中的具体命令含义。

● Microsoft Project MPX：TimeLiner可以直接读取Microsoft Project MPX文件，而无须安装Microsoft Project。Primavera Sure Trak、Primavera Project Planner和Asta Power Project都可以导出MPX文件。

● Microsoft Project 2007-2013：此数据源要求已安装Microsoft Project 2007至Microsoft Project 2013软件。

● Primavera P6(Web服务)、Primavera P6 V7(Web服务)、Primavera P6 V8.3(Web服务)：访问Primavera P6 Web服务功能可极大缩短TimeLiner进度和Primavera进度同步所花费的时间。此数据源要求设置Primavera Web服务器。

## 8.4.2 添加和管理数据源

在日常工作中，项目进度计划都是由专业的项目管理软件制作。例如，国内的"梦龙项目管理软件"，国际上常用的Project、Primavera P3/P6等项目管理软件。此时就涉及一个问题，就是如何将外部的进度计划数据导入TimeLiner制作4D模拟。本小节就将学习如何创建、删除和编辑数据源。

**导入数据** ————————————————

由于部分数据源导入计划时，需要安排对应的进度计划软件。为了不影响读者练习操作，将介绍通用的CSV格式的数据文件导入步骤，其导出过程和设置方法与其他数据源大致相同。如果使用其他项目管理软件，也可以按照相同的步骤操作。

## 实战：导入数据并创建任务

| | |
|---|---|
| 场景位置 | 场景文件>第8章>02.nwd |
| 实例位置 | 实例文件>第8章>实战：导入数据并创建任务.nwd |
| 视频位置 | 多媒体教学>第8章>实战：导入数据并创建任务.mp4 |
| 难易指数 | ★★★☆☆ |
| 技术掌握 | 掌握外部数据的导入方法和设置原则 |

**01** 使用快捷键Ctrl+O，打开学习资源中的"场景文件>第8章>02.nwd"文件。单击TimeLiner按钮，如图8-62所示，打开TimeLiner窗口。

图8-62

**02** 在TimeLiner窗口的"数据源"选项卡中单击"添加"按钮，在下拉菜单中选择"CSV导入"命令，如图8-63所示。

图8-63

**03** 此时弹出"打开"对话框，打开学习资源中的"场景文件>第8章>4D模拟计划.CSV"文件，如图8-64所示。

图8-64

**04** 在弹出的"字段选择器"对话框中，依次将"外部字段名"列的名称与列的名称相匹配，如图8-65所示。完成之后，单击"确定"按钮关闭对话框。

图8-65

**05** 在新添加的数据源上单击鼠标右键，在弹出的快捷菜单中选择"重建任务层次"命令，如图8-66所示。

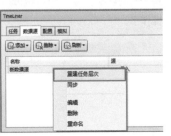

图8-66

**06** 进入"任务"选项卡，查看任务是否已经成功创建，如图8-67所示。

图8-67

### 刷新及编辑数据

前面介绍了如何导入数据，并利用导入的数据新建任务结构。这里将基于前面的内容，介绍当外部数据源修改之后，如何刷新数据源，并将其同步至TimeLiner任务中。这部分操作在日常工作中会经常遇到，请读者认真练习。

## 实战：刷新数据并重建任务

| | |
|---|---|
| 场景位置 | 场景文件>第8章>03.nwd |
| 实例位置 | 实例文件>第8章>实战：刷新数据并重建任务.nwd |
| 视频位置 | 多媒体教学>第8章>实战：刷新数据并重建任务.mp4 |
| 难易指数 | ★★★☆☆ |
| 技术掌握 | 掌握刷新外部数据并同步任务结构的方法 |

**01** 使用快捷键Ctrl+O，打开学习资源中的"场景文件>第8章>03.nwd"文件。单击TimeLiner按钮，如图8-68所示，打开TimeLiner窗口。

图8-68

**02** 在TimeLiner窗口的"数据源"选项卡中，查看已添加的数据文件所在的路径，如图8-69所示。

图8-69

**03** 打开相应的数据文件，将"名称"为"地下"的任务删除，将其他任务顺移至顶部，并保存文件，如图8-70所示。

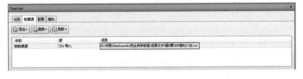

图8-70

**04** 在数据源上单击鼠标右键，在弹出的快捷菜单中选择"重建任务层次"命令，如图8-71所示，将从数据中重新导入所有任务和相关数据，然后在"任务"选项卡中重建任务层次结构。如果选择"同步"命令，则只会载入最新数据，而不会修改现有任务结构。

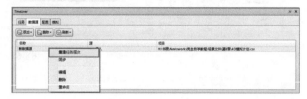

图8-71

**05** 切换到"任务"选项卡，查看任务结构的变化情况，如图8-72所示。

图8-72

**06** 在弹出的"字段选择器"对话框中，依次将"外部字段名"列的名称与列的名称相匹配，如图8-73所示。完成之后，单击"确定"按钮关闭对话框。

图8-73

## 8.4.3 导出TimeLiner进度

通常使用专业的项目管理或进度计划软件来制作项目进度计划表，然后导入到软件中建立任务。但在项目执行过程中，可能在进行模拟时发现某项任务不合理，或需要增减现有任务，此时可以直接在TimeLiner中进行修改。但如果要将修改完成后的数据与外部计划文件同步，便需要将修改后的计划导出了。

当然，除了可以导出任务进度计划表之外，还可以将其导出为选择集，方便工作团队中的其他成员使用。下面将简单介绍导出TimeLiner进度的步骤。

**01** 在TimeLiner窗口的"任务"选项卡中，单击"导出进度"按钮，在弹出的下拉菜单中选择"导出CSV"命令或"导出MS Project XML"命令，如图8-74所示。

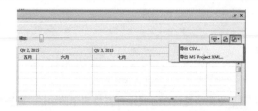

图8-74

**02** 在"导出"对话框中，输入新的文件名并指定位置，然后单击"保存"按钮，如图8-75所示。

图8-75

 **技巧与提示**

还可以通过"输出"选项卡"导出数据"面板中的TimeLiner CSV命令来导出CSV文件。

# 8.5 添加动画与脚本

可以将对象和视点动画链接到构建进度，并增强模拟的效果。例如，可以先使用一个显示整个项目概况的相机进行模拟，然后在模拟任务时放大特定区域，以获得模型的详细视图。

## 8.5.1 向整个进度中添加动画

可以添加到整个进度中的动画只限于视点、视点动画和相机，添加的视点和相机动画将自动进行缩放，以便与播放持续时间匹配。向进度中添加动画后，就可以对其进行模拟操作了。

★**重点**★
**实战：创建并添加旋转动画**

| | |
|---|---|
| 场景位置 | 场景文件>第8章>04.nwd |
| 实例位置 | 实例文件>第8章>实战：创建并添加旋转动画.nwd |
| 视频位置 | 多媒体教学>第8章>实战：创建并添加旋转动画.mp4 |
| 难易指数 | ★★★☆☆ |
| 技术掌握 | 掌握刷新外部数据并同步任务结构的方法 |

**01** 使用快捷键Ctrl+O，打开学习资源中的"场景文件>第8章>04.nwd"文件，然后修改相机为"正视"模式，如图8-76所示。

图8-76

**02** 将鼠标指针放置于ViewCube转盘上，按住鼠标左键，并按快捷键Ctrl+↑，开启"录制"工具，然后向左匀速拖动鼠标，如图8-77所示。使模型旋转一周后，按快捷键Ctrl+↓，结束录制。

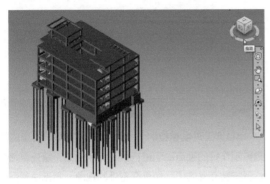

图8-77

**03** 切换到"动画"选项卡，选择刚刚录制的动画1为当前动画，如图8-78所示。

图8-78

**04** 打开TimeLiner窗口，并进入"模拟"选项卡，单击"设置"按钮，如图8-79所示。

图8-79

**05** 在弹出的"模拟设置"对话框中，将"动画"修改为"保存的视点动画"，如图8-80所示。单击"确定"按钮，关闭当前对话框。

图8-80

**06** 在TimeLiner窗口的"模拟"选项卡中，单击"播放"按钮，观看4D施工模拟链接动画效果，如图8-81所示。

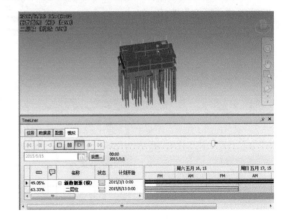

图8-81

## 8.5.2 向任务中添加动画

可以添加到TimeLiner中的单个任务的动画，只限于场景及场景中的动画集。默认情况下，添加的任何动画均进行缩放，以匹配任务持续时间。还可以通过将动画的起始点或结束点与任务匹配实现以正常（录制）速度播放动画。

★ 重点 ★
## 实战：添加对象动画模拟建筑生长

场景位置　场景文件>第8章>05.nwd
实例位置　实例文件>第8章>实战：添加对象动画模拟建筑生长.nwd
视频位置　多媒体教学>第8章>实战：添加对象动画模拟建筑生长.mp4
难易指数　★★☆☆☆
技术掌握　掌握计划任务与动画链接的方法

**01** 使用快捷键Ctrl+O，打开学习资源中的"场景文件>第8章>05.nwd"文件，然后打开Animator窗口，查看已制作完成的对象动画，如图8-82所示。

图8-82

02 打开TimeLiner窗口，在"任务"选项卡中单击"列"按钮，在弹出的下拉菜单中选择"选择列"命令，如图8-83所示。

图8-83

03 在"选择TimeLiner列"对话框中，选中"动画"选项，然后单击"确定"按钮，如图8-84所示。

图8-84

04 返回TimeLiner窗口，在"一层柱"任务行找到"动画"列，单击并在下拉列表中选择同名的对象动画，如图8-85所示。按照同样的操作，完成其他任务动画的添加。

图8-85

05 为了使动画效果更加明显，需进入"配置"选项卡修改模拟外观。找到"构造"任务类型，单击"开始外观"列，并在下拉列表中选择"模型外观"选项，如图8-86所示。

图8-86

06 进入"模拟"选项卡，播放模拟查看最终效果，如图8-87所示。

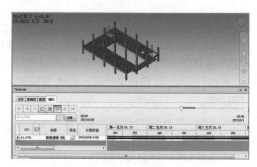

图8-87

### 8.5.3 向任务中添加脚本

4D施工进度模拟时，多数情况下是基于固定的视点或提前制作好的视点动画进行查看的。例如，室外幕墙与室内设备安装交叉施工，如果在室外的视角，则无法观察到室内的情况。这时，便可以使用脚本更改安装任务的相机视点，自动切换视点。需要注意的是，向任务中添加脚本时将忽略脚本事件，并且无论脚本事件如何，均会运行脚本动作。

下面介绍添加脚本的操作流程。

01 在"常用"选项卡的"工具"面板中单击TimeLiner，打开TimeLiner窗口。

02 在"任务"选项卡中，单击要向其中添加脚本的任务，然后拖动水平滚动条找到"脚本"列，如图8-88所示。

图8-88

03 单击"脚本"字段，然后选择要与该任务一起运行的脚本，如图8-89所示。

图8-89

# 8.6 配置模拟

为了能够使4D模拟效果更直观，可以修改模拟外观与播放模拟设置。通过模拟外观设置，可以添加或修改不同的任务类型，同时可以给任务类型设置外观样式。在模拟播放中，则可以设置整个4D模拟的播放总时长、文字信息内容及样式等。

## 8.6.1 模拟外观

每个任务都有一个对应的任务类型，不同的任务类型代表了该任务开始与结束时的显示状态，可用选项如下。

● 无：附着到任务的项目将不会更改。

● 隐藏：附着到任务的项目将被隐藏。

● 模型外观：附着到任务的项目将按照它们在模型中的定义显示。这可能是原始模型颜色，如果在Navisworks中应用了颜色和透明度替换，也将显示它们。

● 外观定义：用于从"外观定义"列表中进行选择，包括10个预定义的外观和已添加的任何自定义外观。

### ■■ 添加任务类型定义 ——————————

当制作机电安装工程或装饰工程的进度模拟时，是基于已完成的土建工程而进行的。而土建工程则没有对应的任务类型，这时需要添加新的任务类型，并修改其开始外观样式，以满足需求。

**01** 在TimeLiner窗口中进入"配置"选项卡，然后单击"添加"按钮，将在列表底部添加一个新的任务，如图8-90所示。

图8-90

**02** 双击"名称"列的现有名称，将其修改为"现有"或其他文字说明，如图8-91所示。

图8-91

**03** 单击"开始外观"列，弹出下拉菜单，在其中选择"模型外观"选项，如图8-92所示。

图8-92

### ■■ 添加外观定义样式 ——————————

**01** 在TimeLiner窗口中进入"配置"选项卡，然后单击"外观定义"按钮，如图8-93所示。

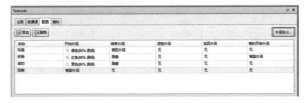

图8-93

**02** 在"外观定义"对话框中，单击"添加"按钮，将在列表中添加一个新的外观样式，如图8-94所示。

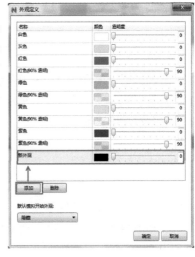

图8-94

**03** 依次修改新外观样式的名称颜色及透明度参数，最后单击"确定"按钮，如图8-95所示。

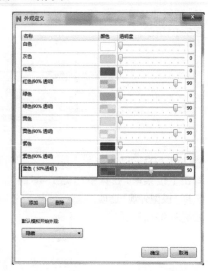

图8-95

**04** 此时设置外观样式时，下拉列表中便会出现新添加的外观样式，如图8-96所示。

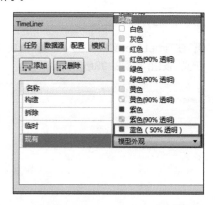

图8-96

## 8.6.2 模拟播放

默认情况下，无论任务持续时间多长，模拟播放持续时间均设置为20s。可以调整模拟持续时间及一些其他播放选项来增强模拟的有效性。

★ 重点 ★

### 实战：调整模拟显示及播放效果

场景位置　场景文件>第8章>06.nwd
实例位置　实例文件>第8章>实战：调整模拟显示及播放效果.nwd
视频位置　多媒体教学>第8章>实战：调整模拟显示及播放效果.mp4
难易指数　★★★☆☆
技术掌握　掌握设置模拟动画时长及显示内容的方法

**01** 使用快捷键Ctrl+O，打开学习资源中的"场景文件>第8章>06.nwd"文件，然后打开TimeLiner窗口，并进入"模拟"选项卡，单击"设置"按钮，如图8-97所示。

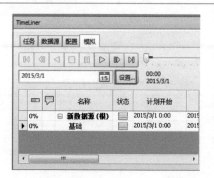

图8-97

**02** 在"模拟设置"对话框中，修改"时间间隔大小"参数值为1天，修改"回放持续时间"参数值为30s，最后单击"编辑"按钮，打开"覆盖文本"对话框，如图8-98所示。

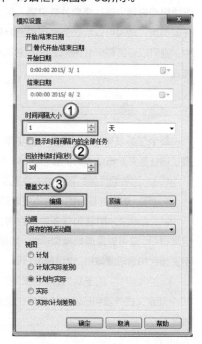

图8-98

**03** 在"覆盖文本"对话框中，将光标定位于文本框中，并使用Ctrl+Enter键切换到第3行，然后单击"其他"按钮，在弹出的下拉菜单中选择"从开始的天数"命令，如图8-99所示。

图8-99

04 为了使表达的内容更清晰，在文本框中的第3行参数前，输入文本"累计用时（天）"，如图8-100所示。

图8-100

05 将光标定位于第1行参数后，单击"颜色"按钮，在弹出的下拉菜单中选择"红色"命令，如图8-101所示。按照同样的方法，在其他行的参数后同样添加"颜色"参数，如图8-102所示。

图8-101

图8-102

06 单击"字体"按钮，可更改字体和文字大小。在"选择覆盖字体"对话框中，设置"字体"，设置"大小"参数值为16，如图8-103所示。

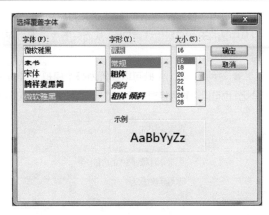

图8-103

07 依次单击"确定"按钮，关闭所有对话框。播放模拟，查看调整后的模拟动画效果，如图8-104所示。

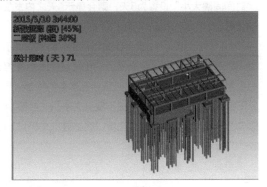

图8-104

■◆ "模拟设置"对话框参数详解 —————————

单击TimeLiner窗口"模拟"选项卡中的"设置"按钮可访问"模拟配置"对话框，如图8-105所示。

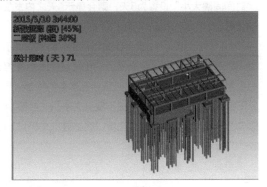

图8-105

177

● 选中"替代开始/结束日期"选项可启用日期文本框，可以从中选择开始日期和结束日期，从而只播放指定时间段的任务模拟动画。

● 时间间隔大小：既可以设置为整个模拟持续时间的百分比，也可以设置为绝对的天数或周数等，如图8-106所示。

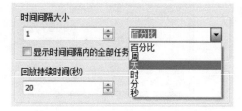

图8-106

选中"显示时间间隔内的全部任务"选项，并假设将"时间间隔大小"设置为5天，则会显示5天之内发生的所有的任务。

● 回放持续时间：控制4D模拟动画整体播放时间。

● 覆盖文本：可以定义是否应在场景视图中覆盖当前模拟日期，以及覆盖后此日期是应显示在屏幕的顶部还是底部。从下拉列表中选择"无"（不显示覆盖文字）、"顶部"（在窗口顶部显示文字）或"底部"（在窗口底部显示文字）选项，如图8-107所示。

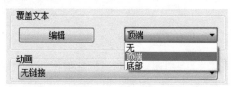

图8-107

单击"编辑"按钮可以打开"覆盖文本"对话框。在其中可以编辑覆盖文字中显示的信息，还可以修改文本颜色、字体等设置。

● 动画：在"动画"下拉列表中选择向整个进度中添加的动画内容，在TimeLiner序列播放过程中，Navisworks还会播放指定的视点动画或相机，如图8-108所示。

图8-108

可以在"动画"下拉列表中选择以下选项。

无链接：将不播放视点动画或相机动画。

保存的视点动画：将进度链接到当前选定的视点或视点动画。

场景X->"相机"：将进度链接到选定动画场景中的相机动画。

可以预先录制合适的动画，以便与TimeLiner模拟一起使用。使用动画还会影响导出动画。

● 视图：每个视图都将播放描述计划日期与实际日期关系的进度。

计划：选择此视图将仅模拟计划进度。

计划(实际差别)：选择此视图将针对计划进度来模拟"实际"进度。

计划与实际：以实际进度与计划进度对比。

实际：选择此视图将仅模拟实际进度。

实际(计划差别)：选择此视图将针对实际进度来模拟计划进度。

### "覆盖文本"对话框参数详解

在"模拟设置"对话框中单击"编辑"按钮，打开"覆盖文本"对话框，在其中可以定义模拟期间在场景视图中覆盖的参数，如图8-109所示。

图8-109

日期和时间将以默认的格式显示，可以在文本框中输入文本来指定要使用的格式。前缀有%或$字符的词语用作关键字并被各个值替换，除此以外的大多数文本将显示为输入时的状态。

● 日期/时间、费用和其他：可用于选择和插入所有可能的关键字。

● 颜色：可用于定义覆盖文字的颜色。

● 字体：用于显示标准的Windows字体选择器对话框。

选择正确的字体、字体样式和字号后，单击"确定"按钮返回"覆盖文本"对话框。当前选定的字体将显示在"字体"按钮的右侧，并且在TimeLiner模拟过程中，所有覆盖文字都将用此字体显示。

问：除了程序自带的关键字外，是否可以自己添加新的关键字？

答：可以添加，直接在文本框内输入就可以。但是所输入的关键字只起显示作用，并不能与任务直接关联。通俗来讲，就是自定义输入的关键字是固定内容，并不会根据任务改变而变化。

### 8.6.3 导出模拟

进入导出模拟阶段，4D施工进度模拟制作就已经接近尾声了。接下来的任务是如何将制作好的模拟导出，可以将模拟导出为图片或者动画，导出步骤与之前所学习过的动画导出相同。下面将通过实例简单说明导出施工进度模拟的步骤。

★ 重点 ★
### 实战：导出4D施工进度模拟动画

场景位置　场景文件>第8章>07.nwd
实例位置　实例文件>第8章>实战：导出4D施工进度模拟动画.nwd
视频位置　多媒体教学>第8章>实战：导出4D施工进度模拟动画.mp4
难易指数　★★★☆☆
技术掌握　掌握4D模拟导出流程及参数设置方法

01 使用快捷键Ctrl+O，打开学习资源中的"场景文件>第8章>07.nwd"文件，然后打开TimeLiner窗口并进入"模拟"选项卡，播放动画，检查文件是否存在问题，接着单击"导出动画"按钮，如图8-110所示。

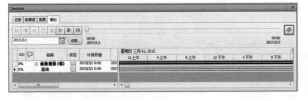

图8-110

02 在"导出动画"对话框中，选择"源"为"TimeLiner模拟"，输出格式为Windows AVI，并单击"选项"按钮，选择"压缩程序"为"Intel IYUV编码解码器"，如图8-111所示。

图8-111

03 修改尺寸为1280×720、"每秒帧数"为12、"抗锯齿"为"8×"，如图8-112所示。

图8-112

04 单击"确定"按钮，关闭对话框。在"另存为"对话框中输入视频名称，然后单击"保存"按钮开始导出动画，如图8-113所示。

图8-113

# 第9章
# Navisworks的渲染工具

## 9.1 Autodesk渲染工具概述

　　Navisworks中提供了两种渲染方式，一种是使用Rendering渲染工具进行本地渲染，另一种则是使用欧特克的云渲染。相比较而言，云渲染操作简单且渲染速度快，但每次渲染都需要单独付费。而本地渲染则相对操作复杂一些，渲染速度也取决于计算机的硬件配置。综合考虑日常工作的使用场景，并不需要经常大批量地渲染高质量的效果图，只是在特定时间渲染几张成果图片用于展示，所以使用本地渲染更为合适。

　　Navisworks中集成的Autodesk渲染器可以生成光源效果的物理校正模拟及全局照明，与大名鼎鼎的电影级渲染器Mental Ray也存在关联，其渲染功力可见一斑。使用Navisworks渲染的效果如图9-1所示。

图9-1

　　在Navisworks中，在场景视图中渲染真实照片级图像的流程如下。

01 将材质应用于模型几何图形。
02 将仿真光源和自然光源添加到模型。
03 自定义曝光设置。
04 渲染图像。
05 保存或导出渲染的图像。

## 9.2 Autodesk渲染窗口

　　使用Autodesk渲染窗口可以访问和使用材质库、光源和环境设置。Autodesk渲染窗口用于设置场景中的材质、光源、环境设置、渲染质量和速度，如图9-2所示。

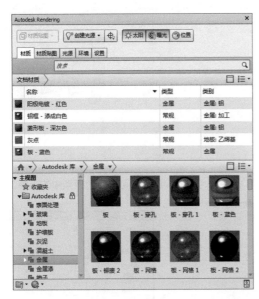

图9-2

Autodesk渲染窗口中包含"渲染"工具栏，并包含以下选项卡。

● 材质：用于浏览和管理材质集合（称为"库"，由Autodesk提供），或为特定的项目创建自定义库。默认材质库中包含各种材质，可以从中选择材质并应用于模型。还可以使用该选项卡创建新材质，或自定义现有材质。

● 材质贴图：用于调整纹理的方向，以适应对象的形状。

● 光源：用于查看已添加到模型中的光源，并自定义光源特性。

● 环境：用于自定义"太阳""天空""曝光"特性。

● 设置：能够更改渲染样式预设。可以从默认质量的预设中选择，或自定义渲染设置。

### 9.2.1 "渲染"工具栏

"渲染"工具栏位于Autodesk渲染窗口的顶部，使用此工具栏可以设置材质贴图、创建光源、调整光源位置、切换太阳和设置曝光。

● 材质贴图 ▣材质贴图：选择用于模型的材质贴图类型。

● 创建光源 ▽创建光源▾：在场景视图中绘制不同的光源。

● 光源图示符 ⊕：在场景视图中打开或关闭光源图示符的显示。

● 太阳 ☼：在当前视点中打开或关闭太阳的光源效果，并打开"环境"选项卡。

● 曝光 ⬙：在当前视点中打开或关闭曝光设置，并打开"环境"选项卡。

● 位置 ⬙：打开"地理位置"对话框，从中可以指定三维模型的位置信息，这将影响阳光的渲染效果。

### 9.2.2 "材质"选项卡

使用"材质"选项卡可以浏览当前文件中所用到的材质，以及材质库中所提供的材质，如图9-3所示。

图9-3

用户可以管理Autodesk提供的材质库，也可以为特定项目创建自定义库。使用"显示选项"菜单可以更改显示的材质、缩略图的大小及显示信息的数量。可以在"材质"选项卡中执行以下操作。

● 浏览Autodesk提供的库，或为特定项目创建自定义库。

● 将材质添加到当前模型。

● 将材质放置到集合（也称为库）中，以便于访问。

● 选择材质并进行编辑。

#### ▓▓ "文档材质"面板 - - - - - - - - - - - - - - - - - -

"文档材质"面板主要显示当前文件所包含的材质，如图9-4所示。

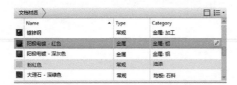

图9-4

### "库"面板 ———————————

"库"面板列出了材质库中当前可用的类别，选定类别中的材质将显示在右侧。将鼠标指针悬停在材质样例上方时，用于应用或编辑材质的按钮会变为可用，如图9-5所示。

可以将"库"面板中的材质样例拖动到场景视图中的对象上，以将材质应用于模型对象。也可以将样例拖动到"文档材质"面板中，以与当前文件一起保存。

图9-5

下面介绍"库"面板中按钮的具体含义。

● 显示/隐藏库▢：显示或隐藏材质库列表（左侧窗格）。

● 管理库▢：创建、打开或编辑库和库类别。

● 材质编辑器▢：显示材质编辑器。

### 显示选项 ———————————

"显示选项"菜单提供用于过滤和显示材质列表的命令，如图9-6所示。

下面介绍各显示选项的含义。

● 库：显示指定的库。

● 查看类型：将列表设置为显示大缩略图、小缩略图和信息，或仅显示文字。

● 排序：控制文档材质的显示顺序。可以按名称、类型或材质的颜色排序。在"库"面板中，还可以按类别排序。

● 缩略图大小：设置显示的材质样例的大小。

图9-6

### 9.2.3 "材质贴图"选项卡

使用"材质贴图"选项卡可以自定义在"渲染"工具栏中选择的材质贴图类型的默认设置，如图9-7所示。

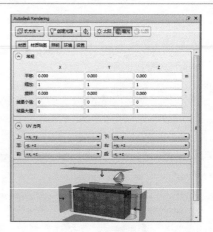

图9-7

### 9.2.4 "光源"选项卡

使用"光源"选项卡可以管理模型中的光源，如图9-8所示。

图9-8

### 光源列表 ———————————

添加到模型中的每个光源，都按"光源名称"和"类型"在光源列表中列出，通过"状态"选项可打开或关闭光源，如图9-9所示。

图9-9

在列表中选择一个光源时，模型中也会选择该光源，反之亦然。在模型中选择一个光源后，可以使用控件来移动该光源并更改其他一些属性。例如，聚光灯中的热点和落点圆锥体。还可以在属性视图中直接调整光源的设置。在更改光源属性时，可以在模型上看到产生的效果。

默认情况下，模型中最多可使用8个光源。如果光源数超过8个，它们将不会影响模型，即使启用它们也是如此。可以使用"选项编辑器"对话框进行设置，以使用无限数量的光源。

## ■■ 属性视图 ——————————————

属性视图显示当前选定光源的属性，如图9-10所示。

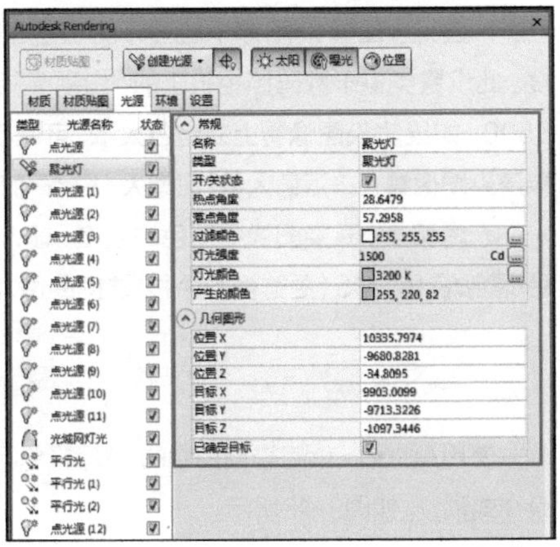

图9-10

下面详细介绍一些通用参数（对所有灯光起作用）的具体含义，首先来看看"常规"属性面板。

● 名称：指定分配给光源的名称。

● 类型：指定光源的类型，包括点光源、聚光灯、平行光和光域网灯光。

● 开/关状态：控制光源处于打开状态还是关闭状态。

● 过滤颜色：设置发射光的颜色。

"几何图形"属性面板可以控制光源的位置，如果光源是聚光灯或光域网灯光，则有更多的目标点属性可用。

## 9.2.5 "环境"选项卡

使用"环境"选项卡配置"太阳"属性、"天空"属性和"曝光"设置，如图9-11所示。只有在打开"曝光"设置时，才显示阳光和天空效果，否则场景视图中的背景将变为白色。

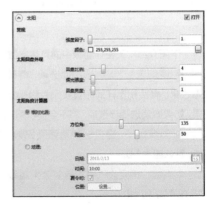

图9-11

## ■■ "太阳"面板 ——————————————

"太阳"面板的主要功能是设置并修改阳光的属性，如图9-12所示。

图9-12

下面介绍"太阳"面板中的具体参数。

● 打开：打开或关闭阳光。如果没有在模型中启用光源，则此设置无效。

● 常规：设置阳光的常规属性。

强度因子：设置阳光的强度或亮度。取值范围为0（无光源）到最大值。数值越大，光源越亮。

颜色：可以使用颜色选择器选择阳光的颜色。

● 太阳圆盘外观：这些设置仅影响背景，它们控制太阳圆盘的外观。

圆盘比例：指定太阳圆盘的比例（正常尺寸为1.0）。

辉光强度：指定太阳辉光的强度，取值范围为0.0~25.0。

圆盘亮度：指定太阳圆盘的亮度，取值范围为0.0~25.0。

● 太阳角度计算器：设置定阳光的角度。

相对光源：使用建筑或视点相对太阳的位置快速生成渲染结果（使用外部太阳光源），这是默认设置。

方位角：指定水平坐标系的方位角坐标，取值范围为0~360，默认设置为135。

海拔：指定地平线以上的海拔或标高，取值范围为0~90，默认设置为50。

地理：选中"地理"选项，以使用太阳/位置设置。

日期：设置当前日期。

时间：设置当前时间。

夏令时：设置是否启用夏令。

位置：打开"地理位置"对话框。

### ▣▢ "天空"面板 ————————————

"天空"面板的主要功能是设置天空的属性，如图9-13所示。

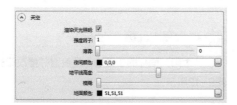

图9-13

下面介绍"天空"面板中的具体参数。

● 渲染天光照明：选中此选项，将在场景视图中启用阳光效果。真实视觉样式和真实照片级视觉样式都将显示该效果。如果取消选择该选项，将不会显示阳光。

● 强度因子：提供一种增强天光效果的方式，0为最小值，默认值为1.0。

● 薄雾：确定大气中的散射效果量级，取值范围为0.0~15.0，默认值为0.0。

● 夜间颜色：可以使用颜色选取器选择夜空的颜色。

● 地平线高度：使用滑块来调整地平面的位置。

● 模糊：使用滑块来调整地平面和天空之间的模糊量。

● 地面颜色：可以使用颜色选取器选择地平面的颜色。

### ▣▢ "曝光"面板 ————————————

"曝光"面板的主要功能是将真实世界的亮度值转换到图像中，如图9-14所示。

图9-14

下面介绍"曝光"面板中的主要参数。

● 打开：打开或关闭曝光（或色调贴图）。真实视觉样式

和真实照片级视觉样式都将显示该效果。如果取消选择该选项，场景背景将变为白色，并且不会显示太阳和天空模拟。

● 曝光值：渲染图像的总体亮度。此设置相当于具有自动曝光功能的相机中的曝光补偿设置。输入一个介于-6（较亮）与16（较暗）之间的值，默认值为6。

● 高光：图像最亮区域的亮度级别。输入一个介于0（较暗的高亮显示）与1（较亮的高亮显示）之间的值，默认值为0.25。

● 中间色调：亮度介于高光和阴影之间的图像区域的亮度级别。输入一个介于0.1（较暗的中间色调）与4（较亮的中间色调）之间的值，默认值为1。

● 阴影：图像最暗区域的亮度级别。输入一个介于0.1（较亮的阴影）与4（较暗的阴影）的值，默认设置为0.2。

● 白点：在渲染图像中应显示为白色的光源的颜色温度。此设置类似于数码照相机上的"白平衡"设置，默认值为6500。如果渲染图像看上去橙色太浓，可减小"白点"值；如果渲染图像看上去蓝色太浓，可增大"白点"值。

● 饱和度：渲染图像中颜色的强度。输入一个介于0（灰色/黑色/白色）与5（更鲜艳的色彩）之间的值，默认值为1。

### 9.2.6 "设置"选项卡

使用Autodesk渲染窗口中的"设置"选项卡可自定义渲染样式预设，如图9-15所示。

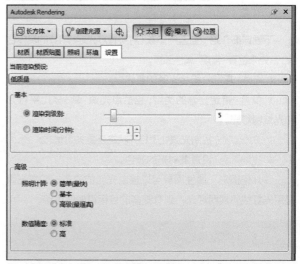

图9-15

可重用的渲染参数将存储为渲染预设。可以从一组默认的渲染预设中选择，也可以使用"设置"选项卡自定义渲染预设。

● 当前渲染预设：选择渲染预设，可自定义渲染输出的质量和速度。

## 基本面板 ————————————————

"基本"面板参数如图9-16所示。

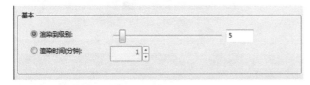

图9-16

● 渲染到级别：指定1~50的渲染级别。级别越高，渲染质量越高。

● 渲染时间(分钟)：指定渲染时间(以分钟为单位)。当渲染动画时，此设置将控制渲染整个动画(而不是单独的动画帧)所花费的时间。

## 高级面板 ————————————————

"高级"面板参数如图9-17所示。

图9-17

● 照明计算：指定照明计算的复杂程度。

● 数值精度：指定数值精度。

# 9.3 材质与贴图

本节主要介绍材质及贴图的使用，其中涵盖了材质库、材质、贴图3大部分的内容。

## 9.3.1 材质库

材质库是材质及相关资源的集合。部分库是由Autodesk提供的，其他库则是由用户创建的。随产品一起提供的Autodesk库包含700多种材质和1000多种纹理。可以将Autodesk材质添加到模型中，对其进行编辑并将其保存到自己的库中。使用Autodesk渲染窗口可以浏览和管理Autodesk材质及用户自定义的材质。

材质库共有3种类型，分别是文档材质库、Autodesk库、用户库，如图9-18所示。

文档材质库

Autodesk库

用户库

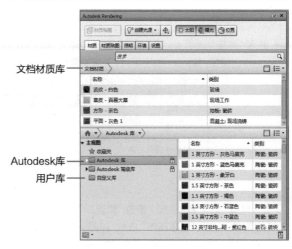

图9-18

下面介绍材质库的相关参数。

● 文档材质库：包含在当前打开的文件中使用或定义的材质，且这些材质仅可在当前文件中使用。

● Autodesk库：包含预定义的材质，供支持材质的Autodesk应用程序使用。Autodesk库已被锁定，其旁边显示有锁定图标。虽然无法编辑Autodesk库，但可以将这些材质用作自定义材质的基础，而自定义材质可以保存在用户库中。

● 用户库：包含可以与其他模型共享的材质。可以复制、移动、重命名或删除用户库，还可以访问并打开在本地或网络上创建的现有用户库，并将它们添加到"材质"选项卡中自定义的库中。这些库将存储在单个文件中，并且可以与其他用户共享。但是，用户库中的材质所使用的任何自定义纹理文件必须通过手动方式与用户库捆绑。

## 锁定用户库 ————————————————

锁定材质库可以保护其中的材质不被修改或删除，如果创建了一个标准的材质库供项目团队的多个成员使用，则可以锁定该库，以防止不必要的更改。

可以使用Windows功能来创建只读文件，以锁定材质库。为了锁定材质库，必须在计算机的目录结构中找到库文件。在"材质"选项卡中，将鼠标指针移动到库名称上时，将显示库路径屏幕提示，如图9-19所示。所有材质库文件的扩展名均为.adsklib。

图9-19

## 创建材质库 —————————————

01 进入"渲染"选项卡,在"系统"面板中单击Autodesk Rendering按钮,如图9-20所示,打开渲染窗口。

图9-20

02 在"材质"选项卡的底部,单击"管理库"按钮,选在弹出的下拉菜单中选择"创建新库"命令,如图9-21所示。

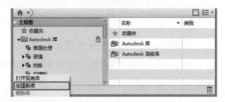

图9-21

03 此时弹出"创建库"对话框,定位要存储库的位置,输入库名称,然后单击"保存"按钮,如图9-22所示。

图9-22

04 此时已创建一个库,可以开始向库中添加材质,并将它们整理到不同的类别中,如图9-23所示。

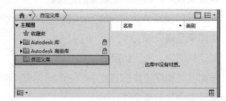

图9-23

## 打开材质库 —————————————

01 进入"渲染"选项卡,在"系统"面板中单击Autodesk Rendering按钮,打开渲染窗口。

02 在"材质"选项卡的底部单击"管理库"按钮,在弹出的下拉菜单中选择"打开现有库"命令,如图9-24所示。

图9-24

03 在"添加库"对话框中浏览到库所在的位置,选中库文件,然后单击"打开"按钮,如图9-25所示。

图9-25

该库将被添加到"库"面板的库树中,如图9-26所示。

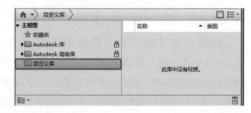

图9-26

## 将材质添加到库中 —————————

01 进入"渲染"选项卡,在"系统"面板中单击Autodesk Rendering按钮,打开渲染窗口。

**02** 进入"材质"选项卡，在材质样例上单击鼠标右键，在弹出的快捷菜单中选择"添加到>自定义库"命令，如图9-27所示。如果没有自定义库，则需要先创建自定义库。

图9-27

**03** 如果觉得上面的操作过于烦琐，可以选中需要添加的材质，直接拖动到对应的库名称上，待鼠标指针变成加号时释放鼠标即可，如图9-28所示。

图9-28

**■■ 搜索使用某种材质的对象** ──────────────

**01** 进入"渲染"选项卡，在"系统"面板中单击Autodesk Rendering按钮，打开渲染窗口。

**02** 进入"材质"选项卡的"文档材质"面板，在一种材质上单击鼠标右键，在弹出的快捷菜单中选择"选择要应用到的对象"命令，如图9-29所示。

图9-29

**03** 使用该材质的对象将会高亮显示在场景视图和选择树中，如图9-30所示。

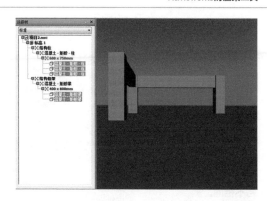

图9-30

### 9.3.2 Autodesk材质

Autodesk产品中的材质代表实际的材质。例如，混凝土、木材和玻璃，这些材质可应用于设计的各个部分，为对象提供真实的外观和行为，可以调整材质的特性来增强反射、透明度和纹理。

Autodesk提供了一个预定义的材质库，如图9-31所示。使用Autodesk渲染窗口中的"材质"选项卡可以浏览材质，并将其应用于模型，还可以创建和修改纹理，以满足不同的需要。

图9-31

在渲染环境中，材质描述了对象如何反射或透射光线。已创建且附着到模型中的对象材质，会显示在视图和渲染图像中。

**■■ 材质特性** ──────────────────────────

材质由多种特性来定义，可用特性取决于选定的材质类型。使用材质编辑器可以查看和编辑材质的特性。

## ▌▌ 材质编辑器 ————————————————

使用材质编辑器可以编辑"材质"选项卡中选定的材质，如图9-32所示。若要打开材质编辑器，可双击"文档材质"面板中的一个材质样例。不同的材质类型，在材质编辑器中的配置各不相同。

图9-32

● "外观"选项卡：主要包含用于编辑材质特性的选项，同时提供材质预览，如图9-33所示。更改材质特性参数后，可以通过缩略图来预览更改后的材质状态。

图9-33

● "信息"选项卡：主要用于编辑和查看材质信息，如图9-34所示。根据所选择的材质不同，所显示的信息内容也各不相同。

图9-34

名称：指定材质的名称。

说明：提供材质说明。

关键字：提供有关材质的关键字或标记。关键字用于搜索和过滤"材质"选项卡中显示的材质。

类型：显示材质的类型、版本和位置。

## ▌▌ 创建新材质 ————————————————

由于Revit 2018版本取消了新建材质功能，无法直接新建材质。不过可以采用复制、编辑的方法，来达到创建新材质的目的。

**01** 进入"渲染"选项卡，在"系统"面板中单击Autodesk

Rendering按钮，打开渲染窗口。

**02** 进入"材质"选项卡，选择某一类型材质，然后添加到"文档材质"面板中，如图9-35所示。

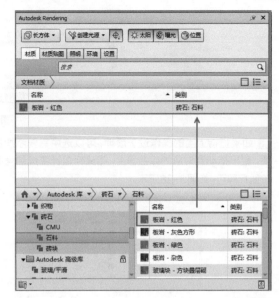

图9-35

**03** 双击所添加的材质，在弹出的材质编辑器中，单击"信息"选项卡，然后输入材质的"名称"和"说明"，如图9-36所示。

图9-36

**04** 进入"外观"选项卡，设置材质颜色及贴图，然后指定材质特性，如反射率、透明度和染色等，如图9-37所示。

图9-37

## 将材质应用到对象

可以将材质应用于场景视图中的整个模型或单个对象，具体取决于选取精度，如图9-38所示。

赋予模型材质的方法有两种，操作方法如下。

方法1：通过选择材质样例快捷菜单中的"指定给当前选择"命令，将材质指定给一个对象。

方法2：将材质样例直接拖动到所绘模型中的对象上。

图9-38

### 9.3.3 材质贴图

将纹理应用于材质后，可以调整纹理的方向以适应形状。例如，选择"圆柱"纹理，将贴图应用于管道，会使得纹理渲染更自然。如果已将纹理应用于项目，则程序将根据5个可用纹理空间计算最佳拟合，如图9-39所示。

图9-39

## 平面贴图

使用平面投影计算纹理坐标，如图9-40所示。

图9-40

变换后的$x$坐标和$y$坐标将基于"域最小值"和"域最大值"值进行调整，并用作$U$值和$V$值。

## 长方体贴图

使用6个平面投影中的一个来计算纹理坐标，如图9-41所示。

长方体贴图会根据贴图法线方向进行平面投影。假设放置一个长方体来包围对象，贴图法线会决定贴图所在立方体的位置，如顶面、底面或侧面。可以根据实际效果调整贴图法线方向。

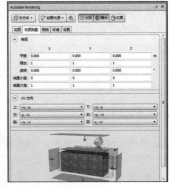

图9-41

## 圆柱体贴图

坐标映射到圆柱曲面，如图9-42所示。

圆柱体贴图类似于长方体贴图，但需要假设放置圆柱体来包围对象。"阈值"是点与圆柱体轴之间的角度，以度为单位，用于决定应使用封口贴图还是侧面贴图，默认情况下使用45°。封口方向（"顶部$UV$"和"底部$UV$"）会指定封口上纹理坐标的方向，类似于长方体贴图的方向参数。

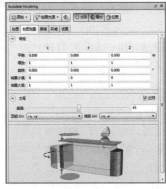

图9-42

## 球体贴图

通过原点处的球体投影计算纹理坐标，如图9-43所示。

假设放置一个球体来包围某对象，那么每个$x$轴、$y$轴和$z$轴都投影到球体上最近的点，$UV$实际上是点的极坐标。

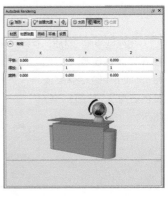

图9-43

## 显式贴图

默认情况下，对于将显式纹理坐标作为几何图形一部分的对象而言，Autodesk渲染将使用这些显式纹理，而不是纹理空间材质贴图（如平面贴图）。如果所选对象不具有显式*UV*坐标，此选项将不可用。

★重点★

### 实战：创建外立面石材材质

| | |
|---|---|
| 场景位置 | 场景文件>第9章>01.nwd |
| 实例位置 | 实例文件>第9章>实战：创建外立面石材材质.nwd |
| 视频位置 | 多媒体教学>第9章>实战：创建外立面石材材质.mp4 |
| 难易指数 | ★★★☆☆ |
| 技术掌握 | 材质的创建与贴图的调整方法 |

**01** 使用快捷键Ctrl+O，打开学习资源中的"场景文件>第9章>01.nwd"文件，如图9-44所示。

图9-44

**02** 进入"渲染"选项卡，单击"系统"面板中的Autodesk Rendering按钮，如图9-45所示，打开渲染窗口。

图9-45

**03** 进入"Autodesk库"面板，在其中单击"石料"类别，然后选择"粗糙抛光-白色"大理石材质，将其拖动至"文档材质"面板中，如图9-46所示。也可使用"将材质添加到文档中"命令添加材质。

图9-46

**04** 双击刚刚添加的材质，打开材质编辑器，在"信息"选项卡中输入名称"淡黄色石材"，如图9-47所示。

图9-47

**05** 切换到"外观"选项卡，单击图像下方的贴图路径，如图9-48所示，打开"材质编辑器打开文件"对话框。

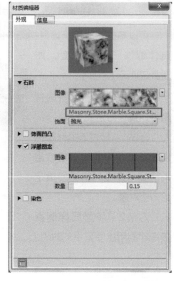

图9-48

**06** 在"材质编辑器打开文件"对话框中打开学习资源中的"场景文件>第9章>石材.jpg"文件，然后单击"打开"按钮，如图9-49所示。

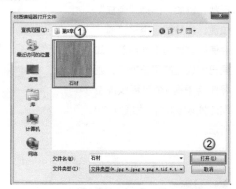

图9-49

**07** 在"纹理编辑器"对话框中更改"样例尺寸"参数值为1.20m，石材的规格将修改为1.20m×1.20m，如图9-50所示。可以根据项目实际情况，修改对应的石材尺寸。

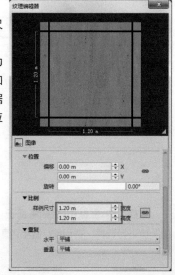

图9-50

08 返回材质编辑器中，因为新建的材质没有对应的"浮雕图案"贴图，所以取消选择此选项，如图9-51所示。

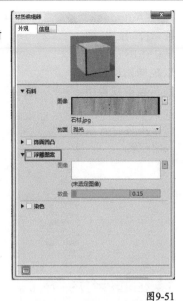

图9-51

09 将"选取精度"设置为"几何图形"，然后通过选择树或直接在场景视图中进行选择，将模型中的所有外墙选中，如图9-52所示。

图9-52

10 在新建的"淡黄色石材"材质上单击鼠标右键，在弹出的快捷菜单中选择"指定给当前选择"命令，如图9-53所示。

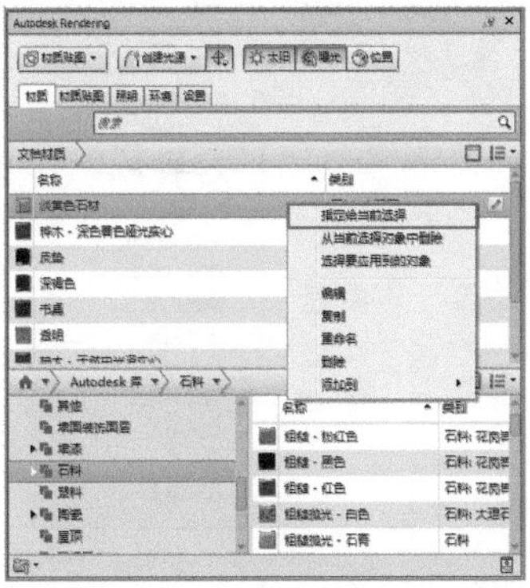

图9-53

11 此时外墙表皮已经成功被赋予了石材材质，但墙体底部出现了石材不完整的情况，如图9-54所示。为了保证美观与真实性，需要对贴图进行调整。

图9-54

12 选择其中一面墙体，然后在Autodesk Rendering窗口中切换到"材质贴图"选项卡，输入z轴平移参数值为0.15 m，将石材贴图与墙体底部对齐，如图9-55所示。

图9-55

**技巧与提示**

调整贴图UV时，只能选中单个对象进行调整。如果同时选中多个对象，则无法进行编辑。

13 按照相同的方法，依次对其他墙体的贴图位置进行修改，修改完成后的效果如图9-56所示。

图9-56

# 9.4 Autodesk光源

可以在模型中添加光源，创建更加真实的渲染效果。添加光源可为场景提供真实外观，光源可增强场景的清晰度和三维效果。还可以通过创建点光源、聚光灯、光域网灯光和平行光，来达到想要的效果。

## 9.4.1 光源分类

根据光源的真实产生条件，可以将其分为两类。一类为自然光源，如太阳光和环境光，可以模拟真实世界的自然光照效果。另一类为人造光源，如电光源、聚光灯和平行光等，可以模拟真实世界中不同类型的灯光照明效果。

**自然光源** ————————————————

对于地面上的实际用途来说，日光具有来自单一方向的平行光线。日光的方向和角度因一天中的时间、地理纬度和季节而异。

在晴朗的天气，太阳光的颜色为浅黄色多云天气会使日光变为蓝色，而暴风雨天气则使日光变为深灰色，空气中的微粒会使日光变为橙色或褐色。在日出和日落时，日光颜色可能是比黄色更深的橙色或红色。

天气越晴朗，阴影就越清晰，这对于自然照明场景的三维效果非常重要。有方向的光线也可以模拟月光，月光是白色的，但比阳光暗淡。

### 人造光源

点光源、聚光灯、平行光和光域网灯光照明的场景，都是人工照明场景，可以通过这些光源模拟不同灯光的照明方案效果。

当光线到达曲面时，曲面反射这些光线，或反射部分光线，因此我们才看到曲面。曲面的外观取决于到达它的光线及曲面材质的属性，如颜色、平滑度和不透明度等。

### 9.4.2 添加和调整光源

添加到模型的每个光源，都按照名称和类型列出在Autodesk渲染窗口的"光源"选项卡中，虽然太阳和天空光源不包括在内，但可以在"环境"选项卡中调整太阳和天空的属性。

在光源列表中选择一个光源时，场景视图中也会选择该光源，反之亦然。列表中光源的属性保存在单独的文件中。在模型中选择一个光源后，可以使用控件来移动该光源并更改其他一些属性，如聚光灯中的热点和落点圆锥体。还可以在属性视图中直接调整光源的设置。在更改光源属性时，可以看到模型上产生的效果。

### 光度控制光源

光度控制光源使用光度（光能量）值，通过这些值可以更精确地定义光源，就像在真实世界中一样。

### 光源单位

Navisworks支持国际（SI）和美制光源单位。这两种光源单位都可用于光度控制工作流。

光源单位从模型文件中读取，且无法修改，除非在原始文件中更改这些单位，然后在Navisworks中重新打开该文件。

### 显示或隐藏光源图示符

01 进入"渲染"选项卡，在"系统"面板中单击Autodesk Rendering按钮，打开Autodesk渲染窗口，如图9-57所示。

图9-57

02 在Autodesk渲染窗口的"渲染"工具栏上，单击"光源图示符"按钮，如图9-58所示，可以控制如何显示表示当前视点中光源的图示符，但是它不会打开或关闭光源。

图9-58

### 在模型中打开/关闭光源

01 进入"渲染"选项卡，在"系统"面板中单击Autodesk Rendering按钮，打开渲染窗口。

02 进入"照明"选项卡，然后选中要启用的光源。如果要禁用该光源，可取消选择，如图9-59所示。该光源稍后仍可供使用。

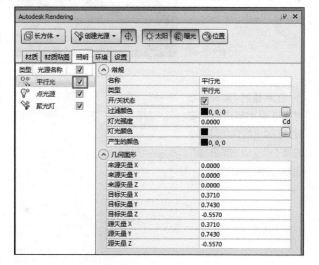

图9-59

### 使用光源控件

可以在场景视图中使用光源控件以交互方式调整光源的属性。

下面介绍光源控件的具体参数。

● 移动光源的位置（原点）：所有光源都提供此选项。

● 移动热点角度：仅聚光灯提供该选项。

● 移动落点角度：仅聚光灯提供该选项。

● 移动光源的目标：聚光灯、光域网灯光和平行光提供此选项。

### 9.4.3 点光源

点光源从其所在位置向各个方向发射光线。点光源不以某个对象为目标，而是照亮它周围的所有对象，如图9-60所示。可以使用点光源获得常规照明效果。

图9-60

当显示光源图示符时，点光源在场景视图中表示为线框球。单击该图示符可显示控件，可以用来调整光源的位置，如图9-61所示。

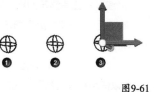

图9-61

下面介绍图9-61中不同图例的具体含义。

● 编号1：正常显示的点光源图示符。

● 编号2：场景中高亮显示的图示符（将鼠标指针悬停在图示符上时）。

● 编号3：在场景中选择图示符，控件变为可用。

点光源属性参数如图9-62所示。

图9-62

● 名称：指定光源名称。

● 类型：指示光源类型。

● 开/关状态：控制在场景中是打开还是关闭光源。

● 过滤颜色：设置发射光的颜色，默认颜色为白色。

● 灯光强度：指定光源的固有亮度。指定灯光的强度、光通量或照度，单击■按钮打开"灯光强度"对话框，从中可以调整单位。

● 灯光颜色：将灯光颜色指定为CIE标准照明体（D65标准日光）或开尔文颜色温度。单击■按钮打开"灯光颜色"对话框，从中指定颜色。

● 产生的颜色：显示光源产生的颜色，即灯光颜色与过滤颜色的乘积，以RGB值表示。

● 位置$X$：指定光源的$x$坐标位置。

● 位置$Y$：指定光源的$y$坐标位置。

● 位置$Z$：指定光源的$z$坐标位置。

### 9.4.4 聚光灯

聚光灯会发出固定方向的圆锥形光束。例如，手电筒、剧场中的跟踪聚光灯或汽车前灯，如图9-63所示。聚光灯对于亮显模型中的特定要素和区域非常有用。

图9-63

当显示光源图示符时，聚光灯在场景视图中表示为手电筒。单击该图示符，可以控制光源的方向和圆锥体的尺寸，如图9-64所示。

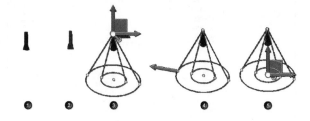

图9-64

下面介绍图9-64中图例的具体含义。

● 编号1：正常显示的聚光灯图示符。

● 编号2：场景中高亮显示的图示符（将鼠标指针悬停在图示符上时）。

● 编号3、编号4和编号5：在场景中选择图示符，控件将变为可用。三轴控件可以控制聚光灯的位置和方向，而单轴控件可以调整圆锥体的尺寸（聚光角度和照射角度）。

#### 热点角度和落点角度

当来自聚光灯的光线投射在曲面上时，最大照明区域由亮度较低的区域围绕起来，如图9-65所示。

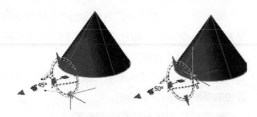

图9-65

度都与光源处的亮度相同。平行光对于统一照亮对象或背景非常有用，但它们在物理上并不精确。

当显示光源图示符时，平行光在场景视图中表示为线框球。每个平行光都拥有"从"点和"到"点，用来定义光线的方向，如图9-67所示。

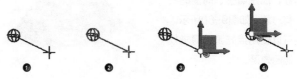

图9-67

- 热点角度：定义线偏振光束的最亮部分，也称为光束角。
- 落点角度：定义光源的完整圆锥体，也称为视场角。

热点角度与落点角度之间的差距越大，线偏振光束的边缘就越柔和。如果热点角度与落点角度几乎相等，则线偏振光束的边缘就非常明显。可以使用光源控件直接调整这两个值。

下面介绍图9-67中图例的具体含义。

- 编号1：正常显示的平行光图示符。
- 编号2：场景中高亮显示的图示符（将鼠标指针悬停在图示符上时）。
- 编号3和编号4：单击"从"点或"到"点激活平行光的控件，可以使用它来调整平行光的位置和目标。

平行光属性参数如图9-68所示。

### 聚光灯属性

聚光灯属性参数如图9-66所示。

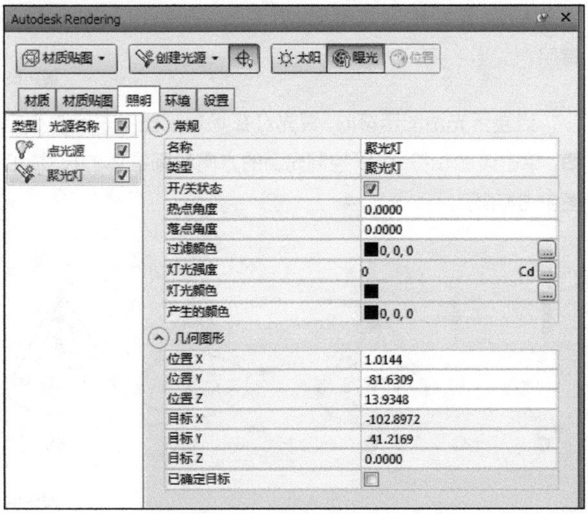

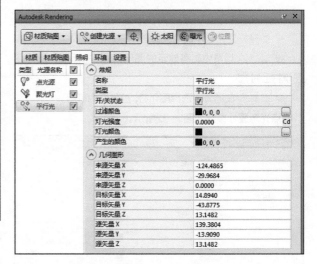

图9-66

- 热点角度：指定光源最亮圆锥体的角度，有效取值范围是0~159。
- 落点角度：指定光源的外部末端，光源在此处与黑暗相接，有效取值范围是0~160。
- 目标X：指定光源目标位置的x坐标。
- 目标Y：指定光源目标位置的y坐标。
- 目标Z：指定光源目标位置的z坐标。
- 已确定目标：在自由聚光灯和已确定目标的聚光灯之间切换。

## 9.4.5 平行光

平行光仅在一个方向上发射一致的平行光线。平行光的强度并不随着距离增大而减弱，它在任意位置照射，面的亮

图9-68

- 来源矢量X：指定光源的x坐标位置。
- 来源矢量Y：指定光源的y坐标位置。
- 来源矢量Z：指定光源的z坐标位置。
- 目标矢量X：指定光源目标位置的x坐标。
- 目标矢量Y：指定光源目标位置的y坐标。
- 目标矢量Z：指定光源目标位置的z坐标。
- 源矢量X：指定光源的x坐标位置（基于方位角和标高）。
- 源矢量Y：指定光源的y坐标位置（基于方位角和标高）。
- 源矢量Z：指定光源的z坐标位置（基于方位角和标高）。

## 9.4.6 光域网灯光

光度控制光域网灯光可提供真实世界的光源分布。光度控制光域网灯光是光源灯光强度分布的三维表示。当显示光源图示符时，光域网灯光的表示方式与平行光相同，即在场景视图中表示为线框球。每个光域网灯光都拥有"从"点和"到"点，用来定义光线的方向，如图9-69所示。

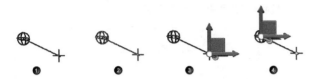

图9-69

下面介绍图9-69中图例的具体含义。

● 编号1：正常显示的光域网灯光图示符。

● 编号2：场景中高亮显示的图示符（将鼠标指针悬停在图示符上时）。

● 编号3和编号4：单击"从"点或"到"点激活光域网灯光的控件，可以使用它来调整光域网灯光的位置和目标。

光域网属性参数如图9-70所示。

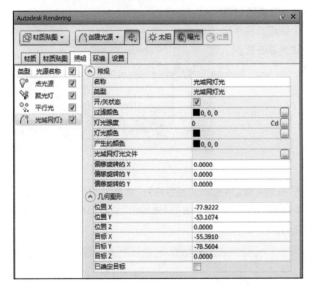

图9-70

● 光域网灯光文件：指定描述灯光强度分布的数据文件。单击█按钮可以导入IES格式的光度数据文件。如果未指定光域网灯光文件，则光源将表现为聚光灯。

● 偏移旋转的X：指定光域网灯光绕光学x轴的旋转偏移。

● 偏移旋转的Y：指定光域网灯光绕光学y轴的旋转偏移。

● 偏移旋转的Z：指定光域网灯光绕光学z轴的旋转偏移。

★重点★
**实战：室内夜景灯光展示**

场景位置　场景文件>第9章>02.nwd
实例位置　实例文件>第9章>实战：室内夜景灯光展示.nwd
视频位置　多媒体教学>第9章>实战：室内夜景灯光展示.mp4
难易指数　★★★☆☆
技术掌握　不同类型人造光源的添加与调整方法

01 使用快捷键Ctrl+O，打开学习资源中的"场景文件>第9章>02.nwd"文件，如图9-71所示。

图9-71

02 为了让灯光效果能够正常显示，需要进入"视点"选项卡，在"渲染样式"面板中单击"光源"按钮，在弹出的下拉菜单中选择"全光源"命令，如图9-72所示。

图9-72

03 单击"渲染"选项卡，在"系统"面板中单击Autodesk Rendering按钮，打开渲染窗口，并切换到"照明"选项卡，如图9-73所示。

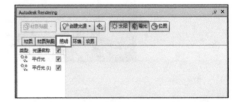

图9-73

04 希望模拟的是夜景灯光，所以需要单击"太阳"按钮，将阳光关闭，然后单击"光源图示符"按钮，将其打开，方便后期添加及调整灯光，如图9-74所示。

图9-74

05 创建主光源，单击"创建光源"按钮，在弹出的下拉菜单中选择"点"命令，如图9-75所示。

图9-75

06 将鼠标指针移动至吸顶灯的位置并单击以放置光源，这样主光源就创建完成了。如果光源位置偏高，可以通过移动控件将光源向下移动，如图9-76所示。

图9-76

07 返回渲染窗口，选中刚刚添加的点光源，将其名称修改为"吸顶灯"，然后单击"灯光强度"参数后的 按钮，如图9-77所示。

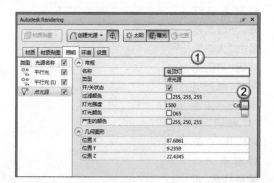

图9-77

08 在"灯光强度"对话框中输入"亮度"参数值为300，如图9-78所示。也可以切换至其他单位，调整灯光强度。

图9-78

09 再次单击"创建光源"按钮，在弹出的下拉菜单中选择"光域网灯光"命令，如图9-79所示。

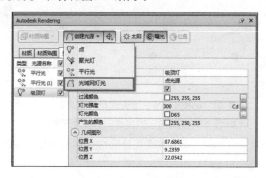

图9-79

10 在筒灯的位置单击以确定起始点，然后垂直于地面再次单击以确定目标点，如图9-80所示。如果对放置位置不满意，可能通过两个端点的控件移动光源位置。

图9-80

11 在渲染窗口中修改光源名称为"筒灯"，设置"灯光强度"参数值为200，然后单击"灯光颜色"参数后的 按钮，如图9-81所示。

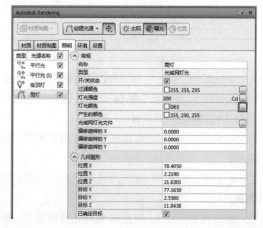

图9-81

12 在"灯光颜色"对话框中，设置"类型"为"标准颜色"，然后在下拉列表中选择灯光颜色为D50，如图9-82所示。

图9-82

13 在渲染窗口中，单击"光域网灯光文件"参数后的□按钮，如图9-83所示。

图9-83

14 在"打开"对话框中，选择学习资源中的"场景文件>第9章>筒灯.IES"文件，然后单击"打开"按钮，如图9-84所示。观察场景视图中筒灯光影的变化情况，如图9-85所示。

图9-84

图9-85

15 按照相同的步骤，完成其他筒灯布置。关闭光源图示符，并单击"光线追踪"按钮进行简单渲染。渲染完成后的灯光效果如图9-86所示。

图9-86

技巧与提示

如果场景中存在许多无效光源，可以在光源列表中找到该光源，然后在光源上单击鼠标右键，在弹出的快捷菜单中选择"删除"命令，即可将该光源从模型中删除。

## 9.4.7 编辑光源属性

在模型场景中添加不同类型的光源后，还需要对其属性进行编辑，使其能够满足需求。下面将详细说明所有光源通用的两个对话框。

### "灯光强度"对话框 ──────────

使用此对话框可以修改灯光亮度，获得光度控制灯光，如图9-87所示。灯光强度表示照度或沿特定方向的能量。下面介绍"灯光强度"对话框中的具体参数。

图9-87

- **亮度**：用于输入所需的光强。

- **单位**：指定强度单位。

下面介绍"单位"下拉列表中的具体选项，如图9-88所示。

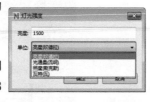

图9-88

- **亮度（坎德拉）**：以坎德拉（cd）为单位测量的发光强度，指定光源在特定方向产生的光量。

- **光通量（流明）**：以流明（lm）为单位测量的光通量，指定光源产生的总光量，与方向无关。

- **照度（勒克斯）**：照度以勒克斯（lx）为单位测量，表示到达表面的光量。选择此选项后，"距离"选项将变为可用。

- **瓦特（瓦）**：光源消耗电力的度量单位。选择此选项后，"效能"选项将变为可用。

### ▦ "灯光颜色"对话框 ——————

使用此对话框可以修改灯光的颜色及光度控制，如图9-89所示。下面介绍"灯光颜色"对话框中的具体参数。

- **标准颜色**：如果要从标准颜色（光谱）中选择灯光颜色，则选中此选项。

图9-89

- **开尔文颜色**：如果要以开氏温度指定颜色，则选中此选项。颜色与该温度下黑体辐射的辉光对应。在文本框中输入所需的值，取值范围为1000～20000。

### 9.4.8 太阳和天空模拟

模拟日光的光线相互平行，并且在任何距离处都具有相同的强度。太阳发出的光线的角度由模型指定的地理位置及当日日期和时间来控制。

附加的天空照明会在场景中添加额外的光源，用来模拟整个场景中大气的散射光效果。但是，太阳光线是平行的且为淡黄色，而大气投射的光线来自所有方向且颜色为明显的蓝色。

★ 重点 ★
### 实战：室外日光效果展示

| 场景位置 | 场景文件>第9章>03.nwd |
| 实例位置 | 实例文件>第9章>实战：室外日光效果展示.nwd |
| 视频位置 | 多媒体教学>第9章>实战：室外日光效果展示.mp4 |
| 难易指数 | ★★☆☆☆ |
| 技术掌握 | 太阳及天空各项参数的设置与对应的效果 |

**01** 使用快捷键Ctrl+O，打开学习资源中的"场景文件>第9章>03.nwd"文件，打开渲染窗口，并进入"环境"选项卡，如图9-90所示。

图9-90

**02** 默认情况下太阳已经打开。调整"强度因子"值为2，使阳光的亮度更高。为了方便调整渲染效果，设置"太阳角度计算器"为"相对光源"，调整"方位角"值为260°，使得当前视角的建筑立面为受光面，如图9-91所示。

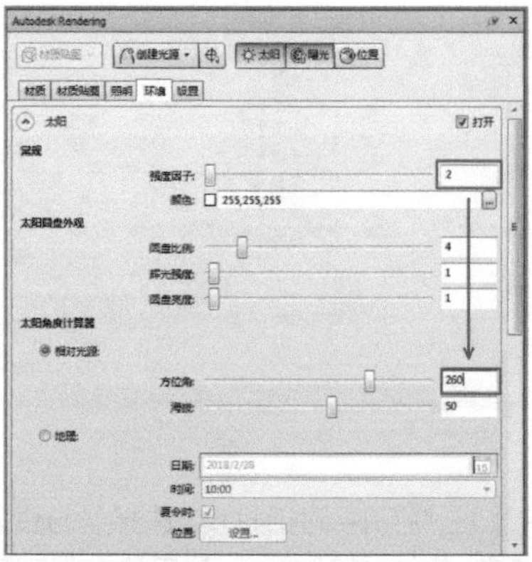

图9-91

**03** 向下拖动滚动条，调整"薄雾"值为5，模拟天空多云的效果，如图9-92所示。该数值越大，天空阴暗程度越严重。

图9-92

**04** 调整"曝光值"为7,场景将整体变暗,更加与阴天效果匹配,如图9-93所示。"曝光值"越大,场景越暗。

图9-93

**05** 单击"光线追踪"按钮,进行简单渲染,查看日光效果,如图9-94所示。

图9-94

 **疑难问答**

问:为什么设置太阳后不起作用?

答:如果当前场景中渲染样式所设置的光源不是"全光源",则太阳不起作用。只有在"全光源"的状态下,才能正常显示太阳及人造光源的效果。

## 9.4.9 调整曝光

曝光可控制如何将真实世界的亮度值转换到图像中。可以在渲染前后调整曝光设置,当在"环境"选项卡中更改曝光设置时,效果将立即显示在场景视图中。这些设置将与模型一起保存,下次打开文件时,将使用相同的曝光设置。

通过曝光可以有效控制场景中渲染图像的明暗程度以及颜色的鲜艳程度,在实际工作中非常有用。

# 9.5 渲染与导出

使用Autodesk渲染器,不仅可以创建极为详细的真实照片级图像,还可以通过功能区"渲染"选项卡中的"光线跟踪"功能,在场景视图中直接进行渲染。

渲染效果将直接显示在场景视图中。在渲染过程中,会在场景视图中看到渲染进度指示器,如图9-95所示。

图9-95

### 9.5.1 选择渲染质量

渲染质量可以在6个预定义和1个自定义渲染样式中进行选择,以控制渲染输出的质量和速度。成功进行渲染的关键,是在所需的视觉复杂性和渲染速度之间找到平衡。最高质量的图像通常所需的渲染时间也最长,渲染涉及大量的复杂计算,这些计算会使计算机长时间处于繁忙状态。

单击功能区"渲染"选项卡中的"光线跟踪"下拉按钮,可访问渲染样式,如图9-96所示。

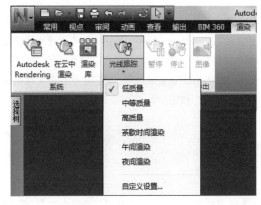

图9-96

下面具体介绍各种渲染样式的具体含义。

● 低质量：抗锯齿将被忽略，样例过滤和光线跟踪处于活动状态，着色质量低。如果要快速看到应用于场景的材质和光源效果，可使用此渲染样式。该样式生成的图像存在细微的不准确性和不完美（瑕疵）之处。

● 中等质量：抗锯齿处于活动状态，样例过滤和光线跟踪处于活动状态，且与"低质量"渲染样式相比，反射深度设置增加。在导出最终渲染结果之前，可以使用此渲染样式执行场景的最终预览。该样式生成的图像将具有令人满意的质量，以及少许瑕疵。

● 高质量：抗锯齿、样例过滤和光线跟踪处于活动状态，图像的渲染质量很高，包括边线、反射和阴影的抗锯齿效果。此渲染样式所需的时间最长。可将此渲染样式用于渲染输出的最终导出。该样式生成的图像具有高保真度，并且最大限度地减少瑕疵。

● 茶歇时间渲染：使用简单照明计算和标准数值精度将渲染时间设置为10分钟。

● 午间渲染：使用高级照明计算和标准数值精度将渲染时间设置为60分钟。

● 夜间渲染：使用高级照明计算和高数值精度将渲染时间设置为720分钟。

● 自定义设置：自定义基本和高级渲染设置，以供渲染输出。若要更改设置，可转到Autodesk渲染窗口中的"设置"选项卡。

## 9.5.2 渲染器设置与渲染

在功能区中单击"光线跟踪"下拉按钮，当前选定的渲染样式旁会显示一个复选标记。"低质量"样式和"茶歇时间渲染"样式的渲染速度最快，而"高质量"样式和"夜间渲染"样式的渲染速度最慢。选择所需的样式以使用它进行渲染。

单击"光线跟踪"按钮 开始进行渲染，如果需要暂时停止处理，可单击"暂停"按钮 。真实照片级图像渲染过程中支持实时导航，这意味着可以动态观察、缩放和平移模型，这将重新启动渲染过程。若要返回到真实视觉样式，可单击"停止"按钮 。

★ 重点 ★
### 实战：渲染图像并导出

场景位置　　场景文件>第9章>04.nwd
实例位置　　实例文件>第9章>实战：渲染图像并导出.nwd
视频位置　　多媒体教学>第9章>实战：渲染图像并导出.mp4
难易指数　　★★☆☆☆
技术掌握　　渲染器参数设置及图像导出的操作方法

01 使用快捷键Ctrl+O，打开学习资源中的"场景文件>第9章>04.nwd"文件，检查模型材质和灯光是否存在问题。进入"渲染"选项卡，在"交互式光线跟踪"面板中单击"光线跟踪"下拉按钮，在弹出的下拉菜单中选择"低质量"命令，进行测试渲染，如图9-97所示。这样做出目的是测试材质与灯光效果是否与预期一致。

图9-97

02 测试渲染完成后，确认各项参数，再次单击"光线跟踪"下拉按钮，选择"自定义设置"命令，如图9-98所示。

图9-98

03 为了满足一般效果展示需求，同时又要保证渲染时间不能过长，可以将参数"渲染到级别"调整为8、"照明计算"设置为"基本"，如图9-99所示。不推荐使用固定渲染时间，因为不同的计算机硬件配置不一，在固定渲染时间内的渲染得到的效果可能千差万别。

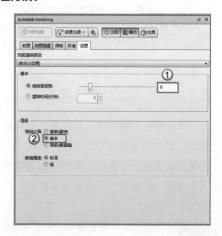

图9-99

**04** 设置完成后关闭渲染窗口,单击"光线跟踪"按钮开始进行渲染,如图9-100所示。

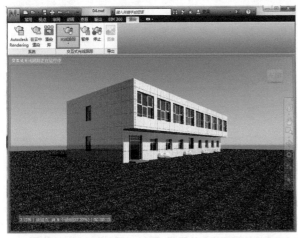

图9-100

 疑难问答

问:渲染尚未完成,但显示效果已达到要求,可以直接导出图像吗?

答:可以,在渲染过程中单击"暂停"按钮,系统将暂停渲染。此时,可以通过"图像"按钮将当前状态下的图像导出。

**05** 按照预设的参数渲染完成后,系统将自动暂停渲染,此时单击"图像"按钮,便可将渲染好的图像导出为图片,如图9-101所示。

图9-101

**06** 在"另存为"对话框中,定位到相应的文件路径,然后输入文件名,设置保存类型,单击"保存"按钮即可导出,如图9-102所示。

图9-102

**07** 打开导出的图片,查看最终效果,如图9-103所示。

图9-103

技巧与提示

所导出的图像尺寸与当前屏幕所显示的尺寸一致。如果需要单独设置图片尺寸,可以在"输出"选项卡中的"视觉效果"面板中单击"图像"按钮导出图像,如图9-104所示。

图9-104

## 本章概述
### Chapter Overview

本章共安排了4个综合实例，从地下桩基的施工模拟，到设备吊装动画的制作，再到车库管线的碰撞检测，最后到地铁站的漫游和渲染，这些实例完整地涵盖了实际工程中各个领域的应用，从简到繁形成完整的学习链条。

## 本章实战
### Examples Of Chapter

❖ 桩基工程施工模拟

❖ 设备吊装动画

❖ 地下车库管线碰撞检测

❖ 地铁站漫游与渲染

# 第10章
# Navisworks综合应用实例

| 10.1 | 场景位置 | 场景文件>第10章>01.nwc |
| | 实例位置 | 实例文件>第10章>桩基工程施工模拟 |
| | 视频位置 | 多媒体教学>第10章>桩基工程施工模拟.mp4 |
| | 难易指数 | ★★★★☆ |
| | 技术掌握 | 施工模拟和机械运动动画结合使用的方法 |

## 桩基工程施工模拟

本例是一个地下桩基工程，其要点是将制作完成的桩机运动轨迹与实际打桩过程有效链接，从而模拟真实的打桩过程，读者可以通过本例对复杂的施工模拟流程有系统的了解。图10-1所示为本例的渲染图。

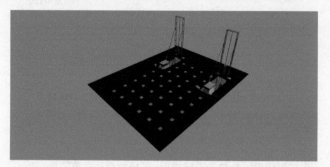

图10-1

### 10.1.1 准备资料

在进行施工模拟前，需要做大量的准备工作，其中包括模拟所用的场地和建筑模型、机械设备模型，以及详细的施工进度方案等。只有将这些准备工作完成之后，才能在模拟的过程中达到事半功倍的效果。

01 打开学习资源中的"场景文件>第10章>01.nwc"文件，如图10-2所示。打完桩之后，由于桩深埋于地表下无法看到，这里以桩盖板代替桩进行模拟。

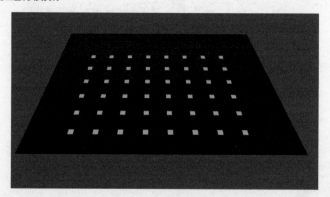

图10-2

02 切换到"常用"选项卡，单击"附加"按钮，然后打开学习资源中的"实例文件>第10章>桩基工程施工模拟>潜水钻机.nwc"文件，将桩机模型载入当前项目中，如图10-3所示。

图10-3

03 本例将模拟两台桩机同时工作，因此需要重复执行上一步操作，将桩机模型再载入一次，如图10-4所示。

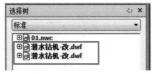

图10-4

04 此时场景中出现了两台桩机，使用"移动"工具将它们移到初始位置，并调整其高度以适应当前基坑高度，如图10-5所示。至此，模型准备工作已经完成，下一步是创建任务计划。

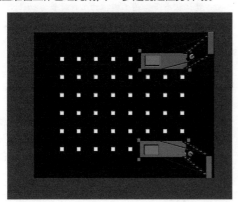

图10-5

## 10.1.2 创建任务计划

01 切换到"常用"选项卡，单击TimeLiner按钮，打开Time Liner窗口，进入"数据源"选项卡，如图10-6所示。

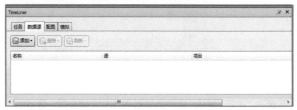

图10-6

02 为了方便读者学习，已提前使用Excel做了一份进度计划表，文件为CSV格式。单击"添加"按钮，选择"CSV导入"命令，如图10-7所示。

图10-7

03 在"打开"对话框中定位到"实例文件>第10章>桩基工程施工模拟>进度计划.csv"文件并选中，单击"打开"按钮，如图10-8所示。

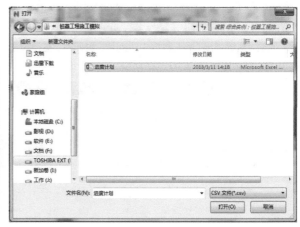

图10-8

203

04 由于"进度计划"文件中只定义了"名称""计划开始""计划结束"字段,所以在"字段选择器"对话框中,只需要对应匹配这3个字段即可,如图10-9所示。

图10-9

05 单击"确定"按钮,系统会弹出"CSV设置无效"警示框,直接单击"否"按钮,如图10-10所示。

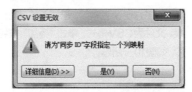

图10-10

06 进度计划载入后,在其数据源上单击鼠标右键,在弹出的快捷菜单中选择"重建任务层次"命令,如图10-11所示。

图10-11

07 此时,系统弹出"导入数据中的问题"警示框,直接单击"确定"按钮即可,如图10-12所示。

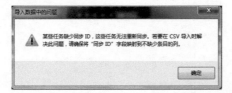

图10-12

08 进入"任务"选项卡,发现进度计划表中的任务已经被成功添加进来,如图10-13所示。

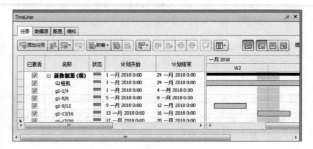

图10-13

09 任务计划主要体现了两台桩机的工作进度,因为在Excel中没有进行分组,所以需要将任务划分到对应的桩机下。同时选中"G1桩机"和"G2桩机"两个任务,然后单击"升级"按钮,如图10-14所示。

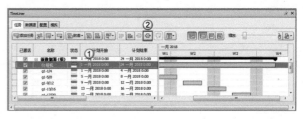

图10-14

至此,任务计划就成功导入并整理完成了,如图10-15所示。

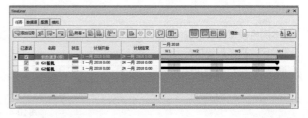

图10-15

技巧与提示

默认状态下,施工模拟的工作时长为8小时/天,并且不显示具体时间。如有需要,可以在选项编辑器中设置具体的工作时长,以及是否显示具体时间。

### 10.1.3 模型链接任务

01 为了方便后续操作,需要切换工作空间,以方便调取不同的工具窗口。进入"查看"选项卡,单击"载入工作空间"按钮,在下拉菜单中选择"Navisworks标准"命令,如图10-16所示。

图10-16

02 新的工作空间载入后，不同的工具窗口都以最小化的形式吸附到场景视图3个方向的边缘，如图10-17所示。

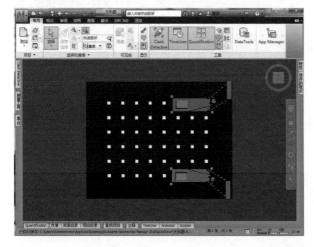

图10-17

03 单击场景视图左侧的"集合"按钮，打开"集合"窗口，然后单击"自动隐藏"按钮，将其固定在当前位置，方便后续的操作，如图10-18所示。

图10-18

 技巧与提示

如果要关闭"集合"窗口，只需单击"自动隐藏"按钮即可。如果直接单击"关闭"按钮，侧边栏将不会最小化显示"集合"按钮。下次需要打开"集合"窗口时，可通过"常用"选项卡中的"管理集"功能打开，或者重新载入工作空间。

04 将场景视图中上方的桩机拖动到"集合"窗口中，然后重命名集合为"G1桩机"，如图10-19所示。采用同样的方法，也为另一台桩机创建集合，并命名为"G2桩机"。

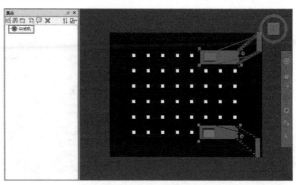

图10-19

05 进入"常用"选项卡，单击"选择"下拉按钮，在下拉菜单中选择"选择框"命令，如图10-20所示。

图10-20

06 在场景视图中以从上到下和从右到左的原则，框选4个桩盖板，然后在"集合"窗口中单击"保存选择"按钮创建集合，最后根据进度计划中的名称对其进行命名，如图10-21所示。

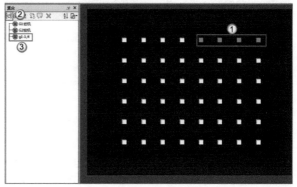

图10-21

07 按照上述操作完成前3行桩盖板集合的创建。第2行从左向右创建，第3行从右向左创建，形成Z字形路径，如图10-22所示。

08 创建"G2桩机"负责的桩，开始以从下至上和从左至右的原则创建集合，同样采用Z字形路径进行桩盖板集合的创建，如图10-23所示。至此，集合已经创建完成，下一步需要将集合与任务匹配链接。

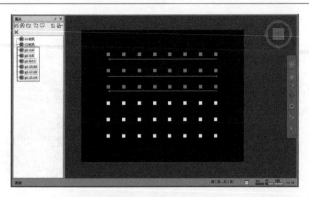

图10-22

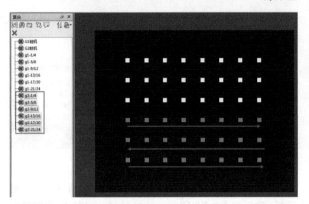

图10-23

09　单击场景视图底部的TimeLiner按钮，打开TimeLiner窗口并将其锁定，然后单击"使用规则自动附着"按钮，如图10-24所示。

图10-24

10　系统弹出"Time Liner规则"对话框，在其中选中第2个选项，然后单击"应用规则"按钮，如图10-25所示。

图10-25

11　关闭当前对话框，返回TimeLiner窗口，拖动滚动条查看所有任务，发现所有桩机和桩盖板模型都与对应的任务有效挂接，如图10-26所示。

图10-26

12　但此时依然存在一些问题，地形并没有与任务挂接。按照TimeLiner工具的特性，没有挂接任务的模型，在模拟播放过程中将不显示。所以在场景视图中选择地形模型，将其拖动到"新数据源"任务后的"附着的"列中，如图10-27所示。至此，模型与任务链接的工作就完成了。

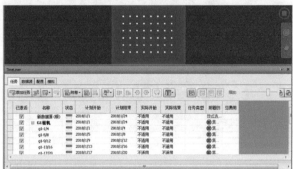

图10-27

## 10.1.4　新建并设置任务类型

当前项目中所需要用到的任务类型为3类，分别是"构造""临时""现有"。但软件默认只提供了前两种任务类型，需要我们自行创建第3种任务类型。

01　在TimeLiner窗口中切换到"配置"选项卡，然后单击"添加"按钮，创建新的任务类型。新建的任务类型，名称修改为"现有"，"开始外观"和"结束外观"均设置为"模型外观"，如图10-28所示。

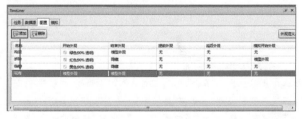

图10-28

02　将"临时"任务类型的"开始外观"同样设置为"模型外观"，如图10-29所示。

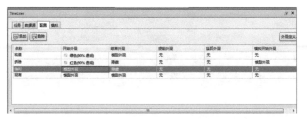

图10-29

03 进入"任务"选项卡，将g1-1/4任务的类型修改为"构造"，如图10-30所示；按住Shift键选中最后一个任务，并在第1个任务类型上单击鼠标右键，在弹出的快捷菜单中选择"向下填充"命令，如图10-31所示。

图10-30

图10-31

04 填充完成后，所有选中的任务都被修改为同一任务类型。将"新数据源"任务类型修改为"现有"，将"G1桩机"和"G2桩机"任务类型修改为"临时"，如图10-32所示。此时就可以查看4D模拟了，但为了模拟效果更加直观，还需要制作机械运动动画，并且将动画与任务进行链接。

图10-32

## 10.1.5 制作机械动画

本节主要使用动画工具来制作打桩过程中的运动轨迹，与施工任务链接后，可以更直观地表示整个打桩的施工过程。

01 在场景视图下方单击Animator按钮，打开Animator窗口并锁定，然后单击"添加场景"按钮，新建场景1，如图10-33所示。

图10-33

02 将之前隐藏的两个桩机显示出来，选中G1桩机，然后在G1上单击鼠标右键，在弹出的快捷菜单中选择"添加动画集>从当前选择"命令，如图10-34所示。

图10-34

03 将新建的动画集1重命名为G1，然后单击"平移动画集"按钮，接着单击"捕装关键帧"按钮，确定起始关键帧，如图10-35所示。

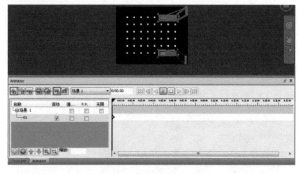

图10-35

04 在"时间位置"文本框中输入0：05.00，然后将桩机移动至最左侧，最后单击"捕装关键帧"按钮，如图10-36所示。

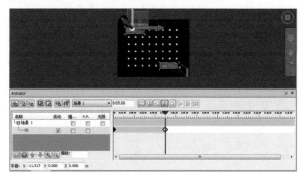

图10-36

05 在"时间位置"文本框中输入0：06.00，然后单击"旋转动画集"按钮，将桩机原地旋转180°，如图10-37所示；单击"平移动画集"按钮，将桩机移动到第2排桩的位置，然后单击"捕装关键帧"按钮，如图10-38所示。

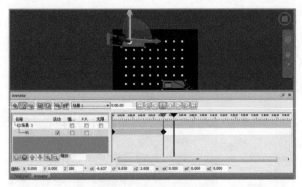

图10-37

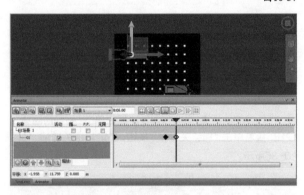

图10-38

06 按照上述操作完成G1桩机剩余的动画，最终完成后的效果如图10-39所示。桩机旋转用时1 s，桩机移动用时5 s，按照这个时间安排制作动画。

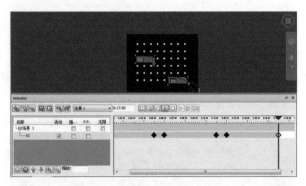

图10-39

07 重复以上操作步骤，完成G2桩机整个移动过程的动画，如图10-40所示。

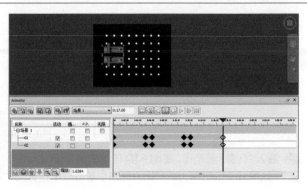

图10-40

08 进入Time Liner窗口的"任务"选项卡，单击"列"按钮，在下拉菜单中选择"扩展"命令，如图10-41所示。

图10-41

09 找到"动画"列，分别在"G1桩机"和"G2桩机"的"动画"列选择对应的桩机动画，如图10-42所示。至此，桩机动画和桩机任务就链接成功了。

图10-42

### 10.1.6 设置模拟并播放

进入这一步，桩基施工模拟的制作就接近尾声了。本小节需要根据项目实现情况，设置模拟动画的时长、各项信息的显示状态等内容。最后需要将模拟动画导出为视图，方便在任意设备中进行观看。

01 进入TimeLiner窗口的"模拟"选项卡，然后单击"设置"按钮，如图10-43所示。

图10-43

**02** 系统弹出"模拟设置"对话框，在其中设置时间间隔单位为1天，然后单击"编辑"按钮，如图10-44所示。

图10-44

**03** 系统弹出"覆盖文本"对话框，在其中将默认的文本删除，然后依次输入%c、$TASKS和$DAY，每个参数之间使用Ctrl+Enter快捷键转到下一行，如图10-45所示。

图10-45

**04** 返回"模拟"选项卡，单击"播放"按钮，观看整体施工模拟效果，如图10-46所示。

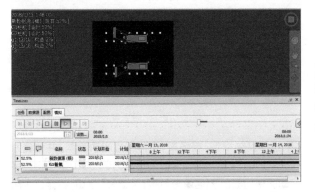

图10-46

## 10.2

| | |
|---|---|
| 场景位置 | 场景文件>第10章>02.nwd |
| 实例位置 | 实例文件>第10章>设备吊装动画 |
| 视频位置 | 多媒体教学>第10章>设备吊装动画.mp4 |
| 难易指数 | ★★★★☆ |
| 技术掌握 | 多种动画工具结合使用的流程和注意事项 |

# 设备吊装动画

本例将介绍如何使用动画工具来完成一个设备吊装动画，整个动画的制作过程相对复杂，其中涉及多个动画工具的配合使用。图10-47所示为场景的渲染图。

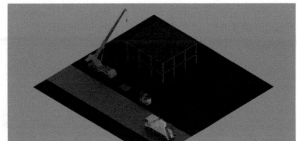

图10-47

### 10.2.1 准备素材

在当前场景文件中，动画所需的模型都已具备。我们只需要将不同模型的位置摆放正确，就可以开始制作动画效果了。吊装动画的过程，大概分为以下几步。

第1步：由运输车将设备运输到现场。

第2步：由叉车将设备卸装到场地中已经准备好的枕木上。

第3步：由吊车将设备吊装到现有的建筑屋顶。

**01** 打开学习资源中的"场景文件>第10章>02.nwd"文件，如图10-48所示，其中包括运输车、叉车、枕木和吊车等模型。

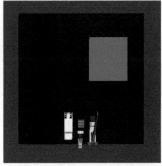

图10-48

**02** 分别选中各个模型，使用"移动"和"旋转"工具将其摆放到合适的位置，如图10-49所示。

图10-49

**技巧与提示**

选择模型时要注意当前的选取精度。在这个场景中，各个模型来自不同的文件，所以在选择的时候，要注意当前的选择精度是否可以选中全部模型，而不是只选中其中一部分。用户也可以直接使用选择树进行选择，这样会方便一些。

**03** 将视图方向调整为立面，然后使用"移动"工具分别调整各个模型的高度，使之达到合适的高度，如图10-50所示。

图10-50

### 10.2.2 制作卸装动画

下面开始制作吊装动画，这一阶段的动画内容分两部分：第1部分为车辆运输设备进场，并使用叉车将设备卸装到场地上；第2部分是由吊车将设备成功吊装到屋顶，进行设备安装。

**01** 进入"动画"选项卡，单击Animator按钮，打开Animator窗口，然后单击"添加场景"按钮，新建场景1，如图10-51所示。

图10-51

**02** 选中当前场景中的车辆和设备模型，然后在场景1中新建动画集，并命名为"车辆运输"，如图10-52所示。

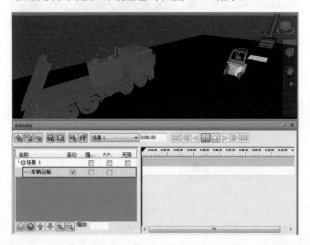

图10-52

**03** 单击"平移动画集"按钮，然后单击"捕捉关键帧"按钮，确定车辆初始位置，如图10-53所示。

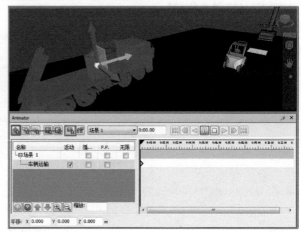

图10-53

**04** 输入当前动画的时间位置为0：03.00，然后将车辆移动至相应的位置，单击"捕捉关键帧"按钮，确定第2个关键帧，如图10-54所示。

图10-54

**05** 选中叉车模型，在场景1中再次添加动画集，并命名为"叉车卸装"。将当前动画时间设置为0：03.00，单击"平移动画集"按钮，然后单击"捕捉关键帧"按钮，确定叉车动画的第1个关键帧，如图10-55所示。

**06** 将当前动画时间定义为0：05.00，使用平移控件向前移动叉车，然后捕捉关键帧，如图10-56所示。

图10-55

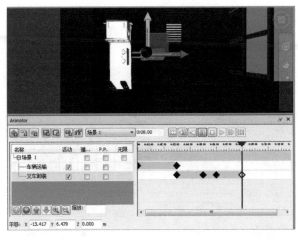

图10-58

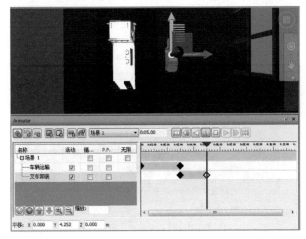

图10-56

09 调整视图角度并选中货叉部分的模型，然后在场景1中添加新的动画集，将其命名为"货叉"，并捕捉关键帧，如图10-59所示。

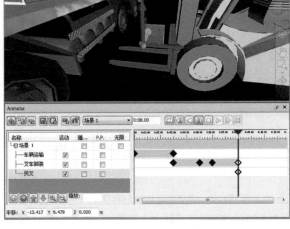

图10-59

07 将当前动画时间定义为0：06.00，使用旋转控件将叉车模型旋转90°，然后捕捉关键帧，如图10-57所示。

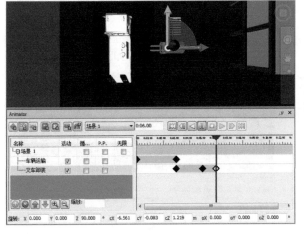

图10-57

10 将当前动画时间定义为0：09.00，然后使用平移控件将货叉高度提升至合适的位置，接着捕捉关键帧，如图10-60所示。

08 将当前动画时间定义为0：08.00，使用平移控件继续将叉车向前移动，然后捕捉关键帧，如图10-58所示。

图10-60

11 选择"叉车卸装"动画集，然后在当前时间位置处捕捉关键帧，此时可能会出现叉车突然升高的问题，如图10-61所示。

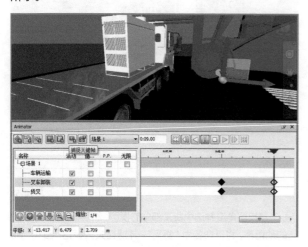

图10-61

12 如果出现此问题，则双击刚刚添加的关键帧，在弹出的"编辑关键帧"对话框中输入"平移"的z轴参数为0，最后单击"确定"按钮，如图10-62所示。

图10-62

13 拖动平移控件，将叉车继续向前移动至合适的位置，然后捕捉关键帧，如图10-63所示。如果此时依旧出现上一步骤的问题，则采用相同的解决方案。

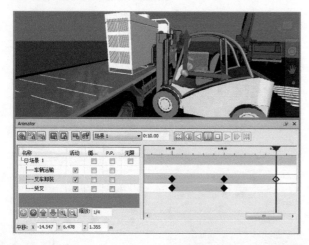

图10-63

14 同时选中叉车和设备模型，然后在场景1中新建动画集，将其命名为"叉车设备"，接着捕捉关键帧，如图10-64所示。

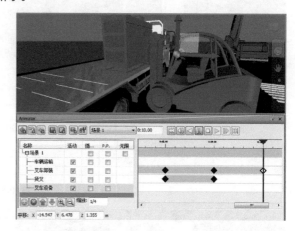

图10-64

15 将动画时间定义为0：13.00，然后使用平移控件将叉车和设备向后移动至合适的位置，接着捕捉关键帧，如图10-65所示。

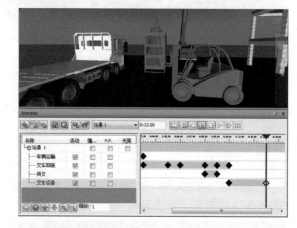

图10-65

16 将动画时间定义为0：14.00，然后使用旋转控件将叉车和设备旋转90°，接着捕捉关键帧，如图10-66所示。

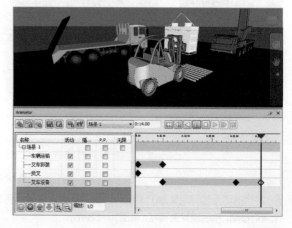

图10-66

17 同时选中货叉和设备模型,然后在场景1中新建动画集,将其命名为"货叉设备",接着捕捉关键帧,如图10-67所示。

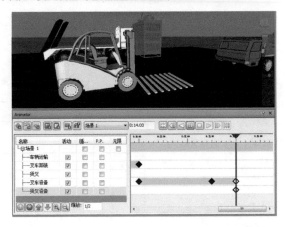

图10-67

18 将动画时间定义为0:15.00,然后使用平移控件将货叉和设备模型向下移动,接着捕捉关键帧,如图10-68所示。

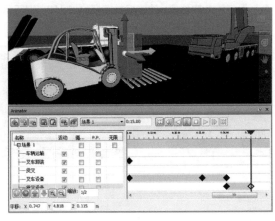

图10-68

19 选择"叉车卸装"动画集,在当前时间位置处捕捉关键帧,然后将动画时间定义为0:16.00,接着使用平移控件将叉车向后方移动,最后捕捉关键帧,如图10-69所示。至此,第1部分的卸装动画制作完成。

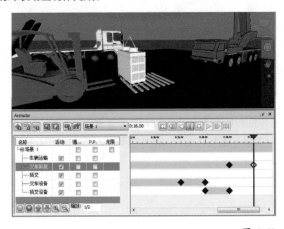

图10-69

### 10.2.3 制作吊装动画

上一小节制作了设备卸装动画,初步了解了各动画工具之间的配合方式,以及出现问题后的解决方案。下面将继续学习如何制作吊装动画,整体流程与上一节基本相同,但将用到新的动画工具。

01 将场景1重命名为"卸装动画",然后单击"添加场景"按钮添加新的场景2,如图10-70所示。

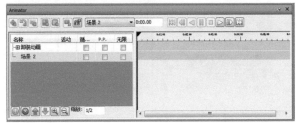

图10-70

02 选中当前场景中的设备模型,在场景2中新建动画集,将其命名为"设备",然后使用平移和旋转控件将设备模型放置在枕木上(也就是上一个动画结束后,设备模型所在的位置),接着捕捉关键帧,如图10-71所示。

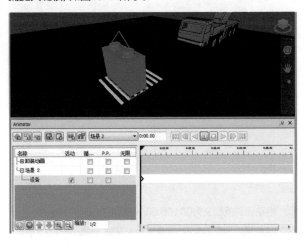

图10-71

03 切换到顶视图并将相机修改为正视,然后移动吊车的位置,使吊钩能够与设备的位置契合,如图10-72所示。

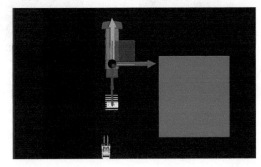

图10-72

04 将视图切换到左视图,然后选中吊绳,并在当前场景添加动画集,修改动画集名称为"吊绳",如图10-73所示。

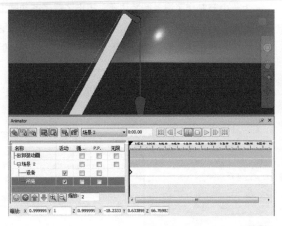

图10-73

05 单击"缩放动画集"按钮,然后按住Ctrl键,将缩放动画集控件放置到吊绳的顶部,作为吊绳缩放的起始点,接着捕捉关键帧,如图10-74所示。

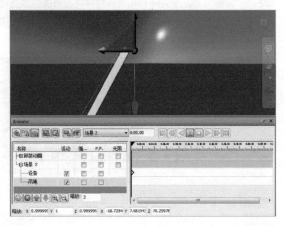

图10-74

06 将动画时间定义为00:05.00,然后拖动z轴方向控件,将吊绳缩放到接近设备的位置,接着捕捉关键帧,如图10-75所示。

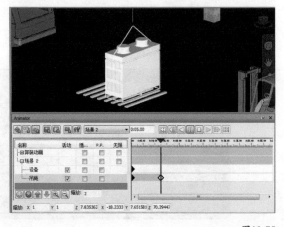

图10-75

07 选中吊钩,新建动画集并将其命名为"吊钩",然后定义动画时间为00:00.00,捕捉关键帧,如图10-76所示。

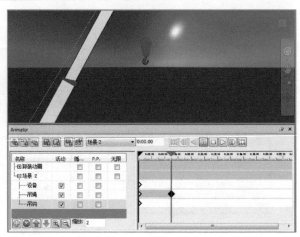

图10-76

08 定义动画时间为00:05.00,然后使用平移控件将吊钩移至与设备重合的位置,并捕捉关键帧,如图10-77所示。此时吊绳和吊钩之间将发生同步运动。

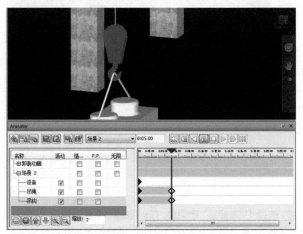

图10-77

 疑难问答

问:为什么不把吊绳和吊钩做到一个动画集中?

答:因为吊绳需要使用缩放动画集,而吊钩则需要使用平移动画集。如果将两部分模型绑定到一起,则无法达到实现各自效果的目的。

09 同时选中吊钩和设备,然后添加新的动画集,将其命名为"吊钩与设备",接着捕捉关键帧,如图10-78所示。

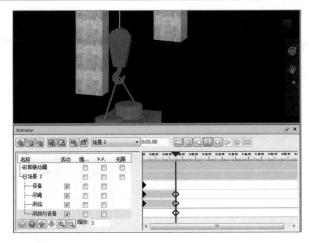

图10-78

10 将动画时间定义为00：08.00，然后使用平移控件将其移动到大致与屋顶齐平的高度，接着捕捉关键帧，如图10-79所示。

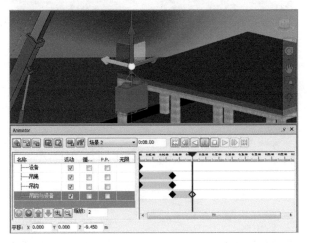

图10-79

11 选中"吊绳"动画集，然后使用"缩放动画集"工具将吊绳缩放到与吊钩契合的位置，接着捕捉关键帧，如图10-80所示。

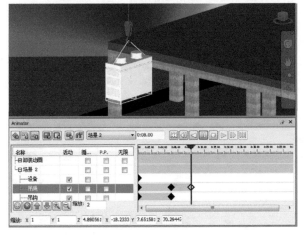

图10-80

12 选中吊臂和设备模型，然后新建动画集，将其命名为"吊臂与设备"，如图10-81所示。

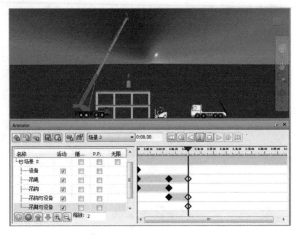

图10-81

13 单击"旋转动画集"按钮，将旋转控件移动到吊臂转盘中心的位置，然后捕捉关键帧，如图10-82所示。

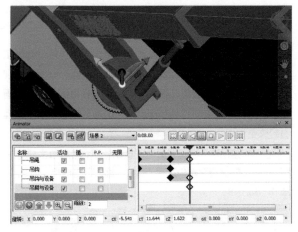

图10-82

14 将动画时间定义为00：11.00，然后使用旋转控件将吊臂旋转到屋顶的位置，接着捕捉关键帧，如图10-83所示。

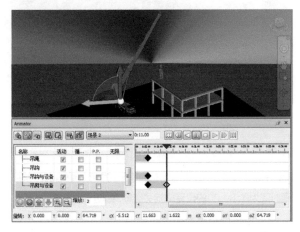

图10-83

15 选择"设备"动画集，并在当前时间位置捕捉关键帧，然后将动画时间定义为00:12.00，接着使用"移动动画集"和"旋转动画集"工具将设备放置到屋顶上合适的位置，并捕捉关键帧，如图10-84所示，将场景2重命名为"吊装动画"。

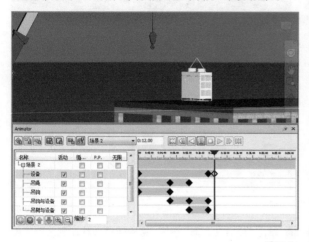

图10-84

## 10.2.4 制作视点动画

经过前两小节的学习，读者已经全面掌握了各个动画工具的使用方法和流程。但是因为动画场景较大，以固定的视角浏览整个动画，会忽略很多细节。本小节将结合当前动画场景的动作，有针对性地制作出视点动画，使整个动画过程看起来更为直观。

01 在"卸装动画"场景中选中任意动画集，然后单击鼠标右键，在弹出的快捷菜单中选择"添加相机>空白相机"命令，如图10-85所示。

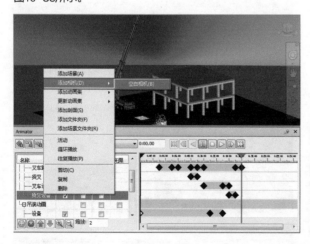

图10-85

02 在场景视图中，放大运输车的显示，然后选中相机，并在动画时间为0:00.00的位置捕捉关键帧，如图10-86所示。

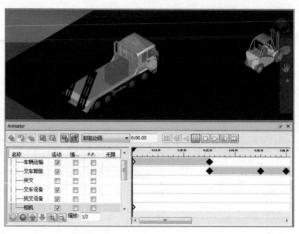

图10-86

03 跟随运输车辆的运动轨迹，在动画时间为0:03.00的位置调整视图角度并捕捉关键帧，如图10-87所示。

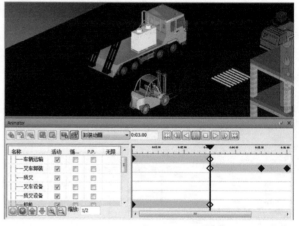

图10-87

04 在动画时间为0:05.00的位置，再次调整相机视角，重点显示叉车和运输车，并捕捉关键帧，如图10-88所示。至此，卸装过程的视点动画已经完成。如果读者有兴趣，可以按照同样的方式，根据自己的思路来制作吊装过程的视点动画。

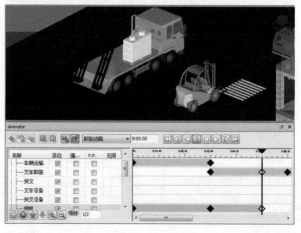

图10-88

## 10.2.5 动画播放与导出

动画制作完成后，就可以将动画导出了。如果不需要使用第三方视频软件播放动画，则没有必要进行视频导出。所以是否导出动画，可以根据实际情况来定。

01 进入"动画"选项卡，然后选择需要导出的动画，最后单击"导出动画"按钮，即可将动画导出，如图10-89所示。

图10-89

02 系统弹出"导出动画"对话框，在其中设置"源"为"当前Animator场景"，尺寸类型为"显式"，"宽"和"高"分别为1280和720，"抗锯齿"为"8×"，然后设置输出格式为Windows AVI，并单击"选项"按钮，如图10-90所示。

图10-90

03 系统弹出"视频压缩"对话框，在其中设置压缩程序为"Intel IYUV 编码解码器"，如图10-91所示。

图10-91

04 依次单击"确定"按钮，在弹出的"另存为"对话框中找到视频需要输出的位置，然后设置文件名称并单击"保存"按钮，如图10-92所示。

图10-92

05 视频导出后，打开视频文件查看是否存在问题，如图10-93所示。

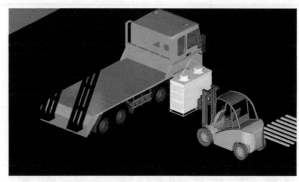

图10-93

| 10.3 | 场景位置 | 场景文件>第10章>03.nwc |
|---|---|---|
| | 实例位置 | 实例文件>第10章>地下车库管线碰撞检测 |
| | 视频位置 | 多媒体教学>第10章>地下车库管线碰撞检测.mp4 |
| | 难易指数 | ★★★☆☆ |
| | 技术掌握 | 碰撞检测与报告输出流程 |

# 地下车库管线碰撞检测

本例将通过一个已经完成的地下车库模型，详细讲解进行碰撞检测的流程。

## 10.3.1 配置管线颜色并创建集合

在Navisworks中打开由Reivt制作的模型后，使用过滤器方式添加的构件颜色便会丢失。在这种情况下，用户无法直观地通过颜色来分辨管线的系统属性，从而为判断碰撞带来一些困扰。所以在正式进行碰撞检测前，应当对管线颜色进行有效区分，为后续工作打好基础。

01 打开学习资源中的"场景文件>第10章>03.nwc"文件，然后使用"缩放"和"动态观察"工具切换视角至室内，如图10-94所示。

图10-94

**02** 为了能够将管线的颜色正常显示，需要切换到"视点"选项卡，然后将渲染样式调整为"着色"，如图10-95所示。

图10-95

**03** 进入"常用"选项卡，单击"外观配置器"按钮，打开外观配置器窗口，在其中设置"类别"为"元素"、"特性"为"名称"、条件为"等于–自动喷淋"、"颜色"为橘黄色，然后单击"添加"按钮，将当前选择添加到"选择器"列表，如图10-96所示。

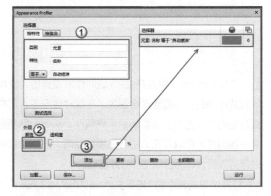

图10-96

**04** 保持其他参数不变，将"等于"分别修改为"供水管""热给水""热回水""雨水管""消火栓"5种不同系统类型，并单独修改颜色，然后逐个添加到"选择器"列表，如图10-97所示。

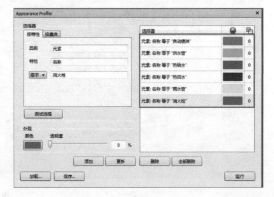

图10-97

**05** 将"特性"修改为"注释"，将"等于"分别修改为"送风"和"回风"，然后分别修改颜色并添加到"选择器"列表，如图10-98所示。

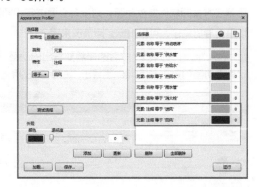

图10-98

**06** 打开"集合"窗口，然后在"选择器"列表中选中"自动喷淋"，接着单击"测试选择"按钮，并在场景视图中选择对应系统的管线，最后在"集合"窗口中新建集合并重命名，如图10-99所示。

图10-99

**07** 按照相同的方法完成其他集合的创建，如图10-100所示。

图10-100

**08** 当确认所有选择器都准确无误后，在外观配置器窗口中单击"运行"按钮，将所有颜色赋予对应的模型，如图10-101所示。

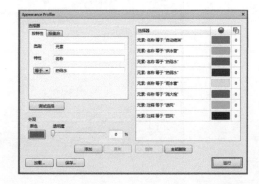

图10-101

09 进入"视点"选项卡，切换光源为"场景光源"，观察管线模型的颜色变换化情况，如图10-102所示。

图10-102

## 10.3.2 运行碰撞检测

01 进入"常用"选项卡，单击Clash Detective按钮，打开Clash Detective对话框，然后添加碰撞检测，并修改名称为"暖通与结构"，选中"具有重合捕捉点的项目"选项，如图10-103所示。

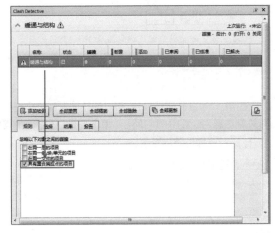

图10-103

02 进入"选择"选项卡，在"选择A"参数栏中设置结构树形式为"集合"，并选中"送风"和"回风"两个集合，同时在"选择B"参数栏中选中"地下车库建模.rvt"文件，如图10-104所示。

图10-104

03 设置碰撞类型为"硬碰撞"，公差为"0.050 m"，然后单击"运行检测"按钮，执行碰撞检测，如图10-105所示。

图10-105

04 碰撞检测运行完成后，系统会自动跳转到"结果"选项卡，逐一单击查看碰撞结果。在查看过程中，发现碰撞3~7为同一位置碰撞。选中对应碰撞结果进行分组，并命名为"风管与结构底板"，如图10-106所示。其余碰撞读者可自行查看，如果发现为同位置碰撞，可进行分组，方便碰撞结果整理。

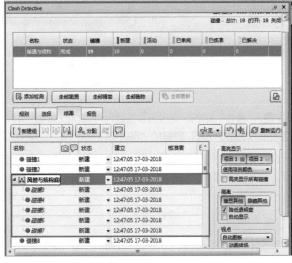

图10-106

05 选中碰撞1，调整视图角度并打开第3人，同时关闭"暗显其他"选项，如图10-107所示。按照同样的操作，完成其他碰撞视点的调整。

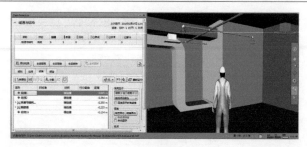

图10-107

**06** 再次选中碰撞1，然后单击"分配"按钮，系统弹出"分配碰撞"对话框，在其中设置"分配给"为"结构工程师"，并在"注释"文本区域输入文字"此处需要在结构墙上预留洞口"，如图10-108所示。对于其他碰撞，请读者根据需要自行进行责任分配。

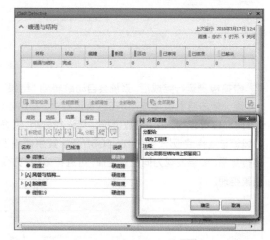

图10-108

### 10.3.3 输出并整理碰撞报告

**01** 进入"报告"选项卡，更改报告格式为"HTML（表格）"，然后单击"写报告"按钮，如图10-109所示。

图10-109

**02** 系统弹出"另存为"对话框，在其中选择对应的保存目录，然后输入文件名称，单击"保存"按钮，如图10-110所示。

图10-110

 **技巧与提示**

为了保证碰撞报告能在浏览器或Office软件中正常打开并显示图像，此处文件名称不能使用中文，否则可能会出现图像路径无法正常解析的问题。

**03** 使用Excel打开碰撞报告，可以清楚地看到每个碰撞的所有关键信息，如图10-111所示。单击图像，还可以将其单独打开，进行碰撞位置的查看。

图10-111

**10.4**
场景位置　场景文件>第10章>04.nwd
实例位置　实例文件>第10章>地铁站漫游与渲染
视频位置　多媒体教学>第10章>地铁站漫游与渲染.mp4
难易指数　★★★☆☆
技术掌握　场景灯光和视点动画的调整技巧

# 地铁站漫游与渲染

本例是一个地铁车站项目，主要用来学习室内空间中灯光的调整方法，以及合理使用不同的动画工具来实现预想的动画效果。

### 10.4.1 调整材质和灯光

**01** 打开学习资源中的"场景文件>第10章>04.nwd"文件，查看模型是否存在问题，如图10-112所示。

图10-112

**02** 使用"动态观察"工具和"平移"工具进入地铁站模型内部,打开漫游工具,并启用"重力",如图10-113所示。

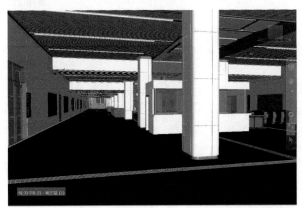

图10-113

**03** 进入"视点"选项卡,然后将"光源"调整为"场景光源",设置模式为"着色",如图10-114所示。

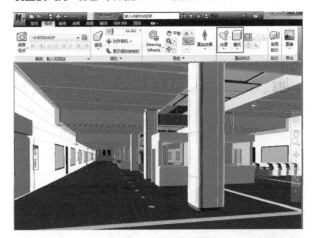

图10-114

**04** 进入"常用"选项卡,单击"文件选项"按钮,打开"文件选项"对话框,在"场景光源"选项卡中调整环境光数值,将场景亮度提高,如图10-115所示。

图10-115

**05** 将选择精度调整为几何图形,使用漫游工具浏览场景,当漫游至消火栓附近时,选中消火栓箱,然后使用"同名"的方式选中全部消火栓,如图10-116所示。

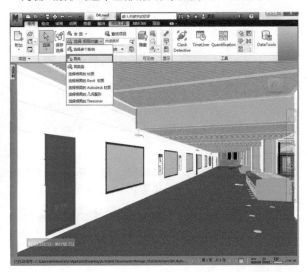

图10-116

**06** 进入"项目工具"选项卡,然后将颜色修改为红色,如图10-117所示。继续浏览场景其他位置,如果需要调整颜色,可按照相同的方式修改。

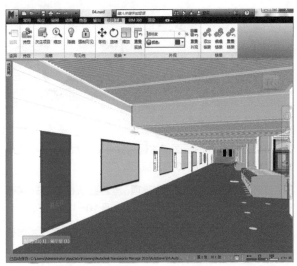

图10-117

221

## 10.4.2 制作视点动画

材质和灯光调整完成后，即可进入视点动画制作阶段。根据当前实例的特性，将采用录制和捕捉视点相结合的方法来完成最终的漫游动画制作。

01 取消漫游工具的"碰撞"选项，漫游至右侧出入口的位置，然后进入"动画"选项卡，单击"录制"按钮，开始录制视点动画，如图10-118所示。

图10-118

02 沿直线路径匀速移动至扶梯处，然后单击"停止"按钮，完成当前动画的录制，如图10-119所示。

图10-119

03 将动画结尾处的画面作为视点保存到项目中，并将视点命名为"视图1"，如图10-120所示。

04 打开漫游工具的"重力"选项，漫游到扶梯前部并保存视点，然后将漫游命名为"视图2"，如图10-121所示。

05 沿着扶梯漫游到扶梯底部，然后保存视点，并将视点命名为"视图3"，如图10-122所示。

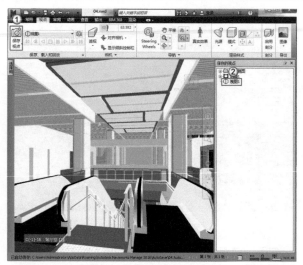

图10-120

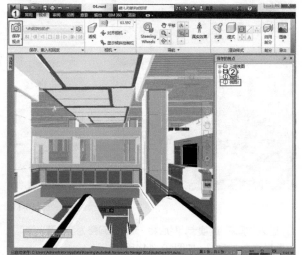

图10-121

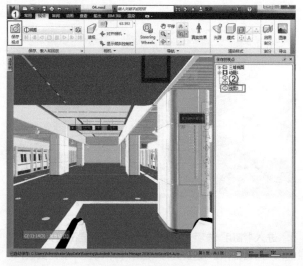

图10-122

06 在"保存的视点"窗口中新建动画并命名为"动画2"，然后将刚刚保存的3个视点全部拖动到"动画2"下面，如图10-123所示。

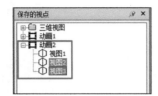

图10-123

07 继续打开录制工具，然后以当前视点为起点，漫游到地铁站另一端的扶梯口位置，停止录制并保存当前动画，如图10-124所示。具体的漫游路径可以根据自己的想法来安排。

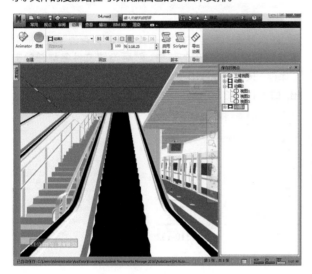

图10-124

08 将上一段动画的末尾画面保存为视点"视图1"，然后漫游至扶梯顶部，再次保存为视点"视图2"，如图10-125所示。

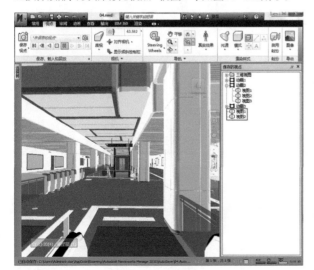

图10-125

09 在"保存的视点"窗口中继续添加"动画4"，然后将刚才保存的两个视点拖动到"动画4"下面，如图10-126所示。

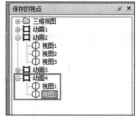

图10-126

10 单击"录制"按钮，然后使用漫游工具进行漫游，漫游至出站口的位置完成旋转动画，停止录制，如图10-127所示。此时，所有的视点动画均已制作完成。

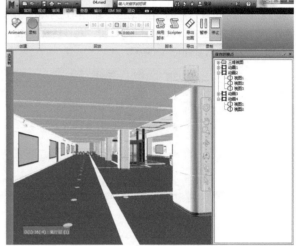

图10-127

### 10.4.3 动画编辑和导出

01 在"保存的视点"窗口中新建动画，并将其命名为"漫游动画"，然后将前面制作完成的5段动画全部置于其中完成拼接，单击"播放"按钮查看动画效果，如图10-128所示。

图10-128

**02** 经过观察发现,上下扶梯的两段动画都存在速度过快的问题。分别编辑"动画2"和"动画4",将动画持续时间修改为6 s,如图10-129所示。

图10-129

**03** 再次播放整个动画,查看效果,如果效果满足要求,则单击"动画"选项卡中的"导出动画"按钮,打开"导出动画"对话框,在其中设置"源"为"当前动画"、输出格式为Windows AVI、尺寸类型为"显式"、大小为1280×720、"每秒帧数"为12、"抗锯齿"为"8×",如图10-130所示。

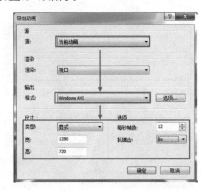

图10-130

**04** 单击"选项"按钮,打开"视频压缩"对话框,在其中设置"压缩程序"为"Intel IYUV编码解码器",如图10-131所示。

图10-131

**05** 依次单击"确定"按钮,在弹出的"另存为"对话框中定位到视频需要输出的位置,然后设置文件名称并单击"保存"按钮,如图10-132所示。此时,漫游动画开始导出,如图10-133所示。

图10-132　　　　　　　图10-133